U0210083

国家自然科学基金项目（41776056、41576068、91428205）
国家重点研发计划项目（2018YFC0310000）　　　　资助
中国地质调查局水合物项目（DD20190224）

南海北部泥底辟/泥火山形成演化与油气及水合物成藏

何家雄　万志峰　张　伟　姚永坚　苏丕波　徐　行　著

科学出版社

北　京

内 容 简 介

本书系统分析研究南海北部主要盆地泥底辟/泥火山形成演化与油气及天然气水合物运聚成藏的基本地质条件、主要控制影响因素、泥底辟/泥火山形成演化与油气及天然气水合物运聚成藏的成因联系与时空耦合配置关系、不同类型泥底辟/泥火山伴生油气藏及天然气水合物矿藏的运聚成藏模式与分布规律等。在此基础上，综合评价其油气资源潜力与勘探前景，这在国内外尚属首次，故对南海北部油气及天然气水合物勘查评价，尤其是对于深水油气运聚成藏机制分析及天然气水合物成矿成藏机理研究等均具有重要的指导作用和参考价值。

本书可供从事油气勘探及油气地质研究的相关科研人员学习参考，亦可用作高等院校研究生教材。

图书在版编目（CIP）数据

南海北部泥底辟/泥火山形成演化与油气及水合物成藏 / 何家雄等著 .
—北京：科学出版社，2019.6

ISBN 978-7-03-058753-4

Ⅰ.①南…　Ⅱ.①何…　Ⅲ.①南海–海洋地质–石油天然气地质–地质
演化–研究　Ⅳ.①P618.130.2

中国版本图书馆 CIP 数据核字（2018）第 208931 号

责任编辑：焦　健　韩　鹏 / 责任校对：张小霞
责任印制：肖　兴 / 封面设计：铭轩堂

科 学 出 版 社 出版

北京东黄城根北街 16 号
邮政编码：100717
http://www.sciencep.com

三河市春园印刷有限公司 印刷

科学出版社发行　各地新华书店经销

*

2019 年 6 月第 一 版　　开本：787×1092　1/16
2019 年 6 月第一次印刷　　印张：16 3/4
字数：400 000

定价：218.00 元
（如有印装质量问题，我社负责调换）

序 一

泥底辟/泥火山等特殊地质体形成演化与油气及天然气水合物等矿产资源的成矿成藏均存在密切的成因联系，不仅是揭示地球深部构造运动的窗口和地球深部流体活动特点的表征，也是指示油气及其他矿产资源存在与分布的重要标志和指示，故具有非常重要地球科学意义和油气地质意义。

以中国科学院大学岗位教授何家雄先生等为首的油气地质及海洋地质研究团队，自 20 世纪 80 年代始即开展了泥底辟形成演化与油气运聚成藏的分析研究工作，曾完成多个中海油科技攻关研究项目，并通过了国家及部级鉴定验收，并获"总体国内领先，部分国际先进"的好评。发表过多篇有关泥底辟形成演化与油气运聚成藏及其资源效应的相关论文。

何家雄教授通过三十多年来在南海北部的油气勘探实践与研究，获得了丰富的油气地质及海洋地质调查资料和重要的油气地质综合研究成果，而且对南海北部泥底辟/泥火山等特殊地质体形成演化机理及动力学特点，尤其是与油气及水合物成矿成藏的系统分析研究等仍在不断深入。这次集中汇聚凝练而成的《南海北部泥底辟/泥火山形成演化与油气及水合物成藏》一书，既深入分析了南海北部大陆边缘主要盆地泥底辟/泥火山形成演化的基本地质地球物理特征，也阐明了其与常规油气及非常规油气（天然气水合物）的运聚成藏关系和成因联系，并指出了有利油气勘探区带和天然气水合物富集区，为该区进一步的油气勘探部署及天然气水合物勘查中有利成矿区带优选等提供了指导和借鉴。

可以肯定本专著的出版，将大力推动南海北部深水油气及天然气水合物勘探开发的进程，服务于目前南海北部深水油气及天然气水合物勘探与多种资源的评价预测工作。

中国工程院院士

2017 年 8 月 23 日

序　二

泥底辟/泥火山及其伴生构造形成演化过程与油气等流体矿产运聚成藏存在成因联系，不仅是揭示地球深部构造运动的窗口和地球深部流体活动的表征，亦是指示油气及其他矿产资源存在与分布的重要标志和有效信息，而且亦控制和制约了沉积盆地中油气等流体矿产及其他固体矿产资源的分布与聚集，故具有非常重要的地球科学意义和油气地质意义。

以中国科学院大学岗位教授何家雄先生等为代表的油气地质及海洋地质研究团队，近期完成的《南海北部泥底辟/泥火山形成演化与油气及水合物成藏》之专著，主要聚焦了目前国内在泥底辟/泥火山形成演化与油气运聚成藏方面研究之精华与最新研究进展，该书通过深入分析研究南海北部大陆边缘主要区域（莺歌海盆地、琼东南盆地南部深水区、珠江口盆地南部深水区、台西南盆地南部海域及陆缘）泥底辟/泥火山发育演化特征及其与油气及天然气水合物运聚成藏的关系，遵循含油气系统理论从烃源供给到含油气圈闭（油气藏）及高压低温稳定带天然气水合物矿藏的源–汇–聚成藏系统之基本原则，全面系统地剖析了这种特殊地质体形成演化及其与油气及天然气水合物运聚成藏的时空耦合配置关系与成因联系。在此基础上，建立和总结了不同类型泥底辟/泥火山形成演化与油气及天然气水合物运聚成藏模式，阐明了泥底辟/泥火山及其伴生油气藏的展布规律与控制影响因素，进而评价预测了有利油气勘探区带和天然气水合物富集区，指出了南海北部重要的油气及天然气水合物勘探新领域，为该区进一步的油气勘探及天然气水合物有利成矿带优选等提供了决策依据和重要指导。

我相信该专著的出版，能够服务于目前南海北部深水油气及天然气水合物勘探与资源评价工作，进而大力推进和加快南海北部深水油气及天然气水合物资源勘探步伐与勘探进程，为国家奉献更多的油气资源，以保障国家能源安全，满足人们物质文化的重大需求。

中国科学院院士

戴金星

2017 年 8 月 22 日

前　言

本书拟通过深入分析研究南海北部大陆边缘主要区域（莺歌海盆地、琼东南盆地南部深水区、珠江口盆地南部深水区、台西南盆地南部海域及陆缘）泥底辟/泥火山发育演化特征与油气及天然气水合物的运聚成藏关系，根据含油气系统理论从烃源到含油气圈闭（油气藏）和高压低温稳定带天然气水合物矿藏的"源-汇-聚"成藏基本原则，综合剖析了这种特殊地质体形成演化与油气及天然气水合物运聚成藏的时空耦合配置关系，进而建立和总结不同类型泥底辟/泥火山形成演化与油气及天然气水合物运聚成藏模式，并阐明其分布富集规律与控制影响因素。在此基础上，综合评价有利油气勘探区带和天然气水合物有利富集区，指出重要的油气及天然气水合物勘探新领域。本书的主要成果及认识可以总结概括为如下几点：

（1）通过对大量地质地球物理资料及油气勘探成果的深入分析研究，判识南海北部主要盆地及深大拗陷中泥底辟/泥火山发育展布规模，阐明泥底辟/泥火山及其伴生构造形成演化特点与分布规律。研究表明，南海北部大陆边缘盆地泥底辟/泥火山主要集中分布于4个主要区域，即莺歌海盆地东南部拗陷（莺歌海拗陷）规模巨大的中央泥底辟带、琼东南盆地南部深水区（中央拗陷带及南部拗陷带）、珠江口盆地南部深水区（珠二拗陷白云凹陷及东沙西南部）、台西南盆地南部拗陷深水区（海域及东部陆缘部分）。前3个区域泥底辟/泥火山及热流体上侵活动强烈，泥底辟/泥火山及气烟囱等地震畸形模糊杂乱反射现象普遍，亦见有少量火山岩浆底辟；第4个区域即台西南盆地南部拗陷深水区及东南部相邻陆缘，泥火山异常发育均喷出海底或出露陆上地表且分布普遍。总体上，南海北部泥底辟/泥火山形成演化及区域展布，均主要集中在盆地快速沉降沉积中心附近及构造转换带周缘和断层裂隙发育区与地层破碎薄弱带。

（2）根据南海北部主要盆地不同类型泥底辟/泥火山地质地球物理及地球化学特征，全面深入系统地分析研究泥底辟/泥火山形成演化特点及其控制影响因素。南海北部泥底辟/泥火山和气烟囱及含气陷阱等，在二维多道地震反射剖面与地震速度谱上均具有明显的低速异常，或导致地震反射波组中断，或地震反射波畸变出现空白模糊杂乱反射的现象。而且常具有不连续、杂乱模糊反射、弱振幅或空白杂乱反射及同相轴下拉（速度下拉）等异常地震反射特点及畸形地震反射特征。由于泥底辟/泥火山本质上均是饱含流体的巨厚欠压实泥页岩发生塑性流动而产生强烈底辟刺穿和上拱侵入的结果，故导致泥底辟两侧围岩及上覆地层产状均发生明显改变，因此地震剖面上其地层产状改变非常明显；气烟囱及含气陷阱本质上均属地层含气或强烈气侵所致，但其含气及气侵强烈程度及充注能量差异明显，可能造成一些假象但均不能改变原始地层产状。因此气烟囱在地震剖面上基本表现为模糊杂乱的空白反射，而含气陷阱则多为同相轴下拉的模糊反射，一般均可根据其隐隐约约的反射波组痕迹进行追踪或通过精细处理恢复原始地层产状。

（3）泥底辟/泥火山形成演化及其展布与控制影响因素，主要取决于其内因与外因的相互作用，两者缺一不可。南海北部主要盆地快速沉积充填的巨厚欠压实泥页岩（泥源层）的塑性流动即底辟上侵是形成泥底辟/泥火山的物质基础和先决条件，属于内因；而构造应力转换带和断层裂隙活动发育带及地层破碎薄弱带等，则是泥底辟/泥火山形成演化及展布所必须具备的基本构造地质环境和动力学条件，即外因。两者相互作用和时空耦合配置方可导致泥底辟/泥火山形成与发育展布。尚须强调指出，泥底辟与泥火山成因机制相同，形成演化特征相似，控制影响因素相同。因此，泥底辟/泥火山形成的基本地质条件，可总结为主要是由深部密度较小快速沉积充填的高塑性巨厚欠压实泥页岩等细粒沉积物，在密度倒置的沉积动力学体系下，产生重力差异作用促使泥源物质塑性流动而强烈上侵挤入和底辟上拱，进而导致围岩及上覆地层褶皱拱起或刺穿围岩及上覆地层薄弱带或喷出海底和陆地地表而形成泥底辟/泥火山。其中塑性泥源层底辟喷出海底和陆地地表者为泥火山，而未能底辟刺穿喷出海底和陆地地表的则为泥底辟。

（4）南海北部大陆边缘主要盆地古近系陆相断陷沉积和新近系海相拗陷沉积形成的欠压实异常高压泥页岩等细粒沉积物（底辟泥源层）非常发育，尤其在新近纪中晚期以来快速沉降沉积的地质背景下，极易在某些地层薄弱带及断层裂隙发育区形成大量泥底辟/泥火山。同时，泥底辟/泥火山形成演化之伴生热流体上侵活动，也往往导致所在区域大地热流场及地温梯度普遍偏高。因此，泥底辟/泥火山发育区这种高热流场的强热力作用不仅促进了泥源层有机质热演化生烃且能与黏土矿物演化脱水系统构成巨大高温超压潜能，进而为泥底辟/泥火山及其伴生构造形成与展布提供原动力，同时也为深部油气等流体大规模纵向运聚输送乃至在浅层富集成藏等，提供流体运聚输导的强大驱动力及运聚动能。

（5）根据南海北部主要盆地泥底辟发育区油气勘探所获油气地球化学数据和台西南盆地东南部陆上泥火山发育区采集的泥火山伴生气、温泉气及地火气天然气样品的地球化学分析结果，综合判识确定该区泥底辟/泥火山伴生天然气主要以烃类气为主，伴有少量 N_2 及 CO_2 等非烃气，但部分区域局部区块（断块）及层段 CO_2 等非烃气异常富集。依据天然气碳同位素及伴生稀有气体氦氩同位素分析，泥底辟/泥火山伴生天然气中烃类气主要为成熟–高熟热解气，并伴有少量生物成因天然气混入，其成因类型依据生源母质类型属成熟–高熟偏腐殖型混合气。莺歌海盆地泥底辟伴生烃类气主要来自新近纪海相拗陷沉积巨厚的底辟泥页岩；而泥底辟伴生的 CO_2 非烃气，则主要属壳源型岩石化学成因类型，亦有少量壳幔混合型，其气源主要来自海相拗陷沉积巨厚泥页岩（泥源层）与泥底辟伴生高温热流的物理化学综合作用的结果。其他地区泥底辟/泥火山伴生天然气成因亦与莺歌海盆地类似，均主要来自泥底辟/泥火山热流体上侵活动与泥源层烃源岩的物理化学综合作用。

（6）泥底辟/泥火山形成演化与油气及天然气水合物运聚成藏的地质意义在于以下几点：①泥底辟/泥火山是南海北部大陆边缘主要盆地颇具特色的地震地质异常体，其形成演化过程及发育展布特点，均与油气及天然气水合物运聚成藏乃至分布富集规律等，具有密切的成因联系和时空耦合关系；②形成泥底辟/泥火山的物质基础和先决条件即巨厚欠压实塑性细粒沉积物（泥页岩）泥源层物质本身就是烃源岩，具有较大的生烃潜力，故构成了非常好的泥底辟生烃灶；③泥底辟/泥火山发育演化及强烈上侵活动形成的众多底辟伴生构造圈闭及其所构成的泥底辟/泥火山隆起构造带，由于处在泥底辟生烃灶位置及其附近，具有"近水楼台"的区位优势，故成为油气及水合物运聚成藏的最佳聚集场所和有利富集区；④泥底辟/泥火山上侵活动导致围岩及上覆地层上拱褶皱变形，除了形成一系列伴生构造圈闭可作为油气聚集的极佳富集场所外，同时，也为油气藏含油气储集层形成发育及储集物性改善等创造了较好的构造地质环境和条件；⑤泥底辟/泥火山发育演化伴生强烈的热流体上侵活动所产生的高温超压潜能，不仅促进了烃源岩有机质快速成熟生烃，而且也为深部油气大规模向浅层纵向运聚提供强大的驱动力，促使油气及其他流体源源不断地从深部向浅层具备储盖组合及圈闭的有利聚集场所运移而富集成藏或将深部烃类气源输送至深水海底浅层高压低温稳定带形成水合物；⑥泥底辟/泥火山发育演化及上侵活动形成的底辟活动通道及大量伴生断层裂隙构成了非常好的油气纵向运聚网络系统，起到了连通和沟通深部油气源与浅层常规含油气构造圈闭和深水海底浅层高压低温稳定带（水合物赋存区）等聚集场所之间的"桥梁通道"作用，进而为深部油气大规模向浅层圈闭运聚成藏和在深水海底浅层高压低温稳定带形成天然气水合物矿藏等提供了极佳的高效运聚输导条件。

（7）根据南海北部主要盆地油气地质条件和油气勘探及天然气水合物勘查成果，结合地质地球物理资料分析解释，深入分析研究琼东南盆地南部深水区、珠江口盆地白云凹陷及周缘深水区和台西南盆地南部深水区天然气水合物分布特征、气源供给方式及其成矿成藏的主控因素。根据含油气系统理论"从烃源到圈闭中聚集成藏"的"源−汇−聚"基本原则，深入剖析了目前勘探所获天然气水合物成因类型及气源供给输导系统与供烃方式。在此基础上，结合不同区域具体油气地质条件和地震地质分析解释成果，综合分析研究其气源供给输导系统类型及其展布特点，总结和建立天然气水合物成矿成藏主要运聚富集模式，阐明天然气水合物成矿成藏的分布规律与主要控制影响因素。必须强调指出，南海北部深水区天然气水合物勘查，虽然目前仅勘探发现生物气源供给原地扩散型自生自储天然气水合物成因类型及其成矿成藏模式，但根据深水区泥底辟/泥火山发育演化、上侵活动特点和断层裂隙等运聚通道系统的发育展布特征，以及气烟囱及浅层气显示等信息，可以综合判识确定该区尚存在深部热解气供给断层裂隙输导下生上储"渗漏型"和热解气供给泥底辟/泥火山及气烟囱输导"渗漏型"，或者生物气与热解气混合气源供给形成的复合型天然气水合物成因成藏模式。总之，天然气水合物成矿成藏的主控因素亦与常规油气藏一样，仍然主要取决于必须具有充足的气源供给及良好运聚输导通道系统（即气源供给运聚系统）和具有一定规模的高压低温稳定带（圈闭富集场所）较好的时空耦合配置。

（8）根据泥底辟/泥火山发育演化特征与伴生油气和天然气水合物运聚富集规律，分析阐明南海北部主要盆地泥底辟/泥火山伴生油气藏及天然气水合物矿藏的资源潜力与勘探前景。基于南海北部油气勘探及天然气水合物勘查成果，预测和优选了以下几个重要的油气及天然气水合物勘探领域及战略选区，作为近期及将来获得油气勘探及天然气水合物勘查新突破、开拓新领域的优先方向即①莺歌海盆地中央泥底辟带中深层中新统三亚−梅山组及黄流组下部不同类型大型泥底辟伴生构造圈闭高温超压天然气勘探领域；②琼东南盆地南部深水区中央拗陷带及南部拗陷带，尤其是中央峡谷水道砂体下部存在大型疑似泥底辟/泥火山活动及气烟囱异常发育的区域，应作为勘探大型深水油气田及"渗漏型"高饱和度天然气水合物的有利勘探靶区；③珠江口盆地白云凹陷中东部深水区疑似泥底辟及气烟囱发育区附近的构造及非构造圈闭，是勘探寻找深部深水油气与浅层天然气和深水海底浅层天然气水合物等多种资源叠置共生、复式富集的有利勘探区域，有望获得新的突破；④珠江口盆地东沙西南部深水区天然气水合物勘查获得了高饱和度天然气水合物的重大突破，某些局部区域尤其是与泥底辟/泥火山发育展布存在成因联系的地区也是天然气水合物进一步勘探的有利富集区；⑤台西南盆地南部深水区海底大型泥底辟/泥火山发育区是深水油气及天然气水合物勘探的有利战略选区，其中，深水海域大型泥底辟/泥火山发育区及其附近应是深水油气及天然气水合物勘探的重点靶区；而陆上油气地质调查发现的泥火山伴生天然气资源也具勘探开发价值，虽然目前尚存在诸多因素困扰，但仍然值得重视与关注，是有利的油气勘探远景区。

Preface

The formation and evolution process of mud diapir/mud volcano and their associated structures have a close relationship with the migration and accumulation of oil/gas and other fluid mineral resources. Mud diapir/mud volcano are not only the windows that reveal the deep earth tectonic movement and thesurface feature of deep fluid activities in the earth, but also the important symbol and effective information that indicate the existence and distribution of hydrocarbons and other solid mineral resources. Moreover, they also control and restrict the distribution and accumulation regularities of fluid mineral resources such as hydrocarbons and other solid mineral resources in depositional basin, so it has great significance in earth science and oil and gas geology. This study analyzed the development and evolution characteristics of mud diapir/ mud volcano and their relationship with the migration and accumulation of hydrocarbon and natural gas hydrates in the main marginal basins of the northern South China Sea (SCS) such as the Yinggehai Basin-YGHB, deep water area of the southern Qiongdongnan Basin-QDNB, deep water area of the southern Pearl River Mouth Basin-PRMB, southern sea area and continental margin of the Taixinan Basin-TXNB. Its analysis based on the basic principles and methods of the source-sinking-accumulation system for hydrocarbon accumulation from hydrocarbon sources to hydrocarbon traps (oil and gas reservoirs) and the high-pressure, low-temperature gas hydrate stability zone. The formation and evolution of this special geological body and its spatial and temporal coupling relationship with oil, gas and gas hydrates migration and accumulation are comprehensively analyzed. The patterns of different types of mud diapirs/mud volcanoes evolution process and their influence on hydrocarbons and gas hydrates migration and accumulation are established and summarized. Mud diapirs/mud volcanoes distribution and accumulation regularities and their controlling factors are illuminated. On the basis of what have mentioned above, we comprehensively analyzed and evaluated the favorable hydrocarbons exploration zones and gas hydrates accumulation zones, pointed out the important exploration fields for hydrocarbons and gas hydrates. The main achievements and highlights of this monograph can be summarized as follows:

(1) Based on the analysis of large numbers of geology, seismic and logging data, the development and distribution characteristics of mud diapirs and mud volcanoes in the main depressions and basins of the northern SCS are identified, the formation, evolution and distribution characteristics of mud diapirs, mud volcanoes and their associated structure are also illuminated. The study proposes that the mud diapirs and mud volcanoes in continental shelf of the northern SCS are concentratly distributed in four main districts, such as the large central mud diapir belt in the southeastern depression of the YGHB, deep water area of the southern QDNB(the central and

southern depression zones), deep water area of the southern PRMB (Baiyun sag and southwestern area of Dongsha uplift) and deep water area of the depressions in the southern TXNB(offshore and continental margin of the southern area). The mud diapirs/mud volcanoes and thermal fluid intruding activities are intensely in the first three areas, and the fuzzy seismic reflections of mud diapirs, mud volcanoes and gas chimneys are common, the volcanic magma diapir are rare; in the last area(deep water area of the depression in the southern TXNB and its southeastern adjacent continental margin), mud volcanoes which erupted to the seafloor or continental surface are extremely developed and widespread. In generally, the mud diapirs/mud volcanoes of the northern SCS developed mainly adjacent to the basin subsidence depocenters, the periphery of tectonic transition zones, faults or fractures developing areas and the strata week belts.

(2)Based on the geology, geophysics and geochemical features of varies kinds of mud diapirs and mud volcanoes in the main basins of the northern SCS, the evolution characteristics and controlling factors of mud diapir/mud volcano are analyzed comprehensively, thoroughly and systematically. The mud diapirs/mud volcanoes, gas chimneys and gas traps in the northern SCS are characterized by abnormal reflection with obvious low velocity abnormal on the 2D seismic reflection profiles and velocity spectrum, the cut off of the reflection events, or the seismic wave with blank, chaotic and fuzzy phenomenon. It has the abnormal seismic features with discontinuous, chaotic, weak amplitude, blank reflection and pull-down seismic events (low speed). As mud diapirs/mud volcanoes are essentially the results of the thick undercompacted mud shale fluids flow to the upper strata and produce intense diapiric piercing and upward intrusion, which causes the attitude on both sides of the mud diapir and caprock are clearly changed, so the attitude of strata on seismic profile changed obviously. The gas chimneys and gas traps are essentially the results of gas charged into sediments, but the gas charging extent and the energy filling distinguished obviously, gas chimneys would not change the attitude of strata generally, so gas chimneys are characterized by fuzzy, chaotic or blank reflection on the seismic profile, while gas traps are showing fuzzy reflection with pull-down seismic reflection events, both can be traced and recovered according to its gleamingly reflection waves group.

(3)The evolution, distribution and controlling factors of mud diapirs and mud volcanoes were depended on the interaction of internal cause and external cause, both factors are indispensable. The plastic flow of rapidly deposited thick undercompacted mud shale in main basins of the northern SCS and upward intruding of mud material with thermal fluids are the internal causes. The basic formation geological environments and dynamic conditions including the tetonic transform zone, the fault and fracture develop areas and the formation weak belts are the external causes. What needs to be emphasized is that mud diapirs and mud volcanoes have the same genetic mechanism, similar formation and evolution characteristics and the same controlling factors. So the basic formation geological conditions and elements can be summarized as follows: rapidly deposited high-plasticity and undercompacted thick low density mud shales and other sediments, under the inverted density sedimentary dynamics environments, which caused the discrepancy of gravity and induced the plastic flow of mud shales and strongly intrude or pierce the upper sediments, resulting the upheavals and folds of upper surrounding rocks or piercing the upper fractured weak zones. Those plastic mud source strata that piercing the overlying strata and exposed to the seafloor or epicontinental are mud volcanoes, while those that didn't expose to the seafloor or epicontinental are mud diapirs.

(4)The main marginal basins in the northern SCS have developed undercompacted abnormal high pressure mud shale and other grain sediments (source material of mud diapirs) during Paleogene continental rift period and marine depression period, especially under the rapid subsidence-sediment geological background since late Neogene, a large number of mud diapirs and mud volcanoes developed in some weak strata belt and the faults and fractures zones. At the same time, the mud diapirs and mud volcanoes zones are characterized by high thermal flow and high geothermal gradient, and the mud source strata accumulated high temperature and high pressure potency because of hydrocarbon generating of organic matter under thermal evolution and the dehydration of clay mineral, which not only facilitated the vertically migrating of large amount of hydrocarbons and other fluids, but also controlled and influenced the tectonic evolution, developing scale and distribution characteristics of mud diapirs, mud volcanoes and associated structures, provided a powerful driving force and kinetic energy of fluid migration and accumulation.

(5) According to the analysis results of the geochemical data acquired from the exploring activities in the diapir developments zones of the main basins of the northern SCS , and the geochemical analysis results of mud volcano associated gas, hot spring gas, underground fire gas samples collected in the onshore mud volcanoes of the southeastern TXNB, the mud diapir/mud volcano associated gas are mainly hydrocarbons, with small amount of N_2, CO_2 and other nonhydro-carbons, while partial regions and strata are rich in CO_2 and other nonhydrocarbons. Based on the analysis results of C-isotopes of natural gas and He/Ar isotopes of noble gas, the hydrocarbon in mud diapirs and mud volcanoes were mainly mature-high mature thermal gas, as well as a small amount of biogenic natural gas, the genetic type of which were the mixed gas of mature-high mature trimellitic-humic type gas, and the hydrocarbon were derived from huge marine depression deposited mud shales, while the CO_2 associated with mud diapirs were mainly crust-derived, some of them were crust-mantle mixed, which mainly came from the physicochemical synthesis of the thick mud shale deposited in the marine depression and the high temperature heat flow associated with the mud diapirs. Other regions mud diapirs/mud volcanoes associated gas causes are similar to those in the YGHB, are mainly from mud diapir/mud volcano thermal fluid intrude activities and mud source layer hydrocarbon source rocks of the physical and chemical synthesis.

(6)The petroleum geological significance of mud diapirs and mud volcanoes development and evolution with hydrocarbons and hydrates accumulation can be summarized as follows: Firstly, mud diapirs and mud volcanoes are seismic-geological abnormal structures in the continental margin of the northern SCS, which are characterized by low density, low velocity, high temperature and high pressure. The process of formation and evolution as well as distribution characteristics of mud diapirs and mud volcanoes have closely time and space coupling relationship with hydrocarbons migration and accumulation. Secondly, huge thick plastic source mud material (undercompacted overpressure shale) are not only the basic material that formed the mud diapirs and mud volcanoes, but also the source rock with great hydrocarbon generation potential that act as favorable mud diapir hydrocarbon generation club. Thirdly, the associated mud diapir tectonic traps and its uplift tectonic zones that resulted by the upward intruding activities of mud material located in mud diapir hydrocarbon generation club or in the vicinity of it, so they become the optimum accumulation areas and advantageous enrichment region of hydrocarbons. Fourthly, arch folding deformation of upper sedimentary caused by upward intruding mud material not only formed a series of associated tectonic traps for hydrocarbons accumulation, but also provided favorable geological setting for developing sand reservoirs and improving the physical properties of reservoirs. Fifthly, the high temperature overpressure potential generated by the evolution of the mud diapir/ mud volcano with the intense thermal fluid upward intrusion activities not only facilitate the hydrocarbon generating rates of source rocks, but also provide powerful driving force for hydrocarbons that migrate vertically from deep strata to shallow layers, as a consequence, oil and gas and other fluids migrate continuously from deep source rocks to shallow zones with favorable traps and reservoir-cap assemblages or the low temperature overpressure hydrates stability zones to formed petroleum reservoirs or hydrates. Last but not least, many hydrocarbon vertically migrating pathways (mud diapiric associated faults, fractures and mud intruding conduits) developed during the formation and evolution of mud diapirs and mud volcanoes, which play a role as "bridge and pathways" that connect deep source clubs with shallow hydrocarbons structure traps, gas hydrates stability zones and other accumulation regions, in another words, those conduction system provided deep hydrocarbon large-scale migration and accumulation with advantage conditions and shortcut.

(7) Based on the petroleum geological settings, hydrocarbons exploration and natural gas hydrates prospection achievements of the main basins in northern the SCS combined with the interpretation of geological, geophysics and seismic data, the distribution characteristics, gas source supply pattern and the main controlling factors of natural gas hydrates in deep water region of the southern QDNB, Baiyun sag in the PRMB and deep water area in the southern TXNB are analyzed. According to the basic principles (source-migration-accumulation) of the theory of petroleum system "from source rocks to reservoir", we dissected the genetic type and the hydrocarbon conduction system as well as the supply pattern of hydrates gas that acquired by exploration so far. Be based upon, we depicted and dissected the type of conduction system and its distribution characteristics of natural gas hydrate according to the petroleum geological conditions and the analysis results of seismic-geological interpretation in different basins. Besides, we summarized and established the major migration and accumulation modes of each basin. Furthermore, we demonstrated and illuminated the distribution and its main controlling factors of natural gas hydrates. Although only the "biogenic gas accumulate in place by way of self-generation and self-accumulation" migration and accumulation mode of natural gas hydrate had

been discovered in the process of exploration at present, according to the development and evolution of mud diapirs and mud volcanoes, the upward intruding activity characteristics, the growing distribution features of faults and fractures and the display information of gas chimneys and shallow gases in deep water region of the northern SCS, we recognized and confirmed that there were two more migration and accumulation modes of gas hydrate, they were " thermal gas accumulate offsite through faults and fractures by way of lower-generation and upper-accumulation", or the composite gas hydrate formation reservoir model formed by the mixed gas source supply of biogas and pyrolysis gas source supply of biogas and pyrolysis gas. In conclusion, similar with the convention reservoirs, the major controlling factors of gas hydrate depended on the preferable time and space coupling configuration among sufficient hydrocarbons supply, good migrate and accumulate pathways systems and certain scale of low temperature and overpressure stability zone (the accumulation region).

(8)Based on the mud diapirs/mud volcanoes development and evolution characteristics and their associated hydrocarbons and hydrates migration and accumulation regularities, the resources potential and exploration prospect of mud diapirs/mud volcanoes associated hydrocarbon reservoir and gas hydrates in main basins of the northern SCS are analyzed and illustrated. On account of decades of petroleum exploration and gas hydrate prospection, we proposed and selected following important oil/gas and gas hydrates fields as the preferential directions that may get great breakthroughs and exploit new fields: ①different kinds of large scale mid-deep strata diapirs from Miocene Sanya-Meishan formation and Huangliu formation and their associated tectonic traps and gas hydrates stability zones in the central mud diapir zone in the YGHB; ②the deep water region in central depression belt and southern depression belt in the southern QDNB, especially the large mud diapirs/mud volcanoes and gas chimneys developing area under the central canyon channel sand body which is the favorable prospecting target region to discover the large-scale deep-water gas pool and "seepage" gas hydrates with high saturation; ③the suspected mud diapirs and gas chimney zones of deep-water region of mid-eastern Baiyun sag in the PRMB are the advantageous exploration targets to prospect superposition enrichment fields with deep-water hydrocarbons and shallow gas hydrates; ④the deep-water area of the southwestern Dongsha in the PRMB had get great breakthrough on high saturation gas hydrates, some of local regions especially the region associated with mud diapirs/mud volcanoes development areas is the target precinct for further hydrates exploration; ⑤the large scale mud diapirs and mud volcanoes developing area in the deep-water area of the southern TXNB is the favorable target to prospect deep-water hydrocarbons and natural gas hydrates, meanwhile, the mud volcanoes associated gas resources on continental the TXNB is also worthy of attention for its exploration and exploitation value. Although there are still many factors unsolved nowadays, it is still worthy of attention as it is a favorable hydrocarbon exploration prospect.

目　　录

第一章 绪 论

第一节 国内外泥底辟/泥火山研究现状及进展

一、泥底辟/泥火山基本概念及特征

泥底辟/泥火山是自然界存在的一种特殊地质体，也是沉积盆地中分布比较普遍的一种地质现象。早在 17 世纪甚至更早就有人开始对泥底辟/泥火山进行描述（Martinelli and Panahi，2005），但地质科学家对其进行的系统观察与研究主要集中在近 200 年。底辟（diapir or diapirism）一词来源于希腊语"diapeirein"，意为刺穿（to pierce）（Martinelli and Panahi，2005）。早期科学家仅仅将泥火山当做一种导致地形起伏复杂化的特殊地质地貌，并没有发现其与地球深部作用过程之间的联系，且将泥底辟/泥火山作用看做是地球深部地层引发的一个在地表显著表达的过程（Hovland et al.，1997）。首次提出底辟构造的是 Leymerie（1881），他建议使用"tiphon"一词来描述这种底辟现象，随后 Choffat（1882）也采用了这一术语，他在研究葡萄牙地区的沉积物底辟形成小型穹窿构造现象时使用了"tiphonique"一词。此后，Mrazec（1915）年在描述 Carpathian 山中具底辟核心的褶皱时亦提到"diapirism"之词，至此"diapirism"这一术语方被广泛使用，Mrazec 同时还将泥底辟活动定义为塑性流体从高压力区向低压力区的强烈运移过程。Braunstein 和 O'Brien（1968）曾指出，底辟作用（diapirism）表示地球深部物质已经刺穿或似乎要刺穿浅层物质的一个地质过程，底辟物质主要由具有低密度、低当量黏度关键性特征的蒸发岩、黏土沉积物、煤、泥炭、冰、蛇纹石及其他物质构成。Hovland 等（1997）则将泥火山定义为主要由泥及其他沉积物构成的周期性或连续性喷出包含水、油气的液态泥浆之具正向地形特征的构造。随着世界不同地区越来越多的泥火山被发现以及地质研究的不断深入，地质科学家们开始意识到泥底辟/泥火山形成是一种内源性的过程并且具有各种类似火山活动的基本特征。经过百多年的研究，科学家们最终发现泥底辟/泥火山形成及其活动与油气田分布和天然气水合物形成与富集等均具有成因联系，并逐渐开展了较系统深入的研究工作（Hovland et al.，1997；Kholodov，2002；Kopf，2002；Dimitrov et al.，2002）。

综合前人研究成果及认识（Hovland et al.，1997；Kholodov，2002；Kopf，2002；Dimitrov et al.，2002），可以认为，"底辟"是快速沉积充填的欠压实厚层细粒低密度沉积物和流体物质（岩浆、岩盐及油气水等），在密度倒转的重力作用体系下发生塑性流动，向浅层上拱刺穿围岩及上覆地层薄弱带或断裂带而形成的一种特殊地质体。其在地震剖面上往往具有深部高塑性岩体向浅层底辟上拱或刺穿的轨迹，且没有清晰的底界面，形态不太规则，其底辟内部地震反射往往表现出杂乱、模糊或者空白反射特征，顶面及侧翼通常也不具有

连续完整的反射相位，但其地层产状发生了明显改变，底辟体两侧围岩及顶部上覆地层地震反射特征具有明显的向"上牵引或上拉"现象。根据构成底辟体物质成分的不同，底辟作用类型及底辟岩体类型可划分为火山（岩浆岩）底辟、盐底辟、泥底辟和流体（泥–气体）底辟等（图1.1）。其中岩浆岩底辟与泥底辟有时在地震剖面上容易混淆，但是岩浆岩底辟一般具高重磁异常和高速高密异常，且与围岩的截切关系非常明显，通常在底辟内部及顶部均有较强的地震反射；而泥底辟/泥火山则具有无重磁异常和低速低密异常特点，与围岩界限有时不甚明显。泥底辟与泥火山成因机制相同，发育演化特征相似，控制影响因素完全相同，唯一的差异是其底辟上侵活动能量强弱及其是否刺穿喷出海底或地表。当塑性欠压实泥质物质向上刺穿地表或海底形成泥火山丘建造时为泥火山（mud volcano），反之，未刺穿则为泥底辟。泥底辟也可在进一步的上侵底辟活动过程中发展演变为泥火山，南海东北部大陆边缘台西南盆地泥火山就是在早期泥底辟活动基础上逐渐发展演变为泥火山的。泥底辟物质喷出地表形成的泥火山具有多种几何外形（Kopf，2002），通常主要由泥火山角砾岩和泥质岩屑等堆积形成穹窿或锥状（cone-shaped）凸起而出露地表，其

图1.1 不同成因类型底辟的地震反射特征或地质地貌特点

侧翼坡度一般较大（>5°），直径能达到数十千米，高度在几米到几百米不等（图1.2）；也可形成饼状构造（pies），如泥池、泥泉、泥饼等，其两翼坡度通常很小（<5°），规模也相对要小。泥火山喷口与深部下伏地层存在泥源物质供给输送通道（conduit or feeder），其通道通常为柱状或不规则形态，也有的通道为裂缝或者断层。当底辟及其流体上侵活动导致上覆地层富含气体即发生强烈气侵时，地震反射波发生严重畸变，则在地震剖面上可形成类似烟囱形态的现象，称为气烟囱（gas chimney）。在二维地震反射剖面上，通过泥底辟体时地震反射层通常亦会发生畸变，出现无反射、模糊反射及杂乱反射特征，此时可依据泥底辟体两侧围岩及上覆地层产状是否发生改变之地震反射特征与气烟囱地震模糊反射特点（未改变地层产状）加以区别和辨识。尚须指出的是，在泥底辟顶部及周围常常伴生有大量底辟断层裂隙和气烟囱等通道系统，可构成深部流体向浅层不同类型含油气圈闭运聚的纵向运移通道，进而为油气等流体运聚成藏提供极好的运聚通道条件。

图1.2　泥火山发育地区典型地质地貌特征（据 Planke et al.，2003）
（a）泥湖；（b）泥火山丘；（c）喷泥池；（d）地火气

总之，泥底辟/泥火山是沉积盆地中分布较普遍的一种特殊地质构造现象，是处在高温高压环境下的巨厚欠压实塑性物质（富含流体的泥页岩等细粒沉积物）由于内摩擦力消失而产生的塑性流动，当其在外力作用下发生沿地层薄弱带及断层裂隙处的上拱刺穿或底辟侵入活动，进而导致上覆地层褶皱变形或破裂而形成不同形态特征的伴生构造及其地质组合体（Kopf，2002；何家雄等，1994a，2008a）。从泥火山/泥底辟活动演化过程及形成机理来看，其本质均是在地下深部密度倒转的重力体系下，其巨厚欠压实泥源层伴随高温超压潜能及其流体不断地向浅层断裂和浅部地层薄弱带底辟或刺穿的过程，因此泥底辟/

泥火山两者成因机理相同，分布特征与控制影响因素相似（何家雄等，2010a）。然而，目前对泥底辟/泥火山地质地球物理、地球化学特征、成因机制与主控因素等尚未开展深入系统地全面研究，也无统一的判识划分标准与准确的定义及概念，很多研究者往往容易将其混为一谈，或者仅根据某些特征（如地震反射模糊带及杂乱模糊反射等），并不结合形成的具体地质条件即进行判识与划分，因此往往导致产生错误解释和误判现象，故难以对地质研究对象（泥底辟/泥火山）进行有效而科学的描述刻画和分析研究。鉴此，本书拟根据泥底辟/泥火山基本概念和内涵及其发育演化特征，将泥底辟/泥火山及其形成演化过程中伴生产物等一系列地质体及相关地质现象，具体界定和概括总结为与泥底辟/泥火山及伴生产物相关的10大基本概念（具体的地球物理及地质地貌特点参见图1.1），并对其内涵及意义和特点等进行明确地界定与详细阐述。以下章节的表述中泥底辟/泥火山及相关伴生产物的概念及定义等，均与此相同。

（1）泥底辟（diapir）：地下深部快速沉积充填的巨厚欠压实细粒泥源层在压实与流体排出不均衡和区域构造动力学条件下，发生塑性流动底辟刺穿或挤入上覆地层及围岩，形成不同类型形态的底辟构造及其组合体。其中巨厚欠压实泥页岩的泥源层是形成泥底辟的物质基础即内因；而区域构造动力学条件及环境则是形成泥底辟的外因，两者相互作用导致了泥底辟形成。在陆上泥底辟没有刺穿或喷出地表，而在海域泥底辟则尚未刺穿喷出海底。

（2）泥火山（mud volcano）：泥火山又名滚火山、假火山。当具有强大高温超压潜能的泥源层刺穿或挤入上覆地层及围岩，并刺穿喷出地表或海底，在地表及海底形成貌似"火山形态"的底辟构造及其组合体（图1.3）。刺穿喷出海底或地表的"泥底辟"即泥火山。因此泥底辟与泥火山成因机理相同，形成演化特点相似且控制影响因素完全一致，其唯一的差异乃在于其底辟活动能量强且规模较大。特强能量的泥火山顶部通常能形成类似火山的典型喷口，泥火山喷口既有较规则的近圆形形状，也有不规则的形状。

（3）气烟囱/含气陷阱（gas chimney）：伴随泥底辟活动，天然气等流体强烈充注/气侵、逸散、渗漏后在地层中形成的形态各异的地震模糊/空白反射异常体，但大多数以类似烟囱的柱状体出现。因此，气烟囱在地震剖面上多表现为空白杂乱模糊的地震反射特征，且精细处理后仍然为地震空白杂乱模糊带不能恢复原始地层及其产状。含气陷阱也是气侵及地层含气所致，但由于气侵程度、气体充注强弱的差异，往往仅导致地震反射波发生畸变形成尚可分辨的同相轴下拉的地震杂乱模糊反射带，但其通过地震精细处理后即可恢复正常地层地震反射波组特征，并能够还原恢复其原始构造或原始地层产状。

（4）龟背上拱（turtleback-like arch）：二维反射地震剖面上，初期泥底辟通常呈波状弱反射，为隐刺穿底辟构造，形态上像龟背，故又称为龟背上拱。研究表明在异常高压地层系统中由于密度反转和重力不稳定性导致欠压实泥岩塑性流动变形，同时孔隙流体可以起到润滑作用，降低颗粒间的剪切阻力，随着上覆沉积物负荷增大，塑性泥源层极易产生流动上侵，但由于早期活动能量较弱故逐渐形成了龟背上拱和层间压裂断层。

（5）麻坑（pockmark）：当海底浅层天然气水合物分解产生气体逸散或海底浅层由于存在沟通深部的断层裂隙而导致油气等流体产生渗漏作用所致，或由于底辟泥源物质刺穿喷出海底后因能量大量释放而导致海底地层塌陷所形成的洼地坑地貌即海底麻坑，麻坑直

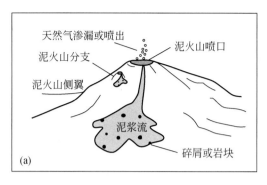

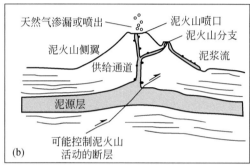

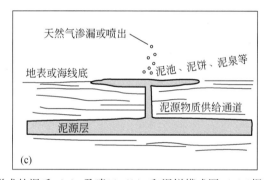

图 1.3　泥火山形成的泥丘（a）及喷口（b）和泥饼模式图（c）（据 Kopf，2002 修改）

径一般为几米到几十米，深几厘米到几十厘米不等，通常在海底表面尤其是油气苗发育区密集成群出现，因而称为海底麻坑或梅花坑。

（6）底辟伴生断层裂缝/裂隙（diapir fault/microcrack）：底辟泥源层在强大的高温超压潜能作用下向围岩及上覆地层底辟上拱或侵入刺穿，导致围岩及上覆地层发生隆起褶皱的同时常常伴生一些断层裂缝/裂隙，即底辟伴生断层裂缝/裂隙。

（7）泥火山气（mud volcano gas）：泥火山上侵活动过程中伴随泥源层泥浆物质一起随泥火山喷口喷出的天然气。泥火山伴生天然气一般多以烃类气为主，含有少量非烃气，但在某些区域也有含量较高的非烃气出现。

（8）温泉气（hot spring gas）：此处温泉气即泥火山/泥底辟热流体活动形成的温泉及其伴生之 CH_4 气体，可从地表泥火山温泉中逸出、点火，即可燃烧产生巨大的火焰。

（9）地火气（underground fire gas）：地火气一般是指煤炭地层在地表下满足燃烧条件

后，产生自燃，或经其他渠道燃烧所形成的大规模地下燃烧发火。本书所指地火气是在泥底辟/泥火山发育区由于存在深部断层裂隙等运聚输导通道系统，深部油气源供给的天然气（CH_4 为主）通过这些断层裂隙运聚通道向地表逸散渗漏，在自然界一定的条件下自燃而形成燃烧火焰（何家雄等，2012a）。

（10）恶地形（badland）：属于一种特殊的泥火山地貌，在我国台西南盆地东南部陆缘区分布普遍。恶地形的形成，主要是在陆地泥火山出露地表附近，由于堆积的大套巨厚泥页岩等沉积物其岩性松软、胶结较弱且成岩程度差，故在雨水或河水强烈侵蚀冲刷和长期风化剥蚀作用下，极易形成这种尖峰利脊、沟谷嶙峋、草木难生的裸露地形，即"恶地形"。

二、泥底辟/泥火山地质学研究

国内外专家学者对泥底辟/泥火山及伴生构造等进行过较深入的研究（何家雄等，1990，1994b，2006a；Hovland et al.，1997；Kholodov，2002；Kopf，2002；Dimitrov et al.，2003）。目前，泥底辟/泥火山地质学研究主要围绕泥底辟/泥火山形成的区域构造地质背景、泥底辟/泥火山形成的物质基础和影响泥底辟/泥火山发育的地质条件及控制因素、泥底辟/泥火山形成演化与油气运聚成藏及天然气水合物成矿成藏等多方面、多领域展开（Reed et al.，1990；何家雄等，1994b，2008a，2008b，2010a；Henry et al.，1996；Ujiie et al.，2000；Wiedicke et al.，2001；Kholodov，2002；Huang et al.，2002；Loncke et al.，2004；Huguen et al.，2005；Wan et al.，2013；张伟等，2015）。

国外泥底辟/泥火山研究相对较早，研究程度相对较高。在已发现或推测泥火山及泥底辟发育地区，基本上均开展过地质调查和全面系统的地质研究。泥底辟/泥火山形成的区域地质背景，不同专家学者存在一定的差异。有人认为泥底辟/泥火山多形成在挤压构造背景及其动力学环境之下。然而随着地质调查资料的增多和地质研究不断深入，很多专家学者们均发现泥底辟/泥火山及相关伴生构造，可以在不同的大地构造环境及区域动力学条件下形成与展布，而决定性因素乃在于必须具备沉积充填巨厚的欠压实泥源层这个物质基础和断层裂隙及地层薄弱带等区域地质条件及动力学环境与之较好的时空耦合配置。因此，泥底辟/泥火山不仅在被动大陆边缘异常发育，而且在活动大陆边缘和增生楔等构造环境下也广泛存在。尤其是在构造地质环境复杂且沉积体系比较特殊的区域如海底扇、湖底扇及三角洲体系中均可以形成（Loncke et al.，2004）。Reed 等（1990）详细研究了北巴拿马地区泥火山及泥底辟分布与伴生构造特征，并深入分析了其成因机制。强调指出，该区泥底辟/泥火山及其伴生构造主要沿挤压-推覆构造形成的背斜构造脊较低部位的沉积中心区发育。其沉积物差异荷载、油气的生成与运移等导致该区沉积物具有高孔隙压力且孕育了高温超压潜能，而该区天然气水合物分解则导致其水合物盖层及上覆封盖层破裂诱发了泥源物质的喷发，最终形成泥火山及泥底辟及其伴生构造。

泥底辟/泥火山通常在增生楔等部位异常发育，增生楔部位通常具有挤压构造背景及高沉积充填速率，沉积充填的巨厚欠压实泥源层具有巨大的高温超压潜能，其为泥底辟/泥火山底辟上侵活动及其发育展布等提供了非常好的原动力条件和巨大的能量供给。如巴巴多斯增生楔、莫克兰增生楔、琉球海沟增生楔等地区均形成了众多泥底辟和泥火山。Henry 等（1996）通过地球物理资料系统研究了巴巴多斯增生楔地区泥火山。Wiedicke 等（2001）也研究了莫克兰增生楔发育区形成的泥火山/泥底辟构造，并分析了其形成演化机制（图 1.4）。Ujiie 等（2000）也研究了琉球海沟北部泥底辟，并推测琉球海沟北部俯冲增生楔部位可能具有比海沟中部及南部大 10 倍左右的沉积速率，并认为高沉积充填速率是造成高孔隙压力孕育高温超压潜能的根本要素，也是该区发育泥底辟形成的主控因素之一。Huguen 等（2005）研究发现地中海海脊中部的泥底辟成因除与海底俯冲碰撞挤压有关外，还首次发现了走滑断层在泥底辟及泥火山形成过程中的重要作用。Kholodov（2002）系统地研究了世界各地泥底辟/泥火山后，发现泥底辟及其油气渗漏区域，不论现代还是过去的沉积物通常具有高沉积速率且形成了厚层欠压实泥源岩。例如，墨西哥盆地沉积了超过 10km 的沉积物，南里海盆地仅第四纪沉积物厚度即达到 1000m。同时，泥火山/泥底辟发育区的构造特征、地层岩性及岩石学特征和母岩特点与非泥火山/泥底辟发育区也存在明显差异。泥火山/泥底辟发育区含油气地层层序主要由新生代碎屑岩沉积物组成，少数由中生代白垩纪陆源碎屑、黏土沉积所构成；而在那些以碳酸盐岩、陆相碳酸盐岩及蒸发岩沉积为主的含油气盆地则很少或基本没有泥底辟/泥火山存在与分布。例如在中东地区古生代含油气丰富的碳酸盐岩储层和碳酸盐岩-陆源碎屑岩的烃源岩构成地层系统，即以碳酸盐岩沉积为主的沉积盆地，基本不存在泥底辟/泥火山或尚未发现泥底辟/泥火山。这种现象在西伯利亚平原也非常类似，该区盆地基底上覆沉积物主要由碳酸盐岩、碳酸盐岩-陆源碎屑岩或蒸发岩地层组成的地层系统，未发现泥底辟/泥火山。Loncke 等（2004）研究尼罗河深海扇发育区时也发现泥底辟及气烟囱主要发育在盐岩缺乏的区域。因此，在含油气盆地中，油气若主要圈闭在古老的（古生代或前寒武纪）压实程度高且非常致密的地层系统之中，地层孔隙流体较少，缺乏泥底辟活动的高温超压潜能之动力源，故基本上不存在泥底辟/泥火山，或非常少见。这也充分说明了泥底辟/泥火山形成必须要有巨厚欠压实泥源层这个物质基础。Loncke 等（2004）研究发现在尼罗河深海扇上发育了较多泥火山、泥丘、泥底辟伴生的海底麻坑等与底辟相关的构造（图 1.5），且认为该区气烟囱与地层系统高含气相关。而海底麻坑及泥丘形成则与流体活动及不稳定沉积物有关。通过进一步分析推测，认为大规模块体沉积物的突然超载于海底，诱发了天然气水合物的分解，释放的自由气体向浅层运移，大量的气体导致浅层微裂缝的形成以及地层的蠕变，最终形成了气烟囱及海底麻坑。气烟囱常常与海底麻坑及泥丘相伴生，说明海底麻坑起源于有充足气体供应的气烟囱的输送与供给。

泥火山/泥底辟存在于地球陆地及海洋，其独特的地质地貌特征、地球化学特点、资源环境效应及形成演化机制等方面均引起了国内外专家学者们的广泛兴趣和高度重视。Milkov（2000）分析整理了世界上已发现及推测的泥火山及泥底辟资料，绘制了全球海岸及海底泥火山/泥底辟分布图，并总结了泥底辟与泥火山发育演化过程及其成因。Kholodov（2002）调研了世界各地分布的泥火山，系统性分析了陆地上及海域泥火山形成分布特征及其形态学特点，总结了世界主要泥火山发育带泥火山展布特点及其规模，并阐述了泥火山发育演化过程与油气藏分布之间的关系。Kopf（2002）则综述了全球泥底辟和泥火山分布与发育演化特征，并系统阐述了泥火山/泥底辟基本概念、分布及成因、活动流体构成、

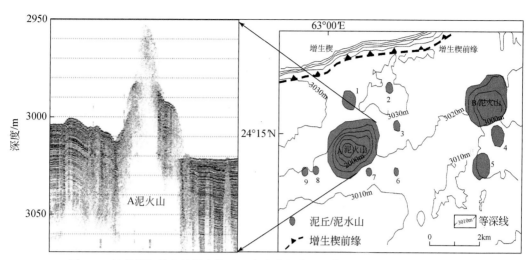

图 1.4　巴基斯坦莫克兰增生楔地区发育的泥火山（据 Wiedicke et al.，2001）

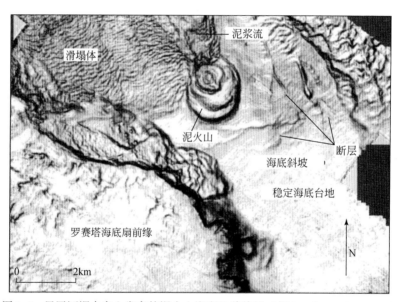

图 1.5　尼罗河深水扇上发育的泥火山海底地貌特征（据 Loncke et al.，2004）

矿物组成和伴生天然气地球化学特征等方面的研究进展。总之，国外对泥底辟/泥火山的地质学研究成果及认识较多，但在成因机制及主控因素等方面的研究尚须进一步深化。

　　我国泥底辟及泥火山地质学研究相对较晚，且研究资料少研究程度低，随着泥火山及泥底辟的重要性日益显现，尤其是油气勘探及天然气水合物勘查活动的不断推进和深入，南海北部深水油气及水合物勘查程度的不断提高，越来越多的专家学者开始关注并重点研究我国泥火山/泥底辟形成演化与展布特征，尤其是形成演化过程与控制因素以及与油气及水合物之间的成因联系。陈胜红等（2009）较详细地介绍了台湾西南海岸带及台西南盆地泥火山分布及其主要构造地质特征。何家雄等（1990，1994a，2006a，2012a）深入分析研究了莺歌海盆地泥底辟的形成演化特征及与油气运聚成藏的关系,同时系统调研了台西南盆地泥火山发育区基本特征,并详细阐明了该区泥火山/泥底辟形成演化特点与伴生天然气地质地球化学特征。王家豪等(2006)分析了珠江口白云凹陷泥底辟和气烟囱发育演化特征,并探讨了其形成的主要地质因素。石万忠等(2009)根据地震资料的精细解释与对比分析,初步研究了珠江口盆地白云凹陷泥底辟伴生构造类型及其成因机制,认为珠江口盆地发育多种类型的泥底辟伴生构造,主要有底辟初期的龟背上拱、泥底辟、气体泄流通道、裂缝带4种类型,并强调泥底辟构造的成因与构造活动密切相关,而超压对底辟构造的形成与活动影响较小,不是主要原因。谢超明等(2009)首次调研了我国藏北羌塘盆地中部泥火山构造发育区。解习农等(1999)、郝芳等(2001)、何家雄等(2000,2008b,2010a)、龚再升等(1997,2004)重点研究了莺歌海盆地泥底辟地质地球物理特征及构造演化特点,Lei等(2011)深入探讨了莺歌海盆地泥底辟形成的构造地质学背景,研究了该区泥底辟构造演化及发育特征,并提出了泥底辟形成的阶段模型,认为该区上新世-更新世时期高沉积速率导致的地层超压、高古地温梯度及走滑断层活动等共同控制形成了该区泥底辟构造。Wan等(2013)调研了我国新疆准噶尔盆地白杨沟、艾其沟、独山子等地区泥火山并提出了该区泥火山发育形成机理。Chen等(2010)则系统研究了台西南盆地海底麻坑、气烟囱及泥底辟/泥火山地质地球物理特征;Chen等(2014)还通过地球物理资料系统分析研究了台湾高屏斜坡区泥底辟及泥火山,认为台湾西南海域高屏斜坡区发育的泥火山及泥底辟形成受控于三大因素:高沉积速率造成沉积物层的超压、菲律宾板块及欧亚板块汇聚挤压力和含气流体造成泥岩物质密度的降低及浮力的增大。总之,国内泥底辟/泥火山的地质学研究,仅刚刚起步,研究尚不够深入、不够系统全面,更缺少实际地质资料,相信随着南海北部深水油气及天然气水合物勘探活动不断推进及勘探研究程度的不断提高,泥底辟/泥火山这种与油气及水合物资源密切相关的特殊地质体的研究与认识肯定会产生新的亮点、更加引人瞩目。

三、泥底辟/泥火山地球化学研究

泥底辟/泥火山地球化学研究,主要围绕泥底辟/泥火山泥源层物质地球化学特征,泥底辟/泥火山伴生地层水、喷出地表及海底泥浆物质等塑性流体地球化学特征,尤其是伴生油气地球化学特征和渗漏型天然气水合物成矿成藏(气源)气体的地球化学特征及其资源环境效应等方面开展综合分析研究。

国内外专家学者针对不同地区泥底辟/泥火山伴生的不同类型流体地球化学特征,均开展了深入系统地分析研究。Henry等(1996)深入研究了巴巴多斯增生楔地区发育的泥火山流体地球化学特征,系统讨论了该区流体活动与孔隙水、碳酸盐结壳及天然气水合物之间的关系。Planke等(2003)调研了南里海阿塞拜疆地区Bakhar、Dashgil、Koturdag及Lokbatan四座泥火山,在分析其展布及地质地貌特征基础之上,通过泥火山所排出地层水的金属离子分析,深入研究了泥火山流体活动来源及流体混合组成特征,认为泥火山渗漏的流体代表了泥火山深层物质与大气降水的混合物,其研究进一步支持了处于休眠期的泥火山下部存在一个复合疏导系统的假说。Kopf(2002)则综述了世界各地泥火山发育区中泥浆携带的矿物成分和伴生流体及天然气地球化学特征，比较完整地揭示出泥火山喷出物（流体及其他塑性物质）地球化学特点及其成因。Dimitrov 等（2003）系统统计和综合分析研究了世界各地泥火山喷出气体地球化学特征，阐明了 CH_4 等烃类气组成和 CO_2、N_2 等非烃气组分的地球化学特征及成因特点，估算了泥火山喷出气体总量及其对地球大气环境的重大影响。

中国台湾学者 Yang 等（2004）系统分析了台西南盆地泥火山伴生气体地球化学特征并监测计算了泥火山喷出或逸散出气体量变化特征；Sun 等（2010）通过台湾西南部陆上泥火山伴生气体地球化学信息探讨了该区泥火山的成因，同时分析探讨了台西南海域与天然气水合物相关的泥火山地层水地球化学特征；何家雄等（1995，2010b，2012a）首先在莺歌海盆地中央泥底辟带采集了底辟伴生浅层气藏天然气样品，且分析了其地球化学特征（天然气组成、碳氢同位素及稀有气体同位素和凝析油生物标志物），然后又系统采集了台西南盆陆上泥火山伴生气、温泉气和地火气样品，并进行了气体组成及碳氢同位素等地球化学分析，在此基础上阐明了其不同成因类型天然气的成因及来源。Sun 等（2012）还通过地球物理资料分析研究了珠江口盆地深水区与泥底辟活动及相关构造有成因联系的浅层气及聚集流体运移输导特征和伴生气特点。戴金星等（2012）研究了新疆准噶尔盆地南缘泥火山伴生天然气地球化学特征，发现大部分泥火山天然气均具有相似的地球化学特征，且具有同源性或同因性，天然气主要成分为烷烃气，CH_4 含量高，是优质烃类天然气。泥火山伴生气之烷烃气碳同位素一般具有正序列特征，是典型的热成因气，其气源主要来自下侏罗统煤系烃源岩。李梦等（2013）对准噶尔盆地南缘乌苏四棵树和独山子泥火山活动及其伴生油苗的地球化学特征进行了系统性分析研究，认为这两个地区的泥火山形成与地下水水压差及地层压力差有一定的相关性。通过全油色谱及生物标记化合物进一步的分析研究表明，泥火山伴生油苗油样有机质处于成熟阶段，可能来源于侏罗纪及古近纪烃源岩的混合产物，进而为该区分析油气成藏地质条件提供了重要线索和可靠依据。Wan 等（2013）研究了新疆准噶尔盆地南缘大部分泥火山伴生天然气地球化学特征，通过采集的大量泥火山伴生气体样品的地球化学特征分析，进一步搞清了泥火山伴生天然气组成特点、碳氢同位素特征及凝析油地球化学特点，并计算了泥火山伴生天然气产出量及散失量，深入分析探讨了伴生气成因类型及气源构成特点。

综上所述，目前的泥底辟/泥火山地球化学研究，均主要集中聚焦于与泥底辟/泥火山伴生的油气（主要为天然气）地球化学特征的分析研究，重点是深入分析研究泥底辟/泥火山伴生油气组成、碳氢同位素和稀有气体同位素和凝析油生物标志物特点等，进而探讨其成因类型及油气源供给输导系统和来源。至于泥底辟/泥火山的岩石矿物组成及地球化学特征，由于其岩性较单一且多以泥质岩类为主，所以泥底辟/泥火山的岩石地球化学研究涉及较少。

四、泥底辟/泥火山地球物理学研究

在陆上形成并出露地表的泥火山可以通过野外露头地质调查及简易钻井等技术和手段进行判识与分析研究，而对于地下深处尤其是海域泥火山/泥底辟，则必须通过海洋地质调查，借助大量的地球物理探测资料及海洋钻探技术等方法手段方可开展分析研究综合判识确定泥火山/泥底辟这种特殊地质体的存在。随着泥火山/泥底辟的研究不断深入，越来越多的地球物理探测技术和研究手段已成功应用于泥底辟和泥火山研究之中（孟祥君等，2013），为探究泥底辟现象及其活动分布特点、构造演化及成因机制等提供了有利条件和有效途径。

目前，分析判识海域泥底辟/泥火山等底辟上侵活动及伴生构造演化特点的地球物理研究方法及技术手段较多，主要包括海底多波道地震、海底侧扫声呐成像技术、浅地层剖面探测技术、多波束成像等先进技术和手段（Katzman et al.，1994；Kvenvolden，1993；Vanneste et al.，2001）。①海底多波道地震，采用常规 2D 地震及 3D 地震技术，主要通过地震波属性和地震剖面特征标识，如弱反射、杂乱反射、空白反射等地震反射异常特征来判识泥底辟/泥火山；②海底侧扫声呐成像技术，由于海底泥火山发育区通常形成粗糙、起伏的海底表面并堆积有泥质角砾岩碎屑，其能在声呐图像上呈现出较强的逆向散射特征，因此，通过发射声脉冲可以获取海底逆向散射回来的声波幅度，在侧扫声呐图像上可观察到增强的逆向散射，进而通过侧扫声呐图像直接识别海底泥火山；③浅地层剖面探测技术，通过发射具有较强穿透能力的声波，能够有效地穿透海底数十米的地层。海底泥火山通常能够排出大量塑性黏土物质、水及气体的混合物，其中渗漏到浅层或海底的气体能够吸收或散射声波，因此，当浅层气体聚集时，在浅层剖面上能观察到多次波、声空白、声浑浊、增强反射、亮点反射等（Judd and Hovland，1992；Schroot et al.，2005），此外，泥火山上部水体中的常见的气泡羽状体也能在浅层剖面上成像，通常表现出柱状空白或双曲状浑浊反射，利用上述声波反射特征，在浅层剖面上可以识别出海底泥火山；④多波束成像技术，利用多组阵的多波束回声声呐探测技术或相干声呐探测手段，可以获得海底地形精准的地貌形态等资料，泥火山/泥底辟在多波束地形图上能够清晰成像，据此可以判识泥火山/泥底辟。例如，陈江欣等（2015）利用多道地震反射资料及多波束测深数据综合分析了南海西部海域中建南盆地麻坑、泥火山/泥底辟展布规律及其地质地球物理特征（图 1.6），并研究了其形成机制及特点。

然而利用单一地震剖面资料解释和判识确定泥火山/泥底辟存在多解性，并不一定完全可靠。由于地震剖面上泥火山与岩浆岩火山具有诸多相似点，没有经验的解释者通常容易将火山解释为泥火山，或难以有效区分二者，但利用重磁资料则可以科学地进一步甄别和判识泥火山与岩浆岩火山。火山属于地球深部火山幔源岩浆物质活动向浅部地层侵入或喷出的产物，故主要由重矿物所组成，密度普遍偏大，且部分火成岩矿物磁化率偏高，因此总体上火山岩体的重磁场背景明显偏高往往出现重磁异常。在地震剖面上火山岩体的内部表现出明显的强反射特征，而泥火山则主要是深部塑性泥源物质向上侵入和刺穿的产物，其物质成分主要为黏土矿物等细粒沉积物构成的塑性泥质物质，因此往往具有低密度、低速度、无磁性或弱磁性等特性，不具有高重磁异常特征，因此，泥火山/泥底辟发育的地区一般均处于较低的重磁场环境中没有或基本没有重磁场异常的区域。鉴此，研究者可以通过重磁异常和地震速度异常及沉积物密度大小等地球物理特点进行分辨与判识，进而确定其是火山还是泥火山（何家雄等，2010a）。

诚然，当地层富含天然气或发生强烈气侵，则往往会导致地震波能量被大量吸收而发

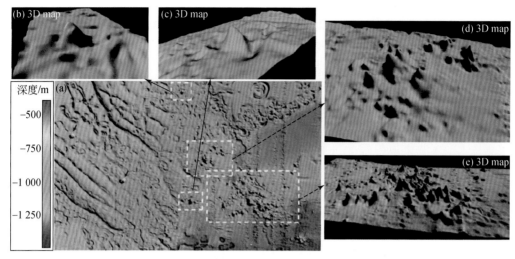

图 1.6　南海西部海域中建南盆地泥火山发育展布特征（据陈江欣等，2015）

(a) 为多波束地形图；(b)、(c)、(d)、(e) 为 (a) 中四处虚线框区域放大 3D 地形图；(b) 和
(c) 为独立发育的泥火山，(d) 和 (e) 为泥火山群

生严重衰减，故在地震剖面上呈现出大量杂乱模糊或空白反射，或产生同相轴下拉现象，即形成所谓的含气陷阱/气烟囱（地震反射波反射畸变的产物）。而这些地震反射波畸变的痕迹（空白反射或杂乱模糊带），往往通过地震精细处理后即可看到反映构造及地层原始产状的正常地震反射波组，并能够恢复其完整的构造形态及地层原始产状（图 1.7），不过气烟囱模糊空白反射一般难以恢复其正常地层反射波组，这便是含气陷阱与气烟囱的明显差异。很显然，含气陷阱和气烟囱的形成均与油气及流体运聚和渗漏过程等密切相关，故其可作为流体及油气运聚与渗漏活动的有效指示和追踪标志。

此外，结合古生物化石等其他资料，也能够辅助判识泥底辟和气烟囱等底辟活动现象。Bouriak 等（2000）研究挪威海岸带天然气水合物与泥底辟发育演化特点时，在地震反射剖面上观察到垂向上狭窄细长的空白反射模糊带（宽 150～500m），空白带底部存在地层向上牵引的现象（图 1.8）。仅从地震反射特征看，无法判识是气烟囱还是泥底辟。该异常地震反射区域的局部构造范围获取的岩心及穹窿状隆起和麻坑区沉积物中古生物化石分析表明，除了有第四纪及冰川漂移碎屑物化石外，主要为始新世到渐新世的化石群，而这些化石群从深部向浅层搬运或移动数百米不太可能仅仅是由流体（天然气）运移充注过程携带所造成，而应是生物化石群随深部塑性泥岩流动上拱及底辟上侵活动所致。因此该区地震反射剖面上的模糊空白反射并非仅仅是气烟囱造成，根据古生物化石群信息综合分析，表明其应是泥底辟上侵活动的塑性泥岩携带了古近纪生物化石群，而其气烟囱则是泥底辟上侵活动的伴生产物，故具有指示油气运聚及活动特点的重要指示意义。

目前利用地球物理资料与计算机技术相结合的研究手段及方法，已广泛应用到泥底辟/泥火山及气烟囱等地质异常体的判识与分析研究之中（Meldahl et al.，2001；Tingdahl et al.，2001；Ligtenberg and Connolly，2003；Heggland，2004）。国内研究专家学者尹成和王治国（2012）、刘伟等（2012）、尹川等（2014）、杨瑞召等（2013）探讨了利用"气烟囱

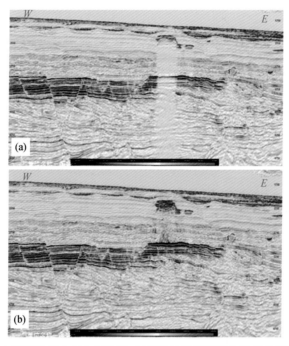

图 1.7 白云凹陷深水区含气陷阱/气烟囱地震剖面精细处理前后特征对比

(a) 处理前；(b) 处理后

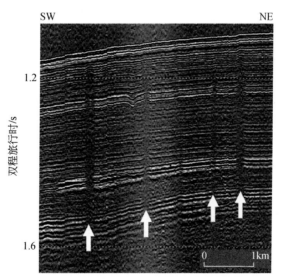

图 1.8 挪威海岸带海底平原上发育的泥底辟（非气烟囱）地球物理反射特征

（据 Bouriak et al.，2000）

体"检测技术识别油气运移通道。应用多种地震属性或准属性，采用有监督的人工神经网络方法，进行模式分析识别气烟囱。而且，泥底辟/泥火山及气烟囱等判识确定愈发精准和快速，泥底辟/泥火山及气烟囱的传统地震地质解释手段，主要是通过分析判识泥底辟/

泥火山及气烟囱等在地震剖面或者某些单一地震属性剖面上，能够反映泥底辟/泥火山内部地震反射波动力学及运动学特征等异常特点来进行甄别和辨析。这种方法既需要耗费大量时间和精力且不一定准确合理。而近期发展起来的神经网络算法，可以帮助地震解释者或研究者快速高效准确地识别和判识研究区域内泥底辟/泥火山及气烟囱等底辟活动现象及其伴生产物特点。这种算法主要基于数据驱动，且还能够综合多种地震属性信息，因此，比人工通过地震剖面解释或单一地震属性分析解释判识的结果更为准确和可靠。目前，国内外较为流行的神经网络算法主要有多层模式识别（MLP）、支持向量机（SVM）以及径向基函数（RBF）等多种先进算法（Horozal et al.，2009），且都取得了较好的应用效果。

总之，泥底辟/泥火山识别的地球物理学研究，尤其是地震地质分析解释及相关技术方法，目前仍然处在进一步提高和深化完善阶段。但当其与地质综合分析和其他地球物理方法及技术手段（浅地层剖面探测技术、多波束成像技术、侧扫声呐成像技术等）相结合，则完全能够有效、快速、准确地判识确定泥底辟/泥火山及气烟囱等特殊地震地质异常体，进而为海洋地质和油气地质综合研究、勘探开发深水油气及天然气水合物资源服务。

五、泥底辟/泥火山成因类型研究

底辟构造不仅是地壳构造运动的产物和揭示地球活动的重要窗口，也是地球深部流体活动的重要表征，同时，也是油气等流体矿产富集成藏非常重要的纵向运聚输送通道，故还是勘查追踪油气等矿产资源的重要标志和指示，对油气勘探而言属于具有指示和标志及引导意义的一种特殊地质体。油气有机成因论表明，常规油气运聚成藏过程中，其烃源供给及运聚输导系统是最重要的控制因素，所以含油气系统理论主要强调"从烃源供给到圈闭运聚成藏"的"源-汇-聚"过程；而非常规油气藏属源储一体成藏，其比常规油气藏更注重烃源岩质量及规模（如页岩气）。对于天然气水合物矿藏这种特殊的非常规天然气资源，则更强调必须有充足烃源供给及较好运聚输导系统且能与高压低温稳定带（圈闭）时空耦合配置极佳方可成矿成藏。因此，油气及天然气水合物成藏均必须非常重视烃源供给及运聚输导系统的分析研究，而不同类型的底辟作为油气运移与渗漏的高速纵向运聚通道，其研究意义至关重要。不仅具有重要的地球科学意义，而且具有非常重要的油气地质意义。火山、泥火山/泥底辟活动及其发育演化虽与油气等矿产资源存在一定成因联系，能够起到促进有机质热演化生烃和提供油气运聚输导通道及油气运聚动力等积极作用，但在已经形成的油气及水合物分布富集区，则会产生破坏作用，即对早期形成的油气藏及水合物起到强烈的破坏作用，导致烃类热裂解、油气散失和水合物分解破坏。因此，火山及泥火山/泥底辟活动及其展布，对油气及水合物运聚成藏等具有"建设性"和"破坏性"的双重作用。

前已论及，底辟的基本概念，这里有必要再次强调和阐述一下"底辟"的定义及内涵。所谓"底辟"即是指处在高温高压环境下的巨厚欠压实塑性物质（盐岩、膏盐岩、泥页岩和岩浆等）极易产生塑性流动（即内摩擦力消失），在外力作用下发生沿地层薄弱带及断裂处的上拱刺穿或底辟侵入作用，进而导致围岩及上覆地层褶皱变形或破裂而形成不同形态特征的伴生构造及其组合地质体。不同成因类型底辟由于其核部构成的物质成分的差异，往往其地球物理特征尤其是地震反射波特点亦明显不同，常常会出现重磁异常和地震波速异常及地震反射波产生畸变和地震反射杂乱空白模糊带等（图 1.9），据此可以将不同成因类型底辟加以区分。对于底辟成因类型的判识划分，如果根据其构成底辟核部的原始物质成分，一般可划分为以下不同成因类型的底辟：火成岩/变质岩底辟（岩浆底辟）、泥页岩底辟（泥底辟）、盐及膏盐底辟（盐底辟）、流体底辟（油气水或气体及水）。同时，倘若依据底辟形成之上拱刺穿程度、底辟活动强度（能量）及规模，也可进一步划分为以下不同的底辟成因类型：未刺穿（隐刺穿）型低幅度弱能量底辟（图 1.10）、刺穿型高幅度强能量底辟、刺穿喷口型高幅度特强能量底辟、刺穿喷出地表或海底特强能量型底辟（即泥火山/火山）。

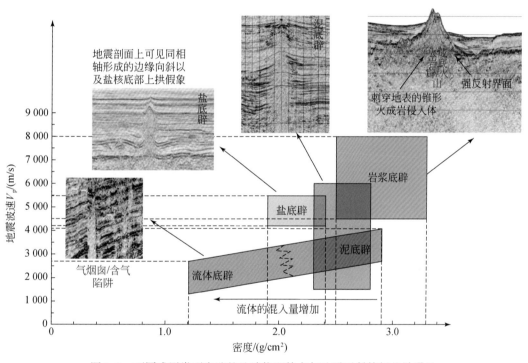

图 1.9 不同成因类型底辟的地球物理特点与地震反射特征差异明显

明确和搞清了"底辟"及其成因类型，泥底辟/泥火山基本概念及涵义也就非常清晰明了了。因此，对于泥底辟/泥火山即可定义和界定为快速沉积充填的巨厚欠压实泥页岩在压实与流体排出不均衡和区域构造动力学条件下，发生塑性流动底辟刺穿或上拱挤入围岩及上覆地层而形成不同类型形态的底辟构造及其组合体。其中巨厚欠压实泥页岩之泥源层塑性流动上侵是形成泥底辟的物质基础即内因；而区域构造动力学条件及环境则是形成泥底辟的外因条件。当泥底辟刺穿喷出地表或海底则为泥火山，亦即刺穿喷出地表或海底的"泥底辟"就是泥火山。因此泥底辟与泥火山成因机理相同，形成演化特点相似且控制影响因素完全一致，其明显差异乃在于其底辟活动能量及规模大小不同而已。

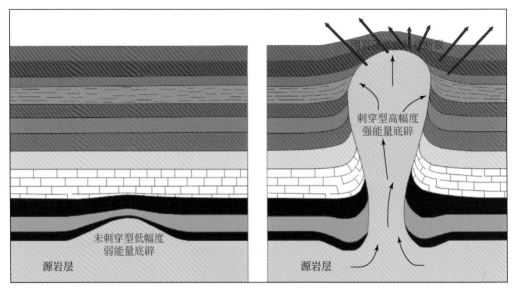

图 1.10　底辟构造形成演化过程及剖面形态特征与成因类型基本模式

　　泥底辟/泥火山成因类型的判识与划分，对于深刻认识其底辟活动的本质及其成因机理与控制因素等至关重要。不同专家学者均从不同角度提出了多种泥底辟/泥火山成因类型的分类划分方案，但目前尚未有统一明确的泥底辟/泥火山成因类型之分类划分标准。目前常见的泥底辟/泥火山成因类型分类划分方案主要有：①根据底辟核部岩性特征及物质成分，可将其划分为由巨厚欠压实塑性泥页岩单一岩性构成的泥底辟/泥火山和由蛇纹石化变质作用形成的以蛇纹石成分为主的细粒泥质物质构成的蛇纹石化之泥底辟/泥火山；②根据泥底辟/泥火山形成时产生的环境温度之差异，可将其划分为低温底辟、高温底辟；③根据泥底辟/泥火山核部顶面埋藏深度，可将其划分为深层底辟（≥3000m）、中层底辟（1200～3000m）、浅层底辟（<1200m）；④根据泥底辟/泥火山核部与两侧围岩及上覆地层的接触关系，可将其分为隐刺穿型泥底辟（未刺穿围岩）、刺穿型泥底辟（刺穿围岩）和泥火山（火山型泥底辟），即刺穿围岩及上覆地层，并喷出地表或海底貌似火山形态的泥底辟；⑤根据泥底辟/泥火山活动能量强弱及规模大小，可将其划分为不同类型泥底辟/泥火山（何家雄，2006，2010a）。其中，"特强能量喷口型泥底辟"，其底辟体幅度高，底辟上侵活动能量极强、规模大，往往在底辟顶部能够形成不同规模大小的底辟喷口并伴有断层裂隙；"强能量高幅度底辟"，其底辟幅度及规模大，底辟活动能量大，底辟体顶部及两侧常伴有断层裂隙；"中低能量低幅度小规模底辟"，其底辟体上侵幅度小，底辟上侵活动能量较弱且规模小，往往多被巨厚的上覆地层所掩埋而不易显现，且伴生断层裂隙亦较少。

　　对于泥底辟/泥火山成因类型判识划分及分析研究，早在 20 世纪初，从事泥火山研究的专家学者们曾提出了三种主要的泥火山成因机制：如以 Abikh（1873）等为代表的专家们，认为泥火山的形成是一个内源性的过程且泥火山现象通常具有独特性；以 Schatsky、Fedorov、Kopf 等为代表的一些专家学者则强调构造因素及地球动力学机制是泥火山形成的主要原因。在此之后，Veber 和 Kalitskii（1911）、Kalitskii（1914）、Golubyatnikov（1923）、Gubkin（1913）、Gubkin 和 Fedorov（1937）等提出的泥火山形成演化与油气藏形成与破坏之成因联系，则成为了当时的主流观点和认识。其后 Kalinko（1964）和许多研究者将油气藏中的超压认为是促使泥火山角砾岩通过喷发通道喷发至地表并伴生天然气活动的主要因素，指出了泥底辟/泥火山形成及其孕育的高温超压潜能与油气等流体运聚成藏之密切关系。Hedberg（1980）认为，泥火山形成的一个主要原因可能与油气生成及运移活动相关。此外，也有一些具有争议的观点，如 Ivanchuk（1970，1994）认为，液相（水及其他物质）在泥火山形成过程中具有重要作用。至于泥底辟/泥火山形成机制及成因也存在多种认识与假说。如 Brown（1990）认为，泥岩卸载过程中伴随气体出溶及膨胀效应是泥岩侵入形成泥火山的重要动力机制；Chiodini 等（1996）认为热液作用及火山流体可能是形成泥火山的诱因。此外，还有专家学者认为，构造破裂带及地层薄弱带是泥底辟/泥火山形成的外界条件，也是泥底辟/泥火山构造形成与分布的主要区域，这些地区的泥底辟/泥火山通常发育在褶皱-俯冲构造破裂带的背斜顶部，或与铲型正断层有关的背斜顶部（Fowler et al.，2000）。同时，Milkov（2000）总结了海岸和海底泥火山形成的多种成因机制，并将其概括总结为 4 种类型：①地质成因，必须具备 5 大要素及条件，即由陆源沉积物构成厚层沉积盖层（一般为 8～22km）、深部地层系统存在欠压实塑性流动厚层页岩层、深部地层及岩石粒序发生密度倒转、深部地层系统中存在大量气体聚集、地层系统具强烈的异常高压；②构造成因，主要要素包括上覆沉积盖层沉降速度快（沉积物具高沉积速率和存在超覆逆冲层）、存在底辟和背斜褶皱、断层裂隙发育、存在横向上的构造挤压环境、地震活动及不均衡动力过程频繁；③地球化学成因，主要包括黏土矿物脱水作用与深部地层系统中烃源岩生烃增压作用；④水文地质成因，即流体沿断裂带运移与强烈的渗漏。同时很多专家学者认为，上述形成泥火山的原因及条件是紧密联系、互相依存和相互影响的，因此，Milkov（2000）指出，仅仅强调泥火山形成的某些单一因素是无意义的。

　　Kholodov（2002）调研了世界上已发现的泥火山，并系统性地分析研究了世界泥火山的分布特征及其发育展布的形态学特征，他直接将泥火山分为陆地泥火山与海底泥火山两大类，并根据泥火山发育规模大小进行了分组讨论与分析阐述，在此基础上进一步将泥底辟/泥火山分为 4 大类（图 1.11）：第一类为包含泥底辟构造的泥火山，代表了一类具有从供给通道向地表侵入喷出大量黏稠泥火山角砾岩并形成了柱状体（火山颈）的大型泥火山；第二类为发育众多火山体的泥火山，这类泥火山规模巨大（直径达 3～5km、高度达 400～420m，泥火山口直径达 0.5～0.6km），围绕泥火山喷口通道流出的泥角砾岩堆积形成锥状外形，在顶部形成大型泥火山喷口；第三类泥火山的活动往往导致形成盐土堆积而不是形成泥角砾岩体，盐土堆积区是一个与周围地形处于同一高度的大型沼泽地并在表面形成了液态的泥池，充注了液态泥浆、水及少量的石油；第四类泥火山为形成了向下沉降的向斜或火山口湖的塌陷泥火山。以上 4 类泥火山代表了泥火山形成演化过程中不同演化阶段和不同类型泥火山之产物，并且随着其形成演化时间的变化会互相转化和代替。

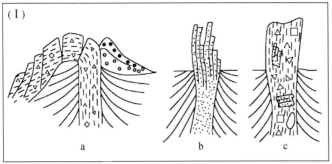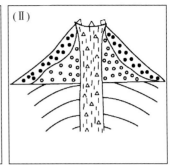

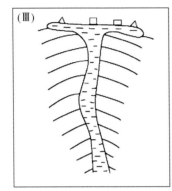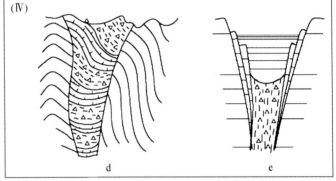

图 1.11　泥底辟/泥火山初步划分与分类（据 Kholodov，2002）

（Ⅰ）底辟构造：a 为泥页岩底辟；b 为砂岩底辟；c 为砾岩-岩块底辟；（Ⅱ）泥火山角砾岩堆积锥状地貌；
（Ⅲ）泥火山喷发半液态泥源物质；（Ⅳ）塌陷泥火山：d 为向斜凹陷，e 为火山口湖

Etiope 等（2009b）则统计了全球 1226 个泥火山，并主要根据泥火山分布面积，将其大致划分分成 3 种类型，即小型泥火山（展布面积小于 0.5 km²）、中型泥火山（展布面积为 0.5~9 km²）和大型泥火山（展布面积在 9 km² 以上）。且当时已发现至少有 6 个泥火山分布面积超过 20 km²。Huguena 等（2004）将地中海海脊中部不同类型泥底辟，根据其地貌特征及地震波反射特征划分为 3 类：①泥火山，凸显/喷出海底近圆形似火山形态的地貌特征，通常伴随着强背散射的泥流物质；②泥丘，地貌特征与泥火山类似，但隆起/凸起规模偏小幅度偏低，与上侵活动能量小、地震弱反射的泥底辟构造有关；③泥底辟高地，发育平坦广阔，且与上侵活动能量较大强地震反射的泥底辟构造有关。Ujiie（2000）研究了琉球海沟北部泥底辟，提出了泥底辟形成的阶段模型，并其将泥底辟形成演化划分为 4 个主要阶段：①泥底辟初始阶段，泥源物质向上侵入发生水力压裂作用形成通道（conduit）阶段；②在高压条件下，孔隙流体侵蚀泥底辟通道周缘坚硬岩石阶段；③泥源物质体积膨胀，流体压力降低（仍然足够高以致可使浅层未固结沉积物破裂），泥源物质侵入至浅表层阶段；④泥源物质侵入海底表面，孔隙剩余压力随流体泄放达到表层沉积物和水体界面平衡压力，周缘沉积物、流体将混合进入斜坡滑塌沉积物阶段。Ujiie（2000）提出的这一泥底辟形成演化模型符合 Orange 等（1999）提出的泥火山概念与内涵。然而，这一模型只适用于陆-陆碰撞俯冲带地区形成的泥底辟而不适用于海-陆碰撞区域的泥底辟成因解释。段海岗等（2007）研究南里海盆地泥火山构造时，根据泥火山构造

成因及构造发育特征，将该区泥火山划分为背斜型、走滑断层型、逆冲断层型3种，并对其成因及地质条件与控制因素进行了分析探讨。

国内泥火山/泥底辟成因类型研究，尤其是南海北部大陆边缘盆地泥火山/泥底辟形成演化及其成因机制与控制因素的分析研究，越来越引起了专家学者们的关注和重视。其中尤以南海西北部莺歌海盆地新近纪泥底辟形成演化及成因机制与成因类型的分析研究最为广泛和深入。总结和综合概括不同专家学者关于莺歌海盆地泥底辟成因机制及成因类型与主控因素的研究成果与认识（何家雄等，1994b，2006，2008a，2010b；龚再升等，1997，2004；解习农等，1999；郝芳等，2001；Lei et al.，2011），可以获得以下基本共识，即莺歌海盆地新近系异常发育且规模巨大的泥底辟形成演化及其展布特征，主要取决于具有巨厚欠压实泥源层这个物质基础（内因）和与之相适应的地球动力学条件及环境（断层破裂带及地层薄弱带即外因）的时空耦合配置，内因通过外因起作用，而最终形成展布规模达两万平方千米的中央泥底辟隆起构造带。因此，该区泥底辟成因及主控因素具体可总结为：盆地晚中新世以来的高沉降沉积速率、高热流和高地温梯度、巨厚海相欠压实泥页岩塑性流动、大型走滑伸展断层带的活动、丰富的烃类气及非烃气的形成等因素共同控制影响和制约了该区泥底辟形成演化及其展布特征。

对于莺歌海盆地泥底辟成因类型判识与划分，何家雄等（2004，2006b，2010a）根据形成泥底辟的泥源物质上侵活动能量强弱和底辟上侵活动幅度、规模大小，将其划分为3种主要成因类型：①深埋型低幅度弱-中能量泥底辟，即底辟核部上侵活动幅度低，底辟上侵活动能量小，且常常被上覆地层系统巨厚沉积物所掩埋，地震上较难识别；②浅埋型高幅度强能量泥底辟，具有底辟核部上侵活动幅度高，底辟上侵活动能量强且埋藏浅（上覆地层沉积物薄）且伴有次生断层裂隙的特点；③高幅度喷口型特强能量泥底辟，具有高幅度（底辟核部）特强能量且底辟体顶部发育不同规模大小的底辟喷口的特点。Lei 等（2011）研究了莺歌海盆地泥底辟形成演化过程及发育演化特征，提出了泥底辟形成演化的三阶段，即孕育阶段（initiation）、侵入阶段（emplacement）和坍塌阶段（collapse）三大发育演化过程及节点，并在此基础上进一步将莺歌海盆地泥底辟成因类型划分为Ⅰ型（埋藏型泥底辟，也可细分为深埋型、浅层侵入型（浅埋型）、僵化型）、Ⅱ型（即刺穿型泥底辟）和Ⅲ型（坍塌型，即喷口型）。费琪和王燮培（1982）在研究济阳凹陷泥底辟时，将我国东部的底辟构造按其活动强度划分为：高隆起背斜、低隆起背斜、微弱背斜隆起3类。石万忠等（2009）主要从超压形成机制、构造成因机制方面分析研究了南海北部珠江口盆地白云凹陷深水区疑似泥底辟，将珠江口盆地白云凹陷底辟构造划分为龟背上拱、泥底辟、气体泄漏通道和裂缝带4种类型，并指出其形成与超压发育关系不大，主要属构造成因。与此同时，孔敏（2010）依据地震资料的精细解释与对比分析，认为珠江口盆地存在多种类型的疑似底辟构造，指出其成因类型主要有底辟初期的龟背上拱、泥底辟、气体泄流通道、裂缝带4种类型，并通过盆地新生代超压演化模拟与构造应力的进一步分析，认为底辟构造成因与构造活动密切相关，而超压对底辟构造形成及其影响较小，不起主要的作用。李梦等（2013）分析研究了准噶尔盆地泥火山形成演化特征后则认为水力压差成因机制是该区泥火山形成的主要原因，表明不同地区具体地质条件的差异，其主控因素有所不同。此外，孙启良等（2014）根据流体活动系统的成因机制和地震剖面与地震属性体特征，将南海北部深水区与泥底辟及断层裂隙相关的流体活动系统划分为两大类：①与断层相关的流体活动系统，主要是与断层及多边形断层相关的气体运移系统，认为多边形断层是气体等流体运移的通道；②柱状流体活动系统，指在地震剖面上垂向延伸，呈柱状反射形态（至少通道呈柱状反射形态）的聚集型流体活动系统，主要包括泥底辟、泥火山、气烟囱和管状构造系统。张丙坤（2014）根据泥底辟和泥火山的形成的构造泄压机制，将泥底辟和泥火山划分为主动挤出型和被动诱导型两大类。主动挤出型泥底辟和泥火山的形成与泥页岩层高压建造形成后通过构造薄弱带进行构造泄压密切相关，如琼东南盆地泥底辟和泥火山的形成；而被动诱导型则与构造应力场控制下的断层活动诱发构造泄压，导致泥源层物质向上侵入有关，如珠江口盆地泥底辟和泥火山的形成。

　　综上所述，根据全球泥底辟/泥火山形成演化及其展布规律与控制影响因素分析，总结与综合国内外专家学者对泥底辟/泥火山成因类型及展布特点的研究成果及认识，可以获得如下几点重要启示：①泥底辟/泥火山形成演化及展布规律，本质上主要取决于快速沉积充填的巨厚欠压实泥源层（物质基础）的内因与地球动力学条件及构造环境的外因的相互作用与配合，前者是基础和根本，后者则是条件与支撑。对于地球动力学条件及构造环境之外因而言，不论是被动大陆边缘的伸展活动背景，还是活动大陆边缘的挤压构造环境，以及伸展与挤压复合或过渡的构造动力学环境等，只要具备巨厚欠压实泥源层这个物质基础即可形成泥底辟/泥火山（图1.12）；②泥底辟/泥火山成因类型判识划分与分类，应以构成泥底辟/泥火山的物质成分和底辟活动能量大小及展布规模为主要依据，据此开展泥底辟/泥火山成因类型判识划分与分类，简单明了且符合地质客观实际。这是由于形成泥底辟/泥火山的物质基础与底辟上侵活动能量及规模是其主控因素与根本所在，而这两者最终决定了泥底辟/泥火山成因机制及其展布规律。据此可将泥底辟/泥火山成因类型及分布特点进行分门别类与有效区分；③深入分析研究泥底辟/泥火山活动的本质及成因

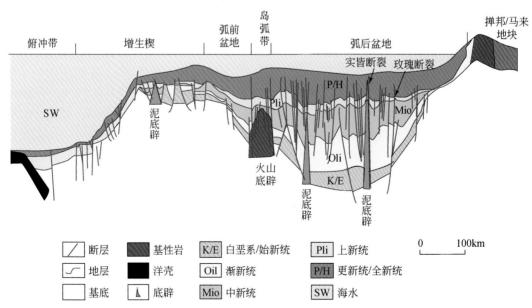

图1.12　印度安达曼海域增生楔盆地与弧后盆地不同区域不同成因类型底辟剖面展布特征

机制与控制影响因素，对于深刻认识盆地深部构造运动及流体上侵活动特点，尤其是油气等流体矿产资源和一些固体矿产资源的分布富集规律等，均具有非常重要的地球科学意义及油气地质意义。

六、泥底辟/泥火山形成演化与油气及水合物成藏研究

泥底辟/泥火山及伴生构造形成演化与油气运聚成藏及天然气水合物成矿/成藏等均具有密切的成因联系（何家雄等，1990，1994b；Reed et al.，1990；Milkov，2000；Kholodov，2002；Loncke et al.，2004）。泥底辟/泥火山发育演化过程中对油气生成、运移聚集、圈闭形成、储集层展布以及油气保存和破坏等存在不同程度的影响。全球及我国海域和陆上泥底辟/泥火山发育区，均不同程度地勘探发现了大量油气显示（油气苗）及部分油气藏等油气资源与天然气水合物资源（水合物及相关的冷泉碳酸盐岩）。

泥底辟/泥火山形成演化及展布与沉积盆地中油气运聚成藏及分布富集等具有成因联系。Higgins 和 Saunders（1974）首次应用油气勘探中钻井资料及油气地质研究成果，深入分析总结了泥火山发育与油气藏及区域构造运动之间的关系；Rhakmanov（1987）则总结和阐述了陆地上泥火山在预测油气藏分布的重要意义。此后，陆续在加勒比海大型延伸岛弧、墨西哥湾、南欧、黑海、地中海、伊朗北部、缅甸、马来西亚、印度尼西亚等大多数泥底辟/泥火山发育区域都发现了大量油气藏（Reed et al.，1990；Milkov，2000；Kholodov，2002）。国内关于泥底辟/泥火山形成演化与油气运聚成藏的相关性研究及勘探实践，以南海西北部莺歌海盆地油气勘探及研究程度最高且较深入系统。研究表明，莺歌海盆地东南部拗陷区中央形成了展布规模达 $2×10^4\,km^2$ 的泥底辟隆起构造带及泥底辟伴生构造圈闭群，俗称"中央泥底辟隆起构造带及底辟构造圈闭群"。目前，中国海洋石油总公司（简称中海油）先后在中央泥底辟隆起构造带浅层底辟伴生构造圈闭群和中深层底辟伴生构造圈闭群及与泥底辟活动相关或影响的部分不同类型圈闭中发现了众多浅层大中型气田和部分中深层大气田，且烃类天然气资源和非烃气资源均较丰富。据不完全统计，目前该区获得的天然气资源量无论是烃类气还是非烃气均达到万亿立方米以上。此外，在琼东南盆地西南部深水区乐东-陵水凹陷陵南低凸起附近中央峡谷水道系统、珠江口盆地白云凹陷东南部深水区等存在疑似泥底辟/泥火山活动影响区，近年来取得了深水油气勘探和天然气水合物勘查的重大突破，先后勘探发现了与疑似泥底辟/泥火山相关或有成因联系的大中型气田和渗漏型天然气水合物矿藏。基于上述油气勘探重大进展与突破及油气勘探成果，很多油气地质勘探专家及学者针对泥底辟/泥火山形成演化及与油气运聚成藏的相关性等关键性科学问题，开展了广泛深入的分析研究。何家雄等（1994a，1994b，2004，2006b，2010b）通过对莺歌海盆地泥底辟发育演化与油气运聚成藏的深入系统地分析研究后，高度概括总结了泥底辟发育演化与油气运聚成藏关系之五大要素：①底辟泥源层本身就是烃源岩提供烃源供给；②泥底辟伴生构造圈闭具区位优势提供油气聚集场所；③泥底辟上侵活动构建了高速运聚输导通道网络；④泥底辟高温超压潜能为油气等流体运聚提供了驱动力；⑤泥底辟发育演化形成的高热流场为有机质生烃热演化提供了热动力。以上研究成果及认识，基本上总结和阐明了该区泥底辟形成演化过程与油气运聚成藏的相关性及

时空耦合配置关系，对泥底辟/泥火山发育区及类似区域的油气勘探及天然气水合物勘查与油气地质研究等，具有重要指导和借鉴意义；吴时国等（2015）对珠江口盆地白云凹陷疑似泥底辟及气烟囱分析研究后认为，超压流体释放直接导致气烟囱的形成，研究区疑似泥底辟及气烟囱分布在油气田附近，该区油气运聚成藏与疑似泥底辟发育演化密切相关。据此推测浅层气烟囱的形成可能与白云凹陷北坡番禺低隆起天然气气田和白云凹陷东南部LW3-1 气田部分天然气渗漏和疑似泥底辟上侵活动的流体大量侵入有关，很可能是含气储层中超压气体泄漏与含气超压流体释放的结果；王家豪等（2006）通过珠江口盆地白云凹陷二维地震剖面上地震模糊带的分析，判识确定了白云凹陷中心北西西向存在面积约 1000 km² 的泥底辟带且底辟上侵幅度最大可达 8 km。其底辟泥源层则主要来自断陷期文昌组（始新统）—恩平组（上始新统-下渐新统）中深湖相泥岩，其次为拗陷期浅海-深海相沉积的珠江组（下中新统）—韩江组（中中新统）富泥沉积层。强调指出白云凹陷快速沉降且以细粒充填为主、新生代的右旋张扭性应力场等地质条件控制影响了泥底辟形成演化与展布特征。而泥底辟形成演化及底辟伴生构造的存在，无疑表明和证实了白云凹陷中心曾经孕育着高温超压系统，与之密切伴生的大量浅层亮点（强地震振幅）则指示沿底辟上侵活动通道存在天然气垂向输导网络，进而构成了古近系油气源通过泥底辟纵向运聚通道向浅层运移到新近系–第四系圈闭聚集场所的成藏动力系统。同时也充分表明和证实了泥底辟形成演化过程与油气运聚成藏成因联系与相关性。

泥底辟/泥火山形成演化与渗漏型天然气水合物形成与赋存也存在密切的成因联系。世界各地许多泥火山及泥底辟发育区或与其存在相关性及影响的区域，都或多或少地勘探发现有渗漏型天然气水合物存在的现象和证据。典型实例如黑海、里海盆地的很多地区（Milkov，2000）、地中海（Perissoratis et al.，2011）、挪威海岸带（Bouriak et al.，2000）、墨西哥湾海域（Hardage et al.，2006）、日本一侧冲绳海槽（Xu et al.，2009）、阿拉斯加北部斜坡（Collett et al.，2011）、鄂霍次克海（Lüdmann and Wong，2003）、巴巴多斯（Henry et al.，1996）、非洲刚果盆地（Gay et al.，2006，2007）、尼日利亚、印度洋、台西南盆地南部深水区（Chow et al.，2000）、中国东海一侧冲绳海槽中南部等区域，均在泥火山或疑似泥火山/泥底辟区及周缘或多或少地发现有天然气水合物形成及富集的标志层（BSR）或存在其他的相关重要证据（图 1.13 ~ 图 1.15）。其中，与泥底辟/泥火山伴生的天然气水合物分布最为典型的地区为里海和黑海。里海地区发育锥状、平顶状、垮塌状等不同类型和样式的泥火山，在里海中部和南部泥底辟/泥火山附近展布的代表天然气水合物厚度及规模的高压低温稳定带厚度分别达到 134m 和 152m。黑海北部克里米亚大陆边缘东南部 Sorokin 海槽泥火山采样结果显示，在 5 个泥火山周围均采集到天然气水合物，且主要呈现冻奶状分布于泥质角砾岩中，并包含气体，证实了泥底辟/泥火山及其伴生构造是渗漏型天然气水合物富集成藏的理想场所。同时，南里海盆地中泥火山地质综合分析研究表明（Fowler et al.，2000），该区 1 ~ 2km 厚的 Maykop 地层既是该区泥火山喷出物的泥源层，也是该区形成油气的主要烃源岩系；Henry 等（1996）系统研究了巴巴多斯增生楔地区发育的泥火山伴生流体地球化学特征，并分析探讨了泥火山流体活动与天然气水合物之间的密切关系；Bouriak 等（2000）通过挪威海岸带天然气水合物 BSR 分布及形成特征的研究，探讨了其与泥底辟和气烟囱之间的关系，在此基础上建立了与泥底辟构造相关

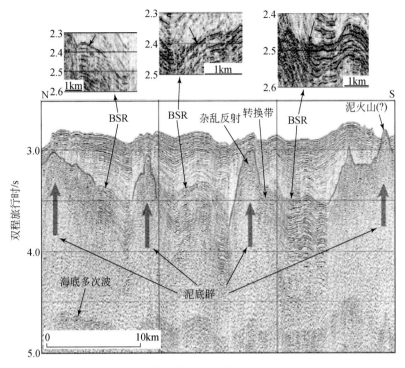

图 1.13 鄂霍次克海海底泥火山/泥底辟地震反射特征及与天然气水合物 BSR 的相关性
（据 Lüdmann et al.，2003）

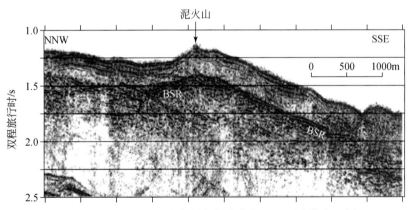

图 1.14 台西南盆地南部深水区泥火山发育特征与水合物 BSR 展布特点（据 Liu et al.，1997）

的天然气水合物成藏的图解模型；Milkov（2000）系统分析统计与研究了世界各地发育的泥火山及其与天然气水合物产出分布的时空关系。

此外，从非洲刚果盆地和墨西哥湾盆地天然气水合物勘查及研究成果看（Gay et al.，2006，2007），天然气水合物赋存及成藏机制与常规油气成藏具有相似之处。非洲的刚果盆地存在大量麻坑构造，对该麻坑的地层流体样品进行地球化学分析表明，地层中的热解气和石油，属于被深部流体携带而沿着各种不同类型的通道最终运移到海底的产物（王秀

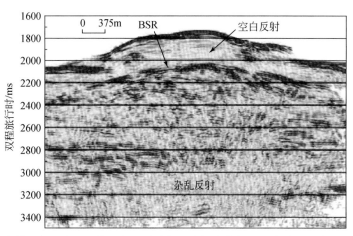

图 1.15　冲绳海槽疑似泥火山及伴生断层裂隙与天然气水合物 BSR 标志层（据 Xu et al.，2009）

娟等，2008）。因此，有学者提出该盆地天然气水合物成藏与气烟囱、海底麻坑、压裂断层、古河道、浊积扇等具运聚通道作用的地质体密切相关。总之，泥底辟/泥火山及伴生气烟囱等，均可作为油气运聚成藏的纵向通道，也可作为渗漏型热解成因类型天然气水合物矿藏的运聚输导系统，进而可为水合物形成提供烃源供给。因此，在浅层地层系统或海底形成的麻坑或次级微小气烟囱等均属油气运聚与渗漏活动之标志和示踪。如果结合其他油气地质资料，则可有效地预测和指示油气运移方向与路径，预测和判识含油气圈闭及断层的封闭性。此外，由于某些气烟囱泄气现象可能主要受海底构造如断层、断背斜、裂缝等的影响和控制，因此还可以利用气烟囱判定海底构造的稳定性，为海底工程的安全设施提供保障。

　　通过长期的海洋地质与地球物理调查及油气勘探活动，我国在东海盆地、台西南盆地、珠江口盆地、琼东南盆地及莺歌海盆地等区域均发现了泥底辟或疑似泥底辟/泥火山的地震地质异常体，目前除莺歌海盆地属浅水区不具备天然气水合物形成的高压低温条件及环境外，上述其他盆地深水区均陆续发现了与疑似泥底辟/泥火山及气烟囱相关的表征天然气水合物赋存的可靠证据。如赵汗青等（2006）、吴时国等（2015）通过对所获取的高分辨率地震资料分析发现，在中国东海一侧冲绳海槽西南侧槽坡附近及海槽内部发育了一系列泥火山构造（或疑似泥底辟），这些泥底辟/泥火山顶部及附近存在明显的表征天然气水合物存在的似海底地震反射层（BSR），与海底地震反射波组极性相反，在 BSR 之上则存在明显地震振幅空白带，且速度谱上出现速度异常，这些现象均指示了该区存在与泥底辟/泥火山气源供给通道系统相关的"渗漏型"天然气水合物；刘坚等（2005）、邬黛黛等（2010）则研究了东沙海域深水区浅表层沉积物特征，发现存在天然气水合物赋存的证据；郭跃华等（2009）、匡增桂等（2011）通过对白云凹陷神狐海域天然气水合物矿藏区的分析研究，总结建立了疑似泥底辟及气烟囱与油气及天然气水合物运聚成藏模式；Chow 等（2000）则研究了台西南盆地南部深水区泥底辟/泥火山与天然气水合物形成与赋存的关系。他通过地震剖面上 BSR 以及弱反射体的识别与判识，指出台西南盆地泥火山/泥底辟形成的特殊海底地貌区广泛发育天然气水合物高压低温稳定层，且在泥火山没有扰动 BSR 的情况下，天然气水合物稳定带（HSZ）深度将随着海底深度的增加而增加。但需要强调的是，泥底辟/泥火山区的局部高温异常会对天然气水合物的稳定性产生影响，导致水合物稳定带朝着泥火山向上迁移，稳定带厚度减薄甚至遭到破坏；另外，Chen 等（2014）也在台西南盆地泥火山附近发现了与天然气水合物相关的 BSR 响应，且对泥火山/泥底辟发育演化与天然气水合物的成因联系进行了分析探讨与较深入研究。

总之，泥底辟/泥火山形成演化与油气及水合物成藏研究，目前在国内外均取得了长足的进展和突破。随着深水油气勘探及天然气水合物勘查活动的不断推进和提高，油气勘探成果及油气地质资料也更加丰富，对泥底辟/泥火山形成演化与油气及水合物成藏的认识也会更加深刻、更加系统全面，且能够从描述推理的定性认识逐渐向精细刻画定量分析方面发展与完善。进而为勘探和评价预测这种特殊的"泥底辟/泥火山型油气藏"和渗漏型天然气水合物矿藏等提供理论指导和技术支持。

七、以往研究存在的问题

相对于国外泥底辟/泥火山方面的研究，我国开展泥火山/泥底辟研究相对较晚，其研究也不够深入系统，积累的地质地球物理资料少，研究手段及技术方法比较局限。尤其是缺乏对泥火山/泥底辟研究的重要性和必要性的深刻认识与关注，总而言之，以往研究存在的问题概括起来主要集中在以下几个方面。

1. 泥底辟/泥火山研究的重要性和必要性认识不足

由于对泥底辟/泥火山形成演化与资源环境效应的重要性缺乏深刻认识，加之研究手段单一或缺失，或受某些技术条件限制和影响，导致泥底辟/泥火山研究仅仅限于表面或某些局部区域，不论是研究者还是国家层面均未对其研究给予充分重视和高度关注，尤其是对泥底辟/泥火山与资源环境效应等研究的重要性及必要性缺乏深刻认识。目前，我国泥底辟/泥火山研究尚处于定性描述阶段，主要以野外调查、海域地质调查与地震探测等方法手段开展研究工作，针对泥底辟/泥火山的大量分析研究工作均以地震地质解释和地质综合分析及推测为主，故明显存在地震资料多解性的短板和缺乏可靠地质依据的缺陷。对于泥底辟/泥火山形成演化的地质地球化学综合研究基本上未开展，目前尚未开展泥底辟/泥火山形成演化的系统性的地球动力学模拟实验（物理模拟实验和数值模拟实验），因此，难以准确刻画和定量描述确定泥底辟/泥火山形成演化过程及其控制影响因素，而对其产生的资源环境效应则更无法开展进一步的分析研究。

2. 缺少泥底辟/泥火山实际钻探资料，导致其综合研究难以深入开展

目前除在南海西北部莺歌海盆地油气勘探中获取了一些泥底辟钻探的实际地质地球物理资料外，南海北部其他区域如琼东南盆地、珠江口盆地及台西南盆地等泥底辟/泥火山发育地区，均由于探井少且钻探深度有限，从而缺乏泥底辟/泥火山钻探的实际地质地球物理资料。很多研究成果及认识，仅是基于二维地震资料分析解释的基础上所推测获取的结论与认识，尚无泥底辟/泥火山实际钻探的地质成果加以佐证。因此，导致泥底辟/泥火

山的地质地球物理综合研究工作难以深入开展和实施，故所获地质研究成果及认识的客观性和可靠性尚存在一定的偏差。

3. 泥底辟/泥火山形成动力学的物理和数值模拟实验尚未开展

目前，国内外开展针对"泥底辟/泥火山形成演化动力学"的物理和数值模拟实验研究甚少或基本上尚未开展，迫切需要通过物理和数值模拟实验手段及结果，深入分析论证泥底辟/泥火山形成演化的动力学机制及其控制影响因素，并与沉积盆地中泥底辟/泥火山发育演化特征进行相互对比印证与检验，确保其客观性和可靠性完全符合泥底辟/泥火山形成演化的实际地质规律。然而非常遗憾的是，由于受多种因素及技术条件限制，本书也未能涉及泥底辟/泥火山形成演化动力学的物理数值模拟实验，倍感不足与欠缺。

4. 泥底辟/泥火山形成演化与油气及水合物运聚成藏的研究欠深入

油气勘探实践及油气地质研究表明，泥底辟/泥火山形成演化与油气及天然气水合物运聚成藏具有成因联系和较好的时空耦合配置关系。即泥底辟/泥火山及气烟囱发育区及其附近的波及影响区，对油气及天然气水合物等资源分布富集均具有明显控制作用及千丝万缕的成因联系。然而，目前对于泥底辟/泥火山形成演化与油气及水合物运聚成藏的相关研究较少且欠深入，尤其是缺少全面系统、深入地开展泥底辟/泥火山发育演化过程与油气运聚成藏及天然气水合物成矿的时空耦合配置关系的综合分析研究。而对于泥底辟/泥火山发育演化与常规油气及天然气水合物运聚成藏在纵向共生、相互叠置与复式富集的时空耦合配置关系的研究，则涉及甚少或尚未深入开展。根据南海北部深水区油气地质条件，本书拟重点开展这方面的综合分析研究，进一步搞清研究区泥底辟/泥火山发育演化与油气及水合物分布富集的时空耦合关系，以期对深水油气勘探、天然气水合物勘探部署及有利勘探区带评价预测等，提供决策依据和重要的指导与借鉴。

第二节　南海北部泥底辟/泥火山研究概况

海洋地质调查及地球物理探测与油气勘探及天然气水合物勘查结果表明，南海北部海域新生代盆地泥底辟/泥火山及气烟囱分布较普遍且展布规模大。其中，南海北部大陆边缘西北部浅水区莺歌海盆地泥底辟及气烟囱、中北部琼东南盆地深水区中央拗陷带及南部拗陷带和珠江口盆地深水区珠二拗陷白云凹陷及周缘区疑似泥底辟/泥火山及气烟囱、东北部台西南盆地深水区南部拗陷及东南部陆缘区泥火山/泥底辟等地震地质异常体非常发育（图1.16）。尤其是在莺歌海盆地东南部泥底辟异常发育区，由众多不同类型泥底辟构成的中央泥底辟隆起构造带，其展布规模高达 20000km² 。多年来的油气勘探实践及研究表明，泥底辟/泥火山伴生天然气及与其相关的渗漏型天然气水合物资源较丰富，且这些特殊地质体——泥底辟/泥火山发育演化过程中形成的伴生天然气资源，不仅具有大量烃类气，也有丰富的 CO_2 等非烃气及少量稀有气体，因此必然会产生巨大的资源环境效应（Ershov et al. ，2011；Dimitrov，2002）。其对人类与自然及社会经济可持续发展等均会产

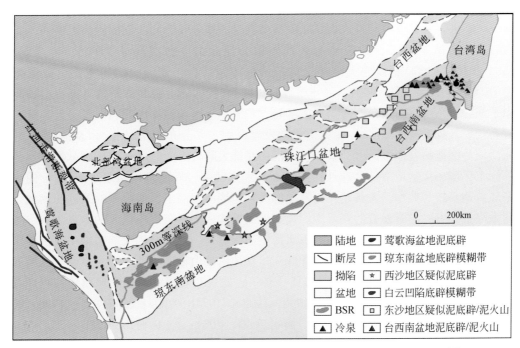

图 1.16 南海北部大陆边缘盆地泥底辟/泥火山展布与天然气水合物存在的地球物理
标志（BSR）及冷泉分布特征

生重大影响。同时必须强调的是，泥底辟/泥火山这种特殊地质体形成演化过程中产出的
大量伴生烃类气，除了在中深层具备储盖组合及圈闭条件下能够形成大规模的常规天然气
气藏外，也可为深水区海底浅层"渗漏型"天然气水合物矿藏提供深部热解气气源供给，
故具有巨大资源潜力和综合开发利用的社会经济价值。总之，泥底辟/泥火山形成过程中
伴生的天然气，不仅是天然化石能源——天然气藏及天然气水合物矿藏的气源供给主体，
也是保障国家能源安全和促进社会经济可持续发展的重要物质保证。因此，开展泥底辟/
泥火山伴生天然气地质地球化学特征、成因成藏机制、运聚成藏规律、资源潜力和勘探开
发及综合利用等方面的基础应用研究，不仅具有非常重要的社会经济意义和现实的油气勘
探生产意义，而且也具重要的地球科学意义和油气地质意义。

　　泥底辟/泥火山及其伴生油气等流体活动产物，不仅是揭示地球深部构造运动的窗口
和对地球深部流体活动特点的表征，也是指示油气及其他矿产资源存在与分布的重要标志
和有效信息，不但与盆地构造沉积演化及油气运聚成藏过程密切相关，而且也控制和制约
着沉积盆地中与其相关的油气等流体矿产和固体矿产（天然气水合物）资源的分布与聚
集，故具有非常重要的油气地质意义（何家雄等，1994b，2010b；Dimitrov，2002；Yang
et al.，2004；Etiope et al.，2009a；曾威豪、刘家瑄，2007；龚再升等，2004）。大量研究
表明，泥底辟与泥火山成因机制相同、发育演化特征相似、控制影响因素相同，均是沉积
盆地中由深部密度较小的快速沉积充填的高塑性巨厚欠压实泥页岩，在密度倒置的沉积动
力学体系下，产生差异重力作用导致泥质物质塑性流动而强烈上侵底辟和上拱挤入，进而
使得围岩及上覆地层褶皱隆起或刺穿上覆地层破裂薄弱带而形成的一种特殊的正向地质构

造（Milkov，2000；Kopf，2002；Etiope et al.，2009b）。其中，底辟活动能量弱未刺穿或未完全刺穿围岩及上覆地层且未出露底辟活动当时的地表或海底浅层的称为泥底辟，而刺穿围岩及上覆地层且出露地表或海底的则称为泥火山（曹成润等，2005；何家雄等，2006b，2010a）。泥底辟及泥火山在全球范围分布较广泛，地球上已知泥火山数量超过2000座以上（陈胜红等，2009；何家雄等，2011）。我国陆上西北部新疆乌苏市白杨沟和独山子地区、东南沿海区台西南盆地南部陆上和海域等区域泥火山亦较发育，且具有一定的展布规模。我国海域泥底辟/泥火山异常发育区则主要分布于南海北部大陆边缘盆地和东海海域冲绳海槽盆地中南部。其中，以南海北部大陆边缘西北部浅水区莺歌海盆地、中北部深水区琼东南盆地南部及珠江口盆地南部和东北部台西南盆地深水区泥底辟/泥火山分布较普遍且较为典型。尤其是在南海北部大陆边缘西北部走滑伸展型的莺歌海盆地东南部莺歌海拗陷中，异常发育的众多不同类型泥底辟构成了展布规模巨大的中央泥底辟隆起构造带。此外，在南海西部大陆边缘深水区中建南盆地、南海北部大陆边缘中北部深水区琼东南盆地中央拗陷带及南部拗陷带和珠江口盆地南部白云凹陷及东沙西南部等区域亦发育有大量疑似泥底辟/泥火山及气烟囱且具有一定的展布规模。大量的地质地球物理及油气地球化学研究均表明（何家雄等，1990，1994a，1994b，2004；张启明等，1996；解习农等，1999，2006a；郝芳等，2001；龚再升等，2004；范卫平等，2007；Sun et al.，2010），大多数泥底辟/泥火山形成演化过程及伴生气烟囱展布特点均与油气等流体矿产和渗漏型天然气水合物矿藏的运聚成藏等存在密切的成因联系和时空耦合关系（何家雄等，1990，1994b，2009b；沙志彬等，2005；Milkov，2005；Etiope et al.，2009；Sun et al.，2010），故依据泥底辟/泥火山形成演化特点及气烟囱分布等信息，即可分析追踪和圈定深部油气等流体运聚输导系统的分布特征尤其是油气等流体运聚输导活动的轨迹和路径。因此，泥底辟/泥火山与气烟囱及其伴生产物的存在，无疑是追踪寻找石油天然气及相关的"渗漏型"天然气水合物等油气资源的重要线索和可靠的示踪标志。

　　南海北部大陆边缘西北部浅水区走滑伸展型的莺歌海盆地，新近纪以来具有快速沉降及快速沉积充填的地质特点，沉降沉积速率高达1.4mm/a。新近纪裂后海相拗陷期沉积巨厚（超过万米）的欠压实异常高压泥页岩（底辟泥源层）非常发育，故其在区域构造地质运动及走滑伸展的特殊地球动力学背景下，形成了规模巨大的泥底辟及气烟囱和大量的断层裂隙等伴生产物。这些泥底辟及气烟囱主要展布于莺歌海盆地中部拗陷沉降沉积最快、沉积充填最厚的东南部莺歌海区域，且由众多不同类型、形态各异的泥底辟构成了展布规模达20000km^{2}的中央泥底辟隆起构造带。其中，最大单个泥底辟展布规模达700多平方千米。与其东南部相邻的南海北部大陆边缘中北部琼东南盆地南部深水区和珠江口盆地珠二拗陷白云凹陷及周缘深水区，近年来也发现了与莺歌海盆地泥底辟活动类似的疑似泥底辟/泥火山及气烟囱等多种类型和成因的底辟及其伴生产物，其展布规模较大且较普遍、类型多样。近年来在这些疑似泥底辟/泥火山及气烟囱分布区（疑似泥底辟/泥火山指其形成演化特点不典型者，以下均同），不仅深部勘探发现了常规天然气气藏，而且在其深水海底浅层也勘查发现了天然气水合物矿藏；而处在南海北部大陆边缘东北部台西南盆地南部深断陷-拗陷区（包括台湾南部陆上部分），在晚中新世及上新世以来，亦广泛分布有大量泥火山/泥底辟，且无论在海域还是陆上均异常发育，尤其是在台西南盆地东南部陆缘区，尚见迄今仍在持续或断续活动的泥火山的大量泥质流体（富含泥浆、水及油气）喷溢和气体释放现象。

需要指出的是，南海北部大陆边缘以西北部浅水区莺歌海盆地的油气勘探程度及泥底辟研究程度相对较高，目前所获地质地球物理及地球化学资料也最丰富。鉴于此，根据该区油气勘探实践与油气地质地球物理及地球化学和泥底辟形成演化的动力学分析解剖等综合研究成果，即可对泥底辟/泥火山形成演化的地质地球物理特征及其特殊油气地质意义，具体归纳和总结为以下几点：①泥底辟/泥火山（亦有学者称泥-流体底辟）是南海北部大陆边缘盆地颇具特色的地震地质异常体，具有明显的低密、低速及高温超压的地质地球物理特征，其形成演化过程与动力学机制及其空间展布特点，对油气运聚成藏及分布规律等，均具有非常明显的控制作用和成因耦合关系；②泥底辟/泥火山这种特殊地震地质异常体，其特殊性在于其形成泥底辟/泥火山的物质基础——巨厚塑性泥源层物质即大套快速沉积充填的欠压实超压泥页岩本身就是烃源岩，故具有良好的生烃潜力（何家雄等，1990，1994b）。所孕育的富含流体的高温超压潜能也是促进烃源岩成熟演化及生烃作用和非烃气形成的重要热动力条件及控制影响因素（何家雄等，2004，2010b）；③泥底辟/泥火山活动往往集中在盆地沉积充填最厚的沉降沉积中心区，其形成的泥底辟隆起构造带及所伴生的一系列底辟构造圈闭，或与其有成因联系的非构造圈闭等，往往均具有"近水楼台先得月"的区位优势，故其是天然气运聚成藏的最佳聚集场所和有利富集区；④泥底辟/泥火山及其热流体上侵活动提供了油气运聚成藏的高温超压潜能及油气大规模纵向运移的有效驱动力，能够促使油气及其他流体不断地从深部向浅层有利聚集场所（不同类型圈闭）运聚而富集成藏（解习农等，1999；何家雄等，2000，2008b）；⑤泥底辟/泥火山上侵活动形成了油气纵向运聚的高速通道及网络系统（底辟通道及伴生断层裂隙构成的运聚输导系统），构建了深部油气源与浅层构造圈闭及非构造圈闭等聚集场所或深水海底浅层高压低温水合物稳定带之间的"连通桥梁及高速通道网络"，能够为深部油气大规模向浅层圈闭运聚成藏提供高效畅通的优势运聚通道（何家雄等，1995，2006b；解习农等，2006b）；⑥泥底辟/泥火山及气烟囱发育演化与热流体上侵活动，控制了天然气运聚成藏及其分布富集规律。根据莺歌海盆地泥底辟及气烟囱发育演化特征及其与天然气运聚成藏的成因联系和时空耦合配置关系，在该区长期的天然气勘探实践中，勘探地质家应用"泥底辟发育演化及热流体上侵活动控制天然气运聚成藏"的基本原理，三十多年来陆续取得了浅层及中深层天然气勘探的重大突破和长足进展（何家雄等，2012b）。目前，在莺歌海盆地中央泥底辟构造带浅层（小于2800m）常温常压地层系统和中深层（对于2800m）高温超压领域的天然气勘探中，已勘探发现了DF1-1及DF13-1/2、LD15-1、LD8-1及LD22-1等一系列各种类型的泥底辟伴生天然气气藏或与泥底辟有关的浅层及中深层高温超压天然气气藏。目前在该区获得的"探明+控制+预测级"的泥底辟伴生天然气资源——烃类天然气和CO_2等非烃气地质储量均超过$5000 \times 10^8 m^3$，其烃类天然气和CO_2的资源规模，则均已达到万亿立方米以上。总之，南海西北部莺歌海盆地通过多年的天然气勘探实践，根据泥底辟发育演化与油气资源效应等油气地质综合分析研究，目前已经取得了一些重要研究成果与新认识：①泥底辟伴生气运聚成藏及分布富集规律，均与该区泥底辟发育演化过程及空间展布密切相关。目前该区勘探发现的天然气气藏（烃类气和非烃气）均与泥底辟及热流体强烈的上侵活动存在密切的成因联系；②根据泥底辟发育演化过程及活动强度与空间展布特点，可将泥底辟成因类型判识确定与划分为"深埋型"（低幅度弱-中能量泥底辟）、"浅埋型"（高幅度中-强能量泥底辟）及"喷口型"（高幅度特强能量泥底辟）等三种主要成因类型的泥底辟（何家雄等，2008a）；③泥底辟空间展布规律总体上具有分区分带性，且多沿盆地长轴北西走向呈近南北向雁行式排列……然而，以往的诸多研究对泥底辟成因及发育展布特征、泥底辟形成演化与油气运聚成藏关系等，虽然开展了较系统的分析研究（何家雄等，2008a，2009b，2011），但对泥底辟形成演化的动力学机制、泥底辟伴生热流体活动特点及对油气运聚成藏的控制作用及机理，尤其是泥底辟伴生天然气成因成藏机制及其运聚规律与资源潜力和环境效应问题等，均研究较少且多属定性及描述推理性的分析研究，而其定量研究及综合研究尚不深入，亦不系统、不具体，迫切需要开展更深入、更系统、更具体和定量性的综合研究攻关，尤其是要在逼近该区高温超压特殊地质条件下开展物理模拟实验及数值模拟实验等相关基础研究，同时也应加强对泥底辟形成演化过程所造成和导致资源环境效应等方面的基础研究。

南海北部大陆边缘中北部深水区琼东南盆地南部及珠江口盆地南部和东北部台西南盆地深水区油气勘探程度及泥底辟/泥火山研究程度较低（Chiu et al.，2006；杜德莉，1991；何家雄等，2006a，2010b，2012a）。无论是海域还是陆上（台西南盆地南部陆缘）区域，其油气勘探及泥底辟/泥火山地质研究等均较薄弱，或属于油气勘探与地质研究的空白区。目前，在台西南盆地东南部陆上延伸部分的台南-高雄等地的泥火山异常发育区，虽然野外地质调查发现并采集到一些泥火山伴生天然气和油气苗、温泉气及地火气样品（地表断层裂隙微渗漏自燃气），在盆地海域部分即南部陆坡深水泥火山发育区，也发现了大量天然气水合物存在的地球物理标志（BSR），且在深水海底上覆海水取样也见水中含有 CH_4 为主的高浓度烃类气。但迄今尚未获得天然气勘探的商业性发现和天然气水合物勘查的重大突破，尤其是对泥火山成因机理、形成演化的动力学机制以及与油气运聚关系等方面的分析研究工作，均开展甚少或尚未进行。总之，虽然通过该区泥火山伴生气样品采集及其地球化学分析，基本搞清了泥火山伴生天然气主要为以富含 CH_4 的烃类气为主，也伴有少量 CO_2 等非烃气的混合气，或以 CO_2 为主而伴有烃类气的混合气。同时也基本搞清了其烃类气成因类型主要属成熟-高熟阶段的煤型气或油型气，以及生物化学作用形成的少量生物气及亚生物气等（何家雄等，2010b，2013；Dai et al.，2012）。但对于该区泥火山形成演化的动力学机制和泥火山伴生气运聚成藏的主控因素及富集规律和资源环境效应等，迄今尚不清楚。而这种泥火山伴生气能否形成具有一定资源规模颇具商业开采价值及社会经济效益的能源资源？产生的资源环境效应如何？泥火山伴生气的成因成藏机制有何特殊性及特点？诸如此类的关键油气地质及资源评价和环境效应问题，均不甚清晰明确。因此，对该区泥火山形成演化动力学特点及伴生气成因成藏机制与资源环境效应等关键问题，均须进行更深入系统的基础油气地质研究并建立泥火山形成演化的动力学地质模型，深入开展泥火山形成演化过程及控制因素与资源环境效应等方面的系统攻关研究，方可解决和回答上述问题。

南海北部大陆边缘中北部琼东南盆地南部深水区和珠江口盆地南部白云凹陷及周缘深水区疑似泥底辟/泥火山和气烟囱及其伴生构造等研究程度也很低。虽然近年来在该区深水油气勘探已取得重大突破和重要进展，并勘探发现了一些大中型油气田，但由于目前深水区油气勘探及研究程度普遍偏低，故对于该区泥底辟/泥火山形成演化特征与气烟囱和含气陷阱及含气模糊带的分析研究，也仅仅是依据地震解释做了一些初步的分析探讨，总体上地质研究程度仍处于定性描述与推测之分析探索阶段，而对于泥底辟/泥火山及气烟囱发育演化过程及其与天然气运聚成藏和天然气水合物矿藏之间的成因联系等，尚未开展更深入系统的综合分析研究，亟待补充近年来获得的新油气勘探及水合物勘查资料，进行全方位多专业相互结合与渗透的综合分析研究，以指导深水油气及天然气水合物勘探与资源评价预测工作。因此，本书将以泥底辟/泥火山形成演化的动力学特征及伴生气成因成藏机制研究为核心，通过泥底辟/泥火山形成演化动力学机制研究和地质地球物理及地球化学分析手段及方法，深入剖析综合研究泥底辟/泥火山形成演化特点及伴生天然气和天然气水合物运聚富集规律与主控因素，评价预测天然气及水合物资源规模与资源环境效应，为勘探开发和综合利用天然气及水合物资源提供决策依据和地质基础研究成果。

综上所述，南海北部大陆边缘盆地不仅西北部泥底辟及气烟囱、中北部疑似泥底辟/泥火山及气烟囱、东北部泥火山/泥底辟异常发育，且其伴生天然气资源与渗漏型天然气水合物资源也较丰富。深入系统地分析研究这些特殊地质体形成演化过程中所伴生的泥底辟/泥火山气及温泉气和与其相关的渗漏型水合物等自然资源的形成与分布富集规律，搞清泥底辟/泥火山发育演化与资源环境效应的时空耦合关系，促进和推动这些伴生气化石能源的勘探开发和综合利用，不但具有地球科学及油气地质学的理论意义，而且也具有非常重要和现实的油气勘探生产意义。鉴此，本书拟在以往所获南海北部油气地质、海洋地质研究成果与大量地质地球物理和地球化学资料的基础上，通过区域地质调查、海洋地质及油气地质综合研究和海域及台湾南部陆上泥底辟/泥火山（天然气/沉积物）样品采集与分析，结合实验室泥底辟/泥火山等伴生气地球化学特征的全面系统分析检测，采取海域与陆上实际地质地球物理及地球化学资料相结合和相互补充借鉴的研究思路和工作方法，深入剖析全面研究南海西北部浅水区莺歌海盆地泥底辟及气烟囱、中北部深水区琼东南盆地疑似泥底辟/泥火山及气烟囱、珠江口盆地珠二拗陷白云凹陷及周缘泥底辟及气烟囱与东北部台西南盆地深水区泥火山/泥底辟形成演化过程及伴生天然气的地质地球化学特征，且以泥底辟/泥火山形成演化的动力学模式与伴生天然气成因成藏机制研究为核心和主线，以泥底辟/泥火山伴生气运聚富集条件及成藏主控因素为研究重点和切入点，综合分析精细解剖这些特殊地质体形成演化过程中伴生天然气的运聚富集规律，总结和建立泥底辟/泥火山发育演化的动力学模式及伴生气成因成藏机制，全面系统地分析评价泥底辟/泥火山伴生气勘探前景以及资源环境效应，进而为勘探开发和综合利用这种泥底辟气/泥火山伴生气及相关的渗漏型天然气水合物等资源，提供理论依据和基础地质及技术方法等多方面的应用研究成果，以期为促进和推动勘探开发与有效利用这种"泥底辟/泥火山型"特殊天然气能源资源提供理论指导和决策依据。

第三节 本书研究重点、技术路线与创新点

一、主要研究重点

本书拟重点聚焦以下 7 个方面的研究及热点问题：
（1）泥底辟/泥火山等特殊地震地质异常体形成的地质背景；
（2）泥底辟/泥火山地质地球物理特征及分布特点与控制因素；
（3）泥底辟/泥火山形成演化的动力学机制及泥源层分析；
（4）泥底辟/泥火山伴生气与渗漏型水合物地质地球化学特征；
（5）泥底辟/泥火山形成演化与伴生气及水合物成藏的相关性；
（6）泥底辟/泥火山动力学演化模式与伴生气及水合物成藏机制；
（7）泥底辟/泥火山伴生气与水合物资源潜力及有利勘探领域。

二、研究方法与技术路线

本书拟从南海北部主要盆地区域地质背景及基本油气地质条件分析入手，结合所获泥底辟/泥火山形成及分布的大量地质地球物理资料和地球化学资料，重点剖析不同盆地不同类型泥底辟/泥火山展布特点及其发育演化特征，建立和总结泥底辟/泥火山形成演化的动力学机制及成因模式。在此基础上，深入分析泥底辟/泥火山发育演化与油气运聚成藏的成因联系和时空耦合配置关系；根据油气勘探成果和大量地质地球物理及地球化学资料，综合判识确定与划分泥底辟/泥火山类型及伴生气成因成藏机制，分析阐明其成藏地质条件及主控因素；建立和总结不同类型泥底辟/泥火山伴生气运聚成藏模式和天然气水合物成矿/成藏模式与评价预测方法，进而综合剖析南海北部大陆边缘主要盆地油气及天然气水合物资源潜力与勘探前景，指出有利油气及天然气水合物勘探方向。鉴此，为了全面完成和实现以上重点研究内容之目标要求，本书将采取以下具体的研究方法与技术路线（图 1.17）。

总之，基于以上总体研究思路框架及技术路线，本书主要研究内容及核心部分将重点关注和突出以下 6 个方面：
（1）全球及南海北部泥底辟/泥火山等特殊地震地质异常体的分布规律；
（2）泥底辟/泥火山形成演化的地质地球物理及地球化学特征；
（3）泥底辟气/泥火山气/地火气及温泉气等伴生气地质地球化学特征；
（4）泥底辟/泥火山形成演化与伴生气及水合物运聚规律及成藏主控因素；
（5）泥底辟/泥火山形成动力学机制与伴生气及水合物成矿成藏模式；
（6）泥底辟/泥火山伴生气及水合物资源规模与勘探前景。

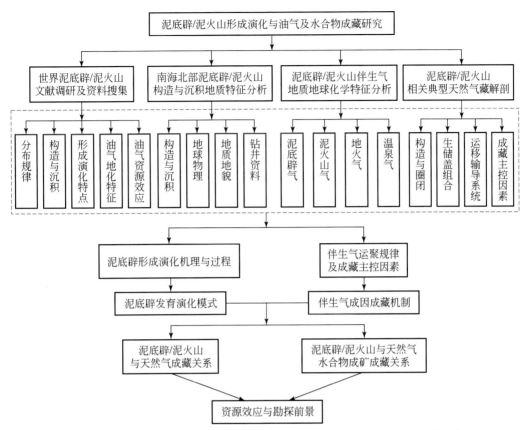

图 1.17 南海北部泥底辟/泥火山形成演化与油气及水合物成藏研究技术路线

三、创新之处

　　本书从泥底辟/泥火山形成的区域地质背景研究入手，围绕"泥底辟/泥火山形成演化动力学与油气成藏和资源效应"的研究核心，深入开展了南海西北部莺歌海盆地（泥底辟及气烟囱发育区）、中北部琼东南盆地南部深水区和珠江口盆地南部珠二坳陷白云凹陷深水区（疑似泥底辟/泥火山及气烟囱发育区）和东北部台西南盆地南部深水区（泥火山发育区）等重点区域泥底辟/泥火山形成演化的动力学机制、泥底辟/泥火山伴生热流体上侵活动与油气运聚成藏的时空耦合配置关系、泥底辟/泥火山伴生气成因类型及气源构成与运聚规律、泥底辟/泥火山伴生气及天然气水合物资源规模与勘探潜力等方面的系统研究。在此基础上，阐明和建立了南海北部泥底辟/泥火山伴生气和渗漏型天然气水合物成因成藏模式，进而深入剖析其控制影响因素，预测有利油气富集区带和天然气水合物成矿富集区。同时，将含油气系统的"源-汇-聚"理论应用于天然气水合物运聚成藏的研究之中，且取得了良好效果。这在南海北部大陆边缘盆地油气地质研究与天然气水合物勘查中有利成矿富集区评价预测等尚属首次，故具有创新意义。因此，深入开展盆地泥底辟/泥火山动力学、油气地质及海洋地质综合研究，分析阐明泥底辟/泥火山形成演化与油气及天然气水合物成藏及其资源环境效应等,不仅具有重要的地球科学意义和油气地质意义,而且对于这种泥底辟/泥火山特殊地质体伴生油气资源评价预测及油气勘探生产活动等均具有重要的现实指导意义。为石油公司规避和降低油气勘探风险,寻找不同类型烃类气藏及非烃气资源和评价优选天然气水合物有利富集区带等,提供决策依据与勘探部署意见。

第二章 南海北部区域地质背景与油气地质特征

第一节 南海北部区域地质与地球动力学背景

南海大陆边缘盆地主要处于欧亚板块东南缘，分别与西南部印度–澳大利亚板块及东部太平洋–菲律宾海板块相邻，受控于三大板块相互作用和影响之中，属于古太平洋构造域与古特提斯构造域的相互叠置混合区（图 2.1），其区域大地构造背景及地球动力学条件非常复杂，不同类型大陆边缘盆地形成与演化及展布特征等均与其所处大地构造背景及地球动力学环境密切相关。南海北部大陆边缘盆地由于受欧亚大陆板块、印度–澳大利亚板块与太平洋板块–菲律宾海板块和南海洋壳裂解扩张等多种因素的深刻影响和制约，因此，该区更是新生代构造变动最活跃的区域，尤其是晚中新世以来的新构造运动非常强烈，故具有独特的区域地质构造背景及油气地质特征；不仅具有丰富多彩的地质现象，而且盆地油气资源分布富集规律及特点也非常复杂（龚再升，1997，2004；朱伟林等，2007）。

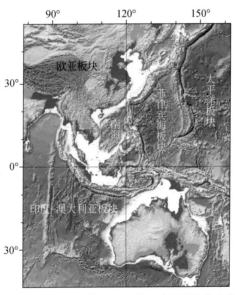

图 2.1　南海大陆边缘盆地区域地质及板块构造位置

南海北部大陆边缘盆地处在南海北部陆架–陆坡区和部分洋陆过渡区，主要分布有北部湾、莺歌海、琼东南、中建南北部、珠江口、台西及台西南、双峰及笔架南等沉积盆地，其分布范围大致在 14°00′～24°10′N，105°06′～121°20′E，展布面积约 78×10⁴km² 左右（图 2.2）。该区油气勘探开发活动，多年来均主要集中在北部湾、莺歌海、琼东南、珠江口和台西南等5大盆地的陆架浅水区，目前已勘探发现多个大中型油气田，基本构成了南海北部浅水陆架油气富集区的基本分布格局，而其广大的陆坡深水区油气勘探及地质研究工作则涉足较少，近年来虽然深水油气勘探获得了重大突破和长足进展，先后勘探发现了6个大中型油气田，探明油气储量规模达 3.8×10^8 t 油当量，但总体上油气勘探及地质研究程度尚低，仍须加快步伐、加大深水油气勘探开发及地质研究力度。南海北部大陆边缘盆地与中国东部陆上古近系和新近系陆相断陷盆地和中国东部近海中–新生代盆地构造地质特征及演化特点基本类似，古近纪和新近纪均具有阶段性的幕式构造演化特征与多幕构造活动特点，且普遍经历了早期古近纪的幕式伸展裂陷–断陷活动和晚期新近纪热沉降拗陷作用及更晚期晚中新世的新构造运动等构造演化阶段及其演变过程（龚再升等，2004；何家雄等，2014），最终形成了大陆边缘海沟、岛弧及斜坡盆地，即所谓"沟–弧–盆系统"。有所不同的是，南海北部大陆边缘盆地均处在减薄型大陆地壳及大陆与大洋地壳的过渡区乃至洋壳区，故沉积盆地基底即深部地壳薄，地温场及大地热流高，大部分盆地勘探获得的油气资源的烃类产物以天然气为主，与中国东部陆上及近海盆地以石油为主的油气资源类型存在一定的差异。以下进一步剖析和重点阐述南海北部大陆边缘盆地新生代主要构造地质特征及幕式构造活动演化特点。

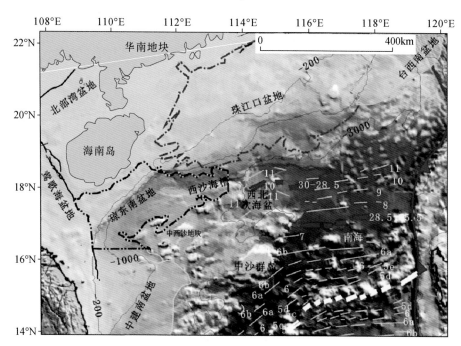

图 2.2　南海北部大陆边缘新生代主要盆地构造地理位置及展布特征

一、处于减薄型陆壳及大陆与大洋过渡型地壳区

据龚再升等（1997）研究，南海北部大陆边缘盆地地壳厚度，从北部到南部由大陆边缘到陆架陆坡乃至中央洋盆，均普遍具有规律性减薄的区域变化特点。根据中国海域莫霍

面等深图可知（图2.3），中国东部海域及南海北部大陆边缘盆地莫霍面深度变化规律性较强，自北而南莫霍面深度逐渐由深变浅，地壳厚度则由厚逐渐减薄。其中，北部大陆架外缘地壳厚度约22~25km，陆架陆坡区的西沙海槽地壳厚度为16~22km。东南部琉球群岛-台湾岛以东的菲律宾海地区地壳厚度小于12km，更南部的南海中央深海盆（洋盆）地壳厚度也小于12km。且不同海区地壳类型及性质和地壳结构特征存在明显差异。

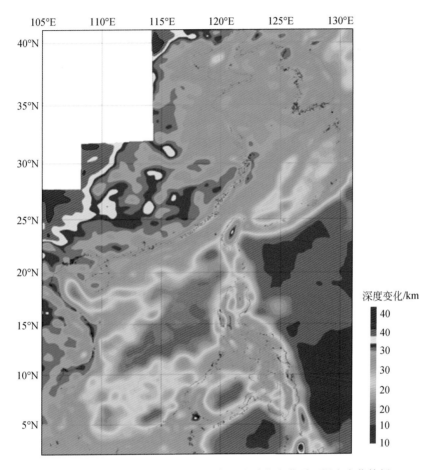

图2.3 南海北部大陆边缘盆地及邻区由陆向海莫霍面深度变化特征

南海地壳厚度及地壳结构具明显的分区性，从大陆边缘向深海洋盆区地壳类型及厚度变化明显。根据南海地区莫霍面深度特征图可知（图2.4），南海海域地壳结构及地壳厚度，可明显分为5个区域，且地壳厚度及地壳类型从大陆边缘陆架陆坡区到中央深海洋盆变化特征非常明显（图2.5）。

1. 北部陆架-陆坡区

南海北部大陆边缘大陆架浅水及陆坡深水区，其中大陆架浅水区包括北部湾盆地、琼东南盆地北部、珠江口盆地北部及台西盆地和台西南盆地北部等区域，这些地区均与其附近的陆缘区邻近，地壳厚度大，且以减薄型陆壳为主。根据莫霍面等深图，南海北部陆缘

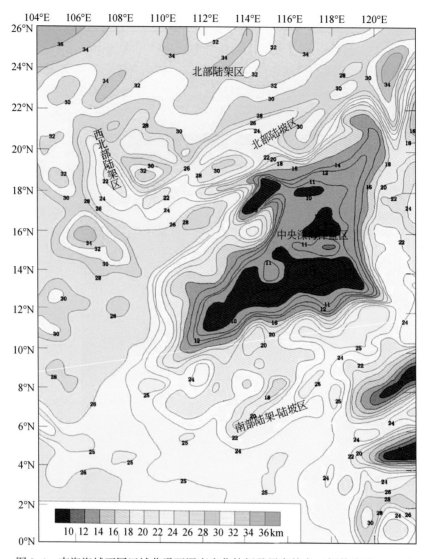

图2.4 南海海域不同区域莫霍面深度变化特征及展布特点（据曾维军，2001）

大陆架区呈北东东方向展布，其地壳厚度及地壳类型的特点为：内陆架属大陆型地壳，地壳厚度为30km，外陆架属减薄型陆壳，地壳厚度为26km左右；陆坡深水区主要为琼东南盆地南部及珠江口盆地南部和台西南盆地南部等区域，其地壳厚度及地壳类型与陆架浅水区差异明显，地壳厚度在陆坡处减薄为22km，陆坡坡脚处约14km，再往南则是洋陆过渡型地壳，即陆坡深水区到中央洋盆，地壳薄，最薄处仅10km左右，地壳性质属洋陆过渡型偏洋壳一侧。总体上由北向南，南海北部大陆边缘盆地由北部近陆缘区向南部远陆缘区方向，其地壳类型及性质变化，具有从大陆型地壳减薄为减薄型陆壳再逐渐减薄为洋陆过渡型地壳及洋壳的特点。

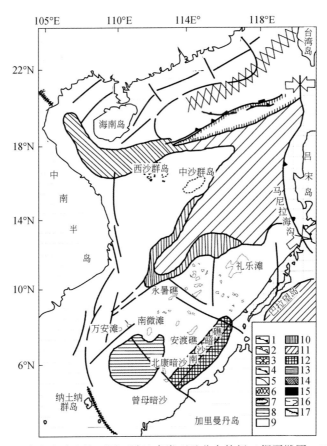

图 2.5 南海大陆边缘不同区域地壳类型及分布特征（据夏戡原，1997）

1. 活动的消减带；2. 推覆构造带；3. 碰撞构造带；4. 地壳断裂；5. 现代洋壳边界；6. 高磁异常带；7. 磁静区；
8. 正常陆壳；9. 减薄陆壳；10. 残留古洋壳；11. 现代洋壳；12. 岛弧型地壳；13. 地幔异常隆起（热地幔）型
陆壳；14. 地幔隆起带；15. 地幔异常隆起（冷地幔）型陆壳；16. 下地壳高速层分布区；17. 古缝合带

2. 西北部陆架区（莺歌海）

根据南海莫霍面等深图，莺歌海盆地海区呈北西方向展布，到东南端则转为东西方向
延展，且与西沙海槽相连，呈弧形。该区地壳厚度约 20～24km，属于减薄型陆壳，也为
地幔隆起带区（图 2.5），故该区地温场及大地热流值高。

3. 中央深海洋盆区

中央深海洋盆区是南海地壳厚度最薄的区域，其地壳厚度约 6～12km，在几个海山群
处的莫霍面深度可达 14km。属于典型的大洋型薄地壳区。

4. 南部陆架–陆坡区（西沙、中沙及南沙群岛）

这些地区地壳厚度约 20～26km，其海区地壳厚度约 12～20km。其地壳类型属于减薄
型陆壳和洋陆过渡型地壳。

5. 南部陆架–陆坡区 （南沙海槽）

南沙海槽区为地幔隆起区，地壳较薄，地壳厚度约 16～19km。地壳类型亦属属洋陆过渡型地壳。

总之，根据中美合作实测的南海北部陆架陆坡区的 3 条双船地震扩展排列剖面（ESP）资料和 1993 年中日合作在南海北部中区所做的一条海底深折射地震剖面资料，综合各种地球物理信息分析，均充分证实南海北部大陆边缘的大陆架、大陆坡及中央深海洋盆等地理地貌区及构造地质单元的地壳结构较复杂，其地壳厚度及地壳类型及性质变化大，且具有从北到南由大陆边缘陆架区到大陆坡及中央深海洋盆区，其莫霍面深度递减，地壳厚度逐渐较薄，地壳类型逐渐演变为减薄型陆壳、洋陆过渡型地壳到洋壳的递变规律和演变特点。

二、幕式构造演化特征与多幕构造活动特点

新生代以来中国东部及近海盆地发生了多次重要的构造运动。古近纪时期（56～17Ma），南海北部由于印度–澳大利亚板块向北东方向俯冲，太平洋–菲律宾海海底扩张及洋壳增生，导致中国东部及近海盆地向南东伸展挤出，且地壳明显减薄，形成了北东–北北东走向的一系列断陷–裂陷带；晚渐新世之后（32～17Ma），中国东南部近海（南海）发生了最重要的构造地质事件——南海大规模张裂（南海运动），造成了南海海底扩张及洋壳增生，同时太平洋–菲律宾海洋壳增生继续发展；新近纪早–中新世末，太平洋–菲律宾海板块向中国东部及大陆边缘海盆地俯冲和强烈碰撞，且伴以左行走滑挤压活动，进而逐渐形成了海沟、岛弧和边缘海（王涛，1997；龚再升等，1997；陈长民等，2003；朱伟林等，2007）。上述这些重要的构造地质活动及演变结果，最终导致在中国东南部边缘海区形成了一系列新生代伸展断陷–裂陷盆地和伸展–走滑复合盆地（图 2.6）。

与中国东部近海盆地构造演化和幕式构造活动一致，南海北部大陆边缘新生代伸展盆地及伸展–走滑盆地成生演变过程均普遍经历了古近纪张裂断陷–裂陷及新近纪热沉降大幅度海相拗陷两大发展演化阶段及演变过程。

1. 古近纪伸展张裂断陷–裂陷阶段

南海北部大陆边缘盆地古近纪时期均处在伸展张裂断陷–裂陷的演化阶段，其伸展张裂断陷构造运动一般可划分为 3 个主要构造活动幕（期）（龚再升，1997；何家雄，2014）：①古新世初始裂陷–断陷幕；②始新世主裂陷–断陷幕；③渐新世晚期萎缩裂陷–断陷幕。在古近纪伸展张裂断陷–裂陷作用阶段及其主要断陷构造活动幕的背景下，往往形成了大量半地堑或地堑洼陷，如南海北部大陆边缘北部湾盆地、琼东南及珠江口盆地等在古近纪均形成了众多半地堑和地堑群，且堑垒相间，构成了盆地现今的凹凸相间的构造格局和展布特征。这种半地堑–地堑是断陷裂谷盆地中最基本的油气地质单元，而半地堑–地堑群的沉积充填则为盆地有机质沉积及富集保存等提供了较好的空间场所，也为富生烃凹陷的形成提供了物质基础和构造基础，构成了断陷盆地油气形成的重要地质条件，同时也

控制和制约了盆地油气运移聚集及富集成藏规律。

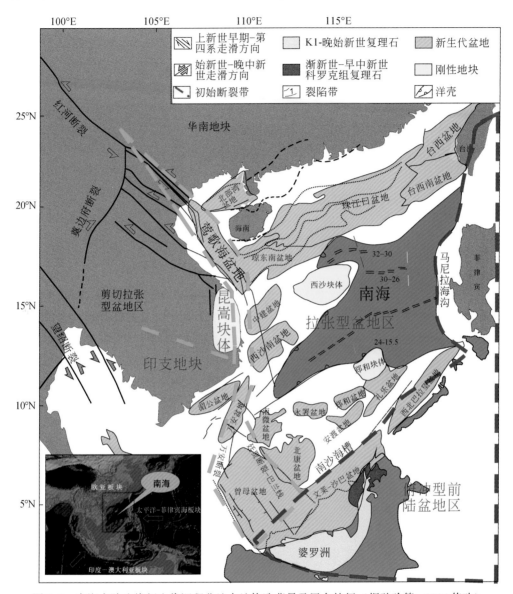

图2.6　南海大陆边缘新生代沉积盆地大地构造背景及展布特征（据孙珍等，2006修改）

2. 新近纪裂后热沉降拗陷阶段

渐新世中晚期第三幕萎缩裂陷-断陷构造活动结束后，南海北部大陆边缘海盆地即开始逐渐进入新近纪裂后热沉降海相拗陷阶段（陈长民等，2003；龚再升，2004；朱伟林等，2007；何家雄，2008a），根据其裂后热沉降活动特征可分为3个主要演化阶段：①渐新世末-中新世中期重要的热沉降拗陷幕；②中新世中期-中新世晚期热沉降增热幕；③上新世-第四纪强烈的新构造运动幕。在此期间，裂陷-断陷及张裂活动逐渐减弱或完全停止，在盆地裂后热沉降拗陷背景下，主要接受了部分陆源输入或盆内隆起近源碎屑物质的沉积充填和大规模的海相拗陷沉积物，而早期古近纪形成的凹凸相间的构造格局则逐渐被填平补齐，并以统一拗陷或拗陷带形式逐渐沉积了厚层的海相新近纪-第四纪沉积，构成了新近系及第四系海相沉积体系及地层系统，即盆地的海相拗陷之上构造层。该阶段常常伴有多期沉降和加速沉降过程，为盆地古近系和新近系有机质沉积保存尤其是后期的埋藏及其热演化生烃作用等均提供了重要的成藏地质条件。

总之，新近纪及第四纪裂后拗陷热沉降阶段，南海北部大陆边缘盆地主要形成了覆盖叠置在早期断陷及附近隆起上的巨厚海相拗陷沉积即厚层海相沉积披覆层，进而构成了该区油气藏形成的重要区域封盖层，因此，油气藏空间分布均处在该海相泥页岩封盖层之下。中国近海盆地及南海北部大陆边缘盆地断陷-拗陷两个重要盆地成生演化阶段的主要断陷-裂陷构造运动幕（期），以及形成的中新生代尤其是古近系和新近系地层系统及其沉积充填特征等，具有普遍性，但不同区域不同类型大陆边缘盆地断陷-拗陷两个重要成生演化阶段发生的时限、演化特点、展布规律等，存在一定的差异。正是由于这种区域差异性，最终决定了不同类型大陆边缘盆地石油地质条件及油气富集规律的差异。

三、普遍具有断-拗双层盆地结构特征

前已论及，中国近海盆地尤其是南海北部大陆边缘海盆地处于陆壳-减薄陆壳-洋陆过渡型地壳的过渡区的特殊位置，其地球动力学环境复杂，不仅受欧亚、太平洋-菲律宾海及印度-澳大利亚三大板块相互作用的影响而且还受到南海张裂漂移及海底扩张作用的控制，普遍经历了早期古近纪陆相断陷到晚期新近纪及第四纪热沉降海相拗陷的多幕构造活动及其演变过程，故在剖面上构成了与中国东部陆上古近系和新近系陆相断陷盆地非常类似的典型"断-拗"双层盆地结构（图 2.7）。南海北部大陆边缘盆地在晚白垩纪以来离散拉伸及岩石圈减薄的区域地球动力学背景下，前古近系基底变形强烈，往往在早期陆相断陷中形成了一系列地堑及半地堑洼陷、堑垒相间的构造格架及其断裂系统，且沉积充填了两套或三套古近系湖相及河湖相和海陆过渡相（煤系）断陷-裂陷沉积（朱伟林和江文荣，1998；雷超等，2011；李春荣等，2012；李友川等，2012）。这些断陷阶段形成的半地堑或地堑群彼此分割而独立成为一个基本油气地质单元。如琼东南盆地、珠江口盆地古近纪发育的一系列东西分带，南北分块的半地堑和地堑构造群。同时，这些地堑-半地堑群的规模及沉积范围也随着伸展拉伸而加剧和扩展，沉积规模也随之加大。渐新世晚期，在区域大断裂活动控制和作用的影响下，上述这些彼此相间或分隔的半地堑-地堑洼陷群则逐渐开始经过破裂不整合面而转入大规模的裂后热沉降拗陷阶段，其凹凸相间及高低不平地貌格局亦逐渐被沉积充填陆源碎屑物质及大量海相沉积物所填平补齐，随后即进入整体拗陷沉降沉积充填阶段并接受了大规模海相沉积物及其周缘区物源供给系统提供的大量沉积物，最终形成了现今"下断-上拗、下陆上海"的双层盆地结构特征（图 2.7）。根据区域地球动力学背景及断陷-裂陷幕与拗陷幕的转变过程及活动演化特点，可将其断陷-拗陷演变过程，在剖面上进一步细分为断陷-裂陷阶段、断陷-拗陷过渡阶段及热沉降拗陷阶段与相应的三个构造层，即所谓的

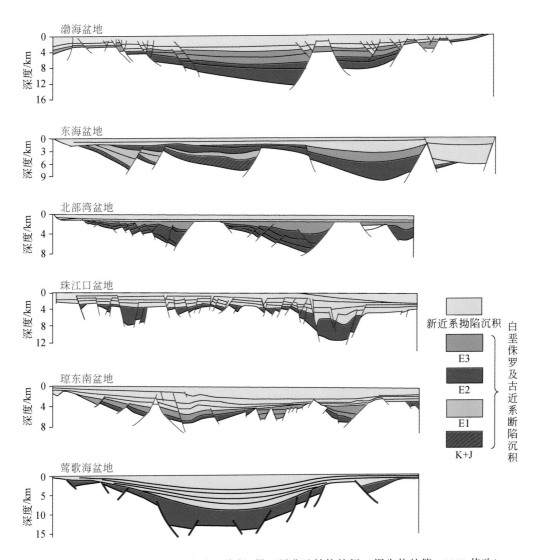

图 2.7　中国近海及南海北部大陆边缘断–拗双层盆地结构特征（据朱伟林等，2009 修改）

三层盆地结构，这在南海北部大陆边缘琼东南及珠江口等盆地的一些地震剖面中也可识
别和确定。

　　南海北部大陆边缘盆地邻近华南大陆及西北部印支大陆物源供给系统，早期断陷–裂
陷沉积充填阶段沉积的基本上为河流相、沼泽相及湖泊相等沉积充填物，以近陆源即半地
堑洼陷附近的物源供给系统提供的陆相沉积物为主，只有少数半地堑与当时的海湾相通，
故在古近纪后期的不同时期、不同程度地接受了部分海相沉积或受到不同程度海侵的影
响。只有在裂后的热沉降拗陷沉积阶段，南海各盆地方可接受大规模的海相沉积而形成巨
厚大规模的海相沉积充填体系。总之，南海北部大陆边缘盆地区域构造地质特征及展布特
点，均主要受伸展及伸展–走滑构造体系的控制。区域上盆地中多以半地堑–地堑洼陷形式
出现且连片分布，剖面上则多由前古近系基底构造层、古近系断陷–裂陷期构造层和新近

系及第四系裂后期海相拗陷构造层相互叠置所构成，与中国东部古近系和新近系陆相断陷盆地一样，均形成了典型的"下断–上拗的双层盆地结构"或"断–断拗–拗陷三层盆地结构"，进而控制和制约了盆地油气生成与运聚成藏乃至分布富集规律。

四、古近系和新近系地层系统高温超压明显

前已论及，南海北部大陆边缘盆地新生代具有快速沉降及快速沉积充填的基本特征，故导致古近系和新近系沉积物压实与流体排出不均衡现象即欠压实作用较普遍（常常产生异常孔隙流体压力），因此古近系和新近系地层系统异常高温超压明显。由于南海北部主要盆地均处在大陆边缘向陆架陆坡及中央洋盆方向的减薄型陆壳及洋陆过渡型地壳的过渡带上，常常具有从大陆边缘区向远离陆缘区的陆坡及深水洋盆，莫霍面埋深自北（浅水陆架区）向南（深水陆坡区）越来越浅（图2.8）、地壳厚度越来越薄和沉积充填盖层厚度越来越厚的特点。地壳性质由陆架区减薄型陆壳逐渐向陆坡区洋陆过渡型地壳及洋盆区洋壳转变，故其热传导强度也逐渐加大。加之新生代伸展拉张沉降过程中，往往存在着明显差异热传导，因此制约和影响了该区沉降沉积中心的转移，导致其沉降沉积中心普遍具有由陆向海迁移即从近陆缘区大陆边缘向远陆缘区陆架陆坡及中央洋盆方向逐渐转移的特点（图2.9），进而在陆坡深水区沉积充填了巨厚的古近系和新近系沉积物，同时也控制和制约了油气生成及运聚成藏与分布富集规律（龚再升，2004；张功成等，2012；唐晓音等，2014；何家雄等，2014）。

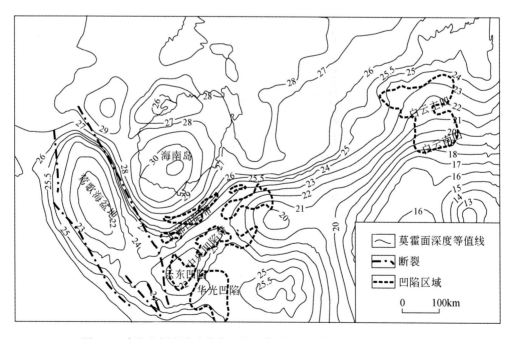

图2.8　南海北部大陆边缘主要盆地莫霍面深度自北向南变化基本特征

由于南海北部自北向南从浅水陆架区到深水陆坡及洋盆区，莫霍面深度逐渐变浅，地

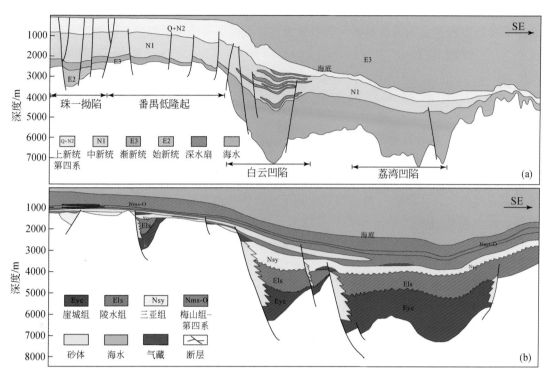

图 2.9　南海北部大陆边缘盆地沉降沉积中心从陆架浅水区向陆坡深水区逐渐迁移特征
（a）珠江口盆地；（b）琼东南盆地

壳厚度明显减薄，进而导致热传导强度增大，故普遍具有异常高的地温梯度和大地热流值，且从浅水陆架区到深水陆坡区、中央洋盆，地温梯度和大地热流具有明显的递增变化特点（图 2.10），进而控制影响了烃类产物类型及其形成与油气分布富集规律（图 2.11）。总之，新生代盆地伸展拉伸过程中的差异热传导作用，控制和促使了盆地沉降沉积中心逐渐由近陆缘区陆架边缘向远陆缘的陆坡及中央洋盆区转移，最终导致在远陆缘的陆架陆坡区快速沉积充填了巨厚古近系和新近系及第四系沉积物（9000～17000m），进而为古近系和新近系地层系统异常高温超压的形成奠定了物质基础和重要地质条件。

　　南海北部大陆边缘古近纪和新近纪沉降沉积中心转移变化最明显最典型地区为西北部大陆边缘的莺歌海盆地。该区古近纪和新近纪沉降沉积中心由盆地北西向南东迁移的特征非常明显，莺歌海盆地古近纪和新近纪沉降沉积充填史分析研究表明（张启明等，1996；龚再升等，1997；郭令智等，2001；钟志洪等，2004），其裂陷期具有沉降沉积速率快速变化的幕式过程和裂后期中新世开始的快速沉降沉积充填过程，尤其是上新世以来又发生了显著加速热沉降及快速沉积充填过程，故导致沉积充填空间及规模不断扩展和增加，其沉降沉积中心从古近纪到第四纪，逐渐层层不断地由西北向东南迁移，最终在盆地东南部最大沉降沉积中心处沉积充填了超过 $1.7×10^4$m 的巨厚新近系及第四系海相地层。很显然，正是在这种快速沉降及沉积充填的地质背景下，巨厚泥页岩欠压实作用产生的异常高温超压与区域构造运动的地球动力条件相互配置，最终导致和促进了该区不同类型泥底辟及气

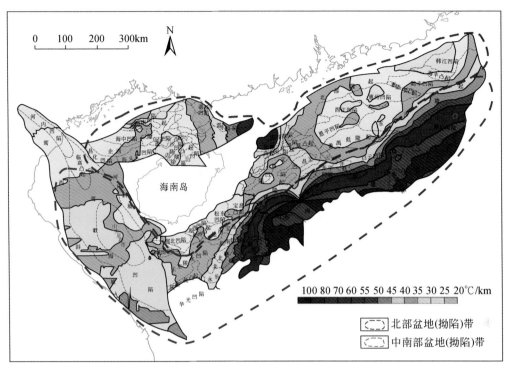

图 2.10　南海北部大陆边缘主要盆地地温梯度等值线分布特征（据唐晓音等，2014）

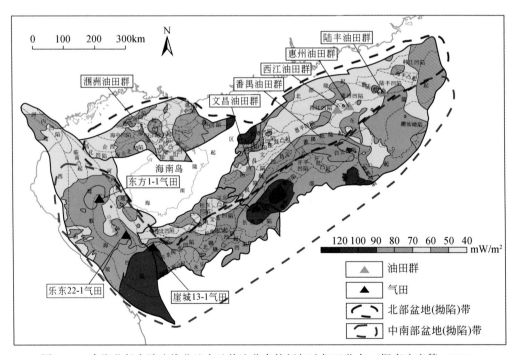

图 2.11　南海北部大陆边缘盆地大地热流分布特征与油气田分布（据唐晓音等，2014）

烟囱形成，同时其伴生断层裂隙、底辟和气烟囱通道等流体运聚渗漏系统也为深部油气源向浅层运聚提供了纵向高速优质运聚网络，进而控制了油气运聚富集成藏及其分布规律。同时，泥底辟伴生的异常高温超压潜能不仅导致地温场高（莺歌海–琼东南盆地背景热流值达 74mW/m^2，底辟区受热流体影响高达 86～89 mW/m^2），进而促使中新统烃源岩有机质快速成熟生烃，而且其异常超压也为深部烃源向浅层大规模运聚供烃等提供了强大的运聚驱动力（何家雄等，2008a）。这种泥底辟伴生的高温超压潜能不仅促进了盆地年轻烃源岩有机质快速成熟生烃，而且更重要的是沟通和促进了深部烃源供给系统向浅层具备储盖组合及较好保存条件的不同类型圈闭（富集场所）大规模供烃成藏。因此，可以肯定莺歌海盆地古近系和新近系异常高温超压及泥底辟多期幕式强烈活动，对该区油气生成及运聚成藏与分布富集规律等均产生了深刻的影响和重要的控制影响作用。

南海北部大陆边缘的琼东南盆地属于准被动大陆边缘的断陷裂谷盆地，也是在古近纪地堑群发育起来的断陷盆地，其北部拗陷带主裂陷期和沉降沉积中心为古近纪，而南东部向海方向的中央拗陷带及南部深水区沉积沉降中心则为新近纪早期，沉降沉积中心的转移导致盆地南部深水区沉积充填了巨厚的古近系和新近系及第四系沉积物，最厚可超过万米。而且盆地西部与莺歌海盆地相邻，古近纪和新近纪沉积充填也具有快速沉降和快速沉积充填特征，快速沉积的欠压实泥页岩孔隙流体压力高，局部区域区块及层段异常高温超压明显，尤其是盆地中央拗陷及南部拗陷带古近系和新近系沉降沉积中心沉积最厚处，古近系和新近系地层系统异常高温超压较普遍，其凹陷中心压力系数高达 2.0 以上，而且地温梯度高。这主要是受欠压实作用和有机质生烃以及局部受泥底辟/泥火山活动影响的结果（朱光辉等，2000），此外，盆地中央拗陷带东部长昌凹陷还受岩浆侵入作用的影响，局部地区也出现热异常，地温梯度则更高（唐晓音等，2014）。总之，琼东南盆地中央拗陷及南部拗陷深水区部分区块泥底辟/泥火山上侵活动及气烟囱较发育，异常高温超压较普遍，这对中央拗陷及南部拗陷深水区烃源岩有机质生烃及其运聚成藏与分布富集规律等，均具有重要的控制影响作用。近年来在盆地西南部深水区陵水凹陷勘探发现的中央峡谷水道陵水 17-2 等大气田，就是典型实例。该气田群的烃源供给主要来自深部由疑似泥底辟通道和断层裂隙通道提供的渐新统煤系及海相陆源烃源岩的油气源。该区存在异常发育的不同类型疑似泥底辟/泥火山上侵活动，对渐新统烃源岩生烃及运聚成藏等均具有重大影响和控制作用，而泥底辟通道及断层裂隙等构成的运聚网络系统，则对其深部油气向浅层运聚成藏乃至分布富集规律等均具有深刻的影响和重要的控制作用。

南海东北部的珠江口盆地与其西部相邻的琼东南盆地一样，均属准被动大陆边缘的断陷裂谷盆地，具有快速沉降及快速沉积充填的地质背景和基本地质条件。加之近陆缘浅水陆架区沉积充填薄（古近系、新近系及第四系相对较薄），地壳性质属陆壳或减薄型陆壳；而远陆缘深水陆坡区沉积充填厚（古近系、新近系及第四系厚），地壳性质为洋陆过渡型地壳或洋壳。因此，其异常高温超压主要集中在南部陆坡深水区（由于中新世晚期以来新构造运动的影响，现今大部分区域异常高压已消失），且疑似泥底辟/泥火山及气烟囱亦较发育（图 2.12），在白云凹陷中南部疑似泥底辟地震模糊带规模可达 1000km^2。同时，由于白云凹陷深部地壳属洋陆过渡型地壳，莫霍面浅地壳薄，最薄处仅 6km，故其大地热流及地温场高，加之上覆厚逾万米的巨厚古近系和新近系沉积物之烃源岩有机质生烃增热作

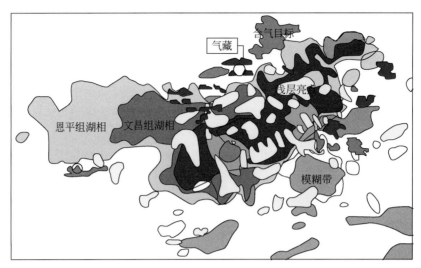

图 2.12　白云凹陷气藏及含气构造（红色）、含气亮点（黄色）与疑似泥底辟模糊带分布特征示意图

用的叠加，导致该区大地热流及地温梯度较高，分别达 3.91℃/100m 和 77.5mW/m²（张功成等，2014）。很显然，异常高温超压作用对白云凹陷疑似泥底辟及气烟囱形成演化与有机质生烃及运聚成藏以及分布富集规律等均产生了重要影响（何家雄等，2009a）。

综上所述，南海北部大陆边缘盆地幕式构造演化形成的下陆上海双层纵向叠置盆地结构，以及处于减薄型陆壳、洋陆过渡型地壳的特殊构造位置与快速沉积充填的巨厚欠压实古近系和新近系异常高温超压地层系统的时空耦合配置等，均奠定和构建了该区泥底辟/泥火山形成的物质基础和所必须具备的重要地质条件。在盆地成生演化及幕式构造活动过程中，泥底辟/泥火山上侵活动孕育的巨大高温超压潜能，不仅能够促进泥页岩有机质热演化成熟生烃及非烃气形成，而且是促使油气等流体运聚与充注的强大驱动力。而泥底辟/泥火山上侵活动形成的底辟纵向通道及其伴生断层裂隙系统，则为油气等流体大规模从深部向浅层运聚成藏提供了非常好的烃源供给输导条件（即流体优势运聚通道网络系统），进而为形成不同类型泥底辟/泥火山伴生油气藏或通过泥底辟及气烟囱和伴生断层裂隙等纵向通道供给深部热解气源而形成"下生上储渗漏型"天然气水合物矿藏等，提供了非常好的运聚成藏之地质条件。

第二节　南海北部构造沉积充填特点与油气地质特征

前已述及，南海北部已勘探发现和证实及推测的泥底辟/泥火山或疑似泥底辟构造和气烟囱等特殊地震地质体，主要分布在南海西北部大陆边缘的莺歌海走滑伸展型盆地，以及北部、东北部大陆边缘的琼东南、珠江口及台西南等断陷裂谷盆地。这些区域泥底辟/泥火山或疑似泥底辟/泥火山形成演化及其展布特征，均与相应盆地区域地质背景及构造沉积演化特点密切相关，而泥底辟/泥火山及伴生油气和天然气水合物资源分布特点及富集规律，也与盆地构造沉积充填特征及演化过程和基本油气地质条件等存在密切的成因联系。因此，为了深入分析研究南海北部主要盆地泥底辟/泥火山形成演化的动力学机制及其与伴生油气的富集成藏关系，必须深入分析重点解剖不同类型盆地构造沉积演化特点与具体的油气地质条件，故以下将简要分析总结与阐明泥底辟/泥火山异常发育的莺歌海盆地、琼东南盆地、珠江口盆地及台西南盆地之区域地质背景与构造沉积演化特点及具体的油气地质条件。

一、莺歌海盆地构造沉积充填特点与油气地质特征

1. 区域地质背景及构造沉积充填特点

莺歌海盆地位于我国海南省与越南中南部之间的莺歌海海域，整体呈北北西走向，分布面积约 $9.87 \times 10^4 km^2$，属于非常独特的高温超压新生代大型含油气盆地（图2.13）。盆地西北部通过1号断裂东北段与北部湾盆地相接；东南方向通过1号断裂东南段与琼东南盆地相连；正东西两侧则分别与海南岛和印支半岛（越南中南部昆嵩隆起）相邻。盆地总体上呈菱形展布，盆地构造单元由莺歌海（中央）拗陷及东西两个斜坡带（莺东斜坡带和莺西斜坡带）所组成。莺歌海（中央）拗陷自南向北由莺歌海凹陷、临高凸起及河内凹陷组成；东北部斜坡带（莺东斜坡带）由莺东斜坡和河内东斜坡组成；西部斜坡带（莺西斜坡带）则主要为莺西斜坡。临高凸起走向近南北，凸起两侧为反翘型箕状断陷，

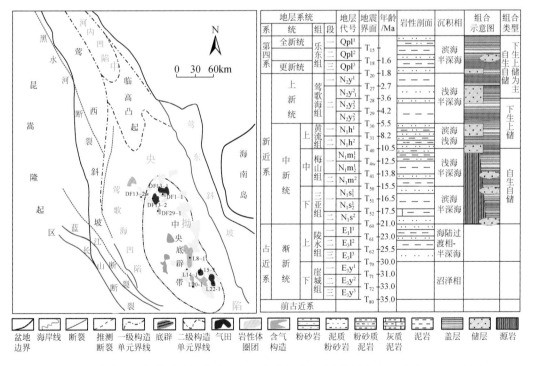

图2.13　南海西北部大陆边缘莺歌海盆地构造单元组成与新生代地层系统及沉积特征

（据朱建成等，2015）

两侧正断层控制沉积，主要的断超尖灭带背向临高凸起。河内凹陷埋深一般在 2000 ~ 6000m。中央拗陷为莺歌海盆地的主体，古近系和新近系及第四系最大沉积厚度超过 17000m，中央拗陷带东南部泥底辟异常发育并由此组成了一个面积高达 $2\times10^4 km^2$ 以上的中央泥底辟隆起构造带。莺东、莺西两斜坡埋藏深度一般约 3000 ~ 4000m。其中，莺东斜坡为坡度较平缓的单斜，南、北部宽缓而中部较窄，展布规模达 $1.5\times10^4 km^2$；莺西斜坡位于盆地西南部属越南境内，其展布规模估计有万余平方千米以上。

莺歌海盆地处于南海西北部大陆边缘，属于大型陆缘伸展走滑型盆地，区域构造上夹持在印支、华南两个微板块之间，主要受控于两个板块的相互作用及其影响，该区虽然属于特提斯构造域，但也受到太平洋构造域的影响，故其地球动力学环境非常复杂。根据重磁力勘探资料，莺歌海盆地莫霍面等深线呈北西向展布，埋深约 20 ~ 24km，最浅处仅 21 ~ 22km（龚再升，2004），地壳较薄且属过渡型地壳，其盆地基底以下前古近系主要为印支褶皱带，基底之上沉积充填的新生代尤其是新近纪及第四纪沉积物巨厚，超过万米以上。白垩纪末期至古新世时期，由于印支板块向北运动、太平洋板块向西运动速率的减慢，使得东南亚地区处于伸展环境，软流圈上涌，地幔柱上拱，基底地壳裂开，形成莺歌海盆地的初始裂陷，沉积了一套厚 3000m 的磨拉石冲积和洪积砾岩、砂岩等沉积岩系。其后的主裂陷期，根据莺歌海盆地西北部地震资料分析解释（由于东南部新近系及第四系地层非常厚，地震剖面探测深度范围见不到古近系地层），始新世至渐新世早期为裂陷发育鼎盛期，以强烈断陷为特征，主要沉积了冲积相、河流湖泊相和海陆交互相的砾岩、砂岩及泥岩和煤层等，沉积厚度约 4000m。该时期红河断裂系统的左旋应力已经影响到莺歌海盆地，导致盆地发生大型左旋走滑运动。渐新世中晚期为裂陷萎缩期，主要沉积了厚 2500m 的滨浅海环境的砾岩、砂岩和泥岩等，与裂陷萎缩期相对应的是南海开始第一期扩张。从中新世早期开始，莺歌海盆地则开始进入裂后热沉降拗陷阶段，在盆地边缘沉积了滨海或三角洲及陆缘浅海砂岩、泥岩和煤层等，而在盆地中央及东南部则快速沉积充填了一套厚逾万米的海相细粒砂泥岩沉积物，为该区泥底辟形成提供了雄厚的泥源物质基础。中新世晚期由于印度与欧亚板块碰撞的加剧，导致红河断裂由早期渐新世左旋走滑运动转变为中新世晚期的大型右旋走滑伸展活动，莺歌海盆地走滑应力场发生巨大改变，可能在沿盆地北西轴向的深部形成了一系列呈雁行式分布的张性深大断裂，进而促使和激发了泥底辟上侵活动发生且控制影响了泥底辟空间展布特征，故形成了众多不同类型不同形态沿北西向呈雁行式排列的泥底辟及气烟囱，而且在盆地中南部沉降沉积最厚处形成了超过 $2\times10^4 km^2$ 的泥底辟隆起构造带即俗称的中央泥底辟带，在该带上泥底辟空间展布均沿盆地北西轴向呈五排南北方向的雁行式排列。上新世之后，盆地南部进入一个新的快速沉降期，沉积了大套巨厚浅海-半深海砂泥岩等。伴随着强烈的裂后热沉降事件，同时在盆地沿岸第四纪亦发生了较大规模的玄武岩喷发活动。

2. 生储盖组合特征

莺歌海盆地新生界沉积以新近系及第四系展布规模最大，中央拗陷带莺歌海凹陷沉积岩厚度高达 17km，且具有良好的生、储、盖成藏组合条件。由于盆地东南部莺歌海凹陷新近系及第四系沉积巨厚（其中，第四系最厚超过 2300m 以上），在该区钻井及大部分地震探测剖面均无法揭示到古近系地层，且由于古近系地层埋藏偏深，加之深部地温场及大地热流偏高，即使具备生烃条件其烃类产物油气也无法保存下来。因此，该区生储盖组合及油气分布均主要集中在新近系及第四系地层中。由于盆地东南部莺歌海凹陷泥底辟异常发育，热流体上侵活动普遍，故该区地温梯度明显偏高，一般为 3.8~4.65℃/100m，新近系烃源岩有机质成熟生烃多处在高熟–过熟气窗阶段，以生气为主，故目前该区油气勘探均只发现了大量浅层气藏和中深层高温超压气藏，未发现油藏或油气藏。另外，盆地西北、东北、西南三面均邻近周缘物源区，新近系不同类型储集岩体比较发育，但仅靠近周缘物源区（海南岛附近、越南昆嵩隆起附近）沉积物较粗，其他大部分地区沉积物偏细，主要以粉砂岩、泥质粉砂岩、粉砂质泥岩和泥岩等细粒沉积物为主。莺歌海盆地古近纪以来断裂活动不甚发育，但新近纪及第四纪快速沉积充填导致其泥底辟活动强烈，在区域海平面升降规律性变化的地质背景下，形成了较好的储盖组合类型。中新世晚期以来沉积的大套巨厚泥岩为该区区域盖层，故其油气保存条件好。

1）烃源条件

油气地质分析及地震地质解释，尤其是与周缘邻区的分析对比，推测和证实盆地可能存在三套烃源岩，即始新统陆相、渐新统煤系和中新统海相陆源烃源岩。

（1）始新统湖相烃源岩在越南境内 Song Ho 露头和莺歌海盆地西北部河内凹陷已钻遇，TOC 含量为 6.42%，S_2 含量为 30~49mg/g，生烃潜力较好。在我国所辖的莺歌海盆地部分，由于上覆新近系及第四系地层沉积巨厚，探井深度及地震资料探测深度所限，尚未发现这套湖相烃源岩，故其在中央拗陷区东南部莺歌海凹陷的展布规模尚不清楚。由于始新统烃源岩在莺歌海盆地中央拗陷区埋藏太深，有机质热演化可能达到了过熟裂解阶段，故其生烃潜力不详。

（2）渐新统烃源岩主要为滨岸平原沼泽相煤系沉积，局部可能存在半封闭的滨浅海相沉积，有机质丰度较高，TOC 含量为 0.64%~3.46%，有机质类型属偏腐殖的 Ⅱ 型干酪根和 Ⅲ 型干酪根，生烃潜力大，为好烃源岩。盆地中钻探的 YC19-2-1（中国）、YC107-PA-1X、YC112-BT-1X、YC118CVX-1X、YC118-BT-1X（越南）等井均揭示了这套烃源岩。但由于该烃源岩在中央拗陷埋深普遍超过万米，有机质热演化已进入过成熟裂解阶段，目前普遍认为这套烃源岩生烃潜力有限。在埋藏较浅的盆地周缘和发生构造反转的盆地北部（越南区域），这套烃源岩可能具有较大生烃潜力。

（3）中新统烃源岩主要为浅海及半深海沉积，其有机质丰度偏低，TOC 含量为 0.42%~0.7%，有机质类型以 Ⅲ 型干酪根为主，个别为 Ⅱ 型干酪根，其生源物质主要来自盆地周缘区陆源高等植物，故具有海相环境陆源母质的特点，形成了该区典型的陆源海相烃源岩。目前盆地钻探揭示的这套中新统陆源海相烃源岩，虽然有机质丰度不高，但展布规模大、生烃潜力大，且这种偏腐殖型烃源岩有机质目前处于成熟–高熟阶段，以生成大量天然气及伴生少量轻质油为主，故是盆地主要烃源岩。目前莺歌海盆地中央泥底辟带勘探发现的浅层天然气气藏和中深层高温超压天然气气藏，其烃源供给均来自中新统这套海相陆源烃源岩。

2）储集层类型

莺歌海盆地新生界储层类型较多，展布特点各异，自下而上大致可分为 7 套。

（1）前新生界基岩潜山风化壳储层。HK30-1-1A 井在基底石灰岩中漏失钻井液，可能与风化壳有关。邻区 YlNG9 井已经证实其孔隙度为 6% ~ 15%。推测海口-昌江潜山带和岭头潜山带发育这套储层。

（2）上渐新统陵三段扇三角洲、滨海相砂岩储层。崖城 13-1 气田已证实这套储层，平均孔隙度为 14%，物性优良。莺歌海盆地在西北部临高凸起及东北部莺东斜坡带的少量探井已钻遇。其中，临高凸起上的 LG20-1-1 井、LG20-1-2 井揭露该套储集层主要为细砂岩、泥质粉砂岩与粉砂质泥岩互层，砂质含量大于 50%，但因泥质含量高、压实作用强而物性欠佳。莺东斜坡钻探的 LT1-1-1 井、LT15-1-1 井和 T34-1-1 井渐新统陵水组均为大套粗碎屑岩。推测乐东 11-1 低凸起带应发育这套储层。

（3）下中新统三亚组滨海及三角洲砂岩储层。S60 是盆地东南部莺东斜坡区的破裂不整合面，也是一次大的海退面，准平原化。此后缓慢海侵，故储层分布广泛，多为厚度不大的砂泥岩互层。LG20-1-1、LT34-1-1 井证实了这套储层，孔隙度为 20% ~ 25%。钻探证实了临高低凸起和莺东斜坡均存在这套储集层。

（4）中中新统梅山组滨海或三角洲相砂岩储层。在三亚组顶部存在地层缺失，而在梅山组下部又发育一套砂岩的地区多发育这一储层。DF1-1-11 井、LG20-1-1 井，LT35-1-1 井、LT9-1-1 井和 LTl5-1-1 井均钻遇，LG20-1-1 井梅二段下部揭露约 300m 细砂岩。临高低凸起和莺东斜坡带应发育这套储层。

（5）下中新统三亚组、中中新统梅山组碳酸盐岩及生物礁储层。YING6 井、T35-1-1 井钻遇了这套储层，孔隙度约为 20%，1 号断层上升盘发育这套储层。

（6）上中新统黄流组滨海、三角洲和浊积砂储层。这套储层是目前盆地比较重要的储集层。在盆地中部表现为受泥底辟隆起控制影响形成的低位三角洲、浊流及水下浅滩储层或为盆底扇储层，以 DF1-1-11 井为代表，上中新统黄一段砂岩储层测试日产气 $10×10^4 m^3$，此外，LD30-1-1A 井和 LS13-1-1 井也钻遇该黄流组储层，但后者粒度偏细。盆地边缘表现为地层上倾尖灭，以 LT1-1 井优质烃类气藏为代表，上中新统黄一段砂岩储层测试日产优质烃类气 $23×10^4 m^3$，此外，LT33-1-1 井、LT34-1-I 井及 HK30-3-1A 井也钻遇该储集层。由于海退幅度大，黄流组的沉积范围较小，多限于盆地中部，对莺歌海盆地中深层天然气勘探更有意义。

（7）上新统莺歌海组及全新统乐东组的低位扇、侵蚀谷、水道浊积、浅滩、滨岸砂，海侵和高位风暴砂、浅海席状砂等储层。该类储层是 DF1-1 井、LD15-1 井和 LD22-1 等上新统莺歌海组浅层气田的主力产层，在盆地中心及南部普遍发育。

3）封盖层特点

莺歌海盆地浅层及中深层气藏的封盖层主要为浅海-半深海相泥岩，在不同层位及组段均不同程度发育，且层系多、分布广、厚度大，封闭条件较好。新近纪沉积演化特征研究表明该区自下而上至少发育有两套分布较广的区域盖层。

（1）下中新统三亚组中上部和中中新统梅山组封盖层。早-中新世及中中新世沉积时期，在盆地中心相对水深仍较大，沉积有一定范围的三亚组及梅山组浅海相泥岩；而在盆地边缘由于粗碎屑沉积物供应较多，泥岩等细粒沉积物分布受到限制且厚度较薄，但可形成局部性封盖层。

（2）上新统莺歌海组–第四系乐东组浅海相–半深海相泥岩封盖层。该封盖层厚度大，在盆地内横向分布稳定，特别是莺歌海组二段大套厚层泥岩异常发育，钻井揭露这套地层的泥岩含量一般都在85%以上，且沉积巨厚，是该区质量很好的区域盖层。

3. 圈闭及天然气成藏特征

目前莺歌海盆地天然气勘探中，通过地震地质解释和勘探进一步落实，共发现不同类型圈闭58个，其中构造圈闭41个、岩性圈闭17个，目前已钻圈闭22个，发现浅层大中型气田3个、含气构造7个、中深层高温超压大气田1个。3个浅层大中型气田的圈闭类型均属泥底辟伴生构造圈闭类型，7个含气构造中也有5个是底辟伴生构造圈闭类型。中深层高温超压大气田的圈闭为在泥底辟构造背景下形成的构造–岩性圈闭类型。总之泥底辟伴生构造圈闭是该区天然气气藏的主要圈闭类型。以下简要分析阐述中央泥底辟带泥底辟伴生圈闭特点及天然气分布富集特征。

1）泥底辟伴生圈闭形成机制与天然气运聚特点

莺歌海盆地中央泥底辟带上泥底辟发育演化与天然气成藏过程一般可以分为3个阶段。第一阶段，由于快速沉积充填巨厚的中新统泥页岩等细粒沉积物强烈的欠压实作用及有机质在盆地区域热流场影响下的热演化生烃作用，导致富含流体的高温超压潜能及高压囊的形成。与此同时，在深部高能热流体和中新统塑性泥页岩强烈底辟上拱的作用下，形成不同类型的中深层泥底辟伴生构造，而当地层孔隙流体压力逐渐积聚到能够导致围岩及上覆地层破裂时，即开始产生大量高角度断层裂隙，进而发生能量强烈释放与流体排出。此时富含烃类气等流体在高温超压潜能作用下原地近距离（近源）运移至泥底辟伴生构造圈闭中形成中深层高温超压气藏，即泥底辟伴生油气藏的初次运移/原地近源短距离运聚阶段；随后由于泥底辟上侵活动能量再次积聚，且达到一定程度后即进入第二阶段，此时深部高能热流体和中新统塑性泥页岩在高压作用下继续底辟上拱，形成浅层泥底辟伴生构造和高角度断层裂隙，烃类气等流体则在高温超压潜能作用下沿着这些断层裂隙和底辟纵向通道进入浅层泥底辟伴生构造圈闭形成浅层气藏/次生气藏，即泥底辟伴生油气藏的二次运聚过程；根据莺歌海盆地泥底辟形成演化机理与上侵活动过程及特点，该区尚存在第三次天然气运聚过程，第三次天然气（CO_2为主的非烃气）运聚阶段即晚期非烃气运聚成藏阶段，系指该区在早期大量烃类气生成及运聚成藏过程完成后（中深层烃类气藏和浅层烃类气藏形成以后），晚期由于热动力作用及热流体上侵活动进一步加强，与海相富含钙质砂泥岩发生物理化学综合作用所致。此时形成的大量富含CO_2的非烃气在高温超压潜能作用下，沿着泥底辟通道及其伴生断层裂隙向上运移聚集（据雪佛龙石油公司1996年研究，其运聚时间为0.8Ma），且在晚期运移过程中CO_2会排驱断裂附近的烃类气，破坏和混入早期烃类气气藏。其结果往往是在泥底辟活动中心及其附近形成高含CO_2的非烃气气藏，而在泥底辟伴生构造两翼离断裂较远的部位和层段，则仍然富集烃类气或仅含少量CO_2，形成烃类气气藏。这已被该区油气勘探实践所证实。

2）泥底辟伴生气藏类型及划分

根据莺歌海盆地泥底辟发育演化特征与泥底辟伴生气藏分布深度及其成因机理，可将其划分为浅层开启式常温常压泥底辟及气烟囱伴生气藏、中深层封闭式高温超压泥底辟及气烟囱伴生气藏（何家雄等，1994b，2006b，2008a）。浅层常温常压泥底辟及气烟囱伴生气藏是指深度为500～2800m的上新统莺歌海组及第四系常温常压地层系统的泥底辟伴生气藏，其浅层气藏压力系数一般为1～1.35，目前勘探发现的3个大中型气田和5个含气构造圈闭均处于浅层地层系统及其泥底辟伴生构造圈闭之中，其成藏机理与形成模式存在两种成因类型，即浅层开启式常温常压泥底辟及气烟囱伴生气藏类型、中深层封闭式高温超压泥底辟及气烟囱伴生气藏类型。根据亨特的封存箱油气成藏理论，浅层常温常压泥底辟及气烟囱伴生气藏，一般具有高压封存箱外（开启式）气液（烃类与热流体）混相涌流排烃与运聚成藏的特点和高压封存箱外下生上储游离气相（烃类气与非烃气）运聚成藏模式与分布规律（图2.14）；中深层高温超压泥底辟及气烟囱伴生气藏，是指深度在2800～5000m的上中新统黄流组–中中新统梅山组之中深层高温超压泥底辟伴生气藏，其运聚成藏机理及形成模式也存在两种类型，一般具有高压封存箱内对流出溶离析排烃与运聚成藏特点和高压封存箱内自生自储低势气相运聚成藏模式与分布规律（图2.15）。目前中深层高温超压泥底辟伴生气藏勘探领域，近年来已获得重大突破，勘探发现了东方13-1、13-2高温超压大气田，其圈闭类型属泥底辟构造背景下的构造–岩性圈闭，气藏压力系数为1.5～2.2，气层温度在140℃以上，属于典型的高温超压气藏。莺歌海盆地中央泥底辟带高温超压中深层天然气勘探领域，虽然已获里程碑式重大发现，但目前天然气勘探与研究程度较低，勘探深度和层位也仅仅是揭示了中深层勘探领域的一点点皮毛，深部大的含油气构造圈闭钻探目标，迄今尚未勘探，据不完全统计，根据中海油研究总院20世纪90年代的研究表明，莺歌海盆地中深层高温超压天然气勘探领域，自北而南存在9个大型泥底辟伴生构造圈闭，展布规模均在100km²以上，由于种种原因迄今尚未开展勘探，但这些大型泥底辟伴生构造圈闭应该具有巨大的天然气资源潜力及勘探前景。

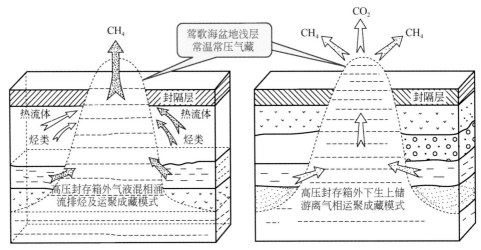

图2.14　莺歌海盆地浅层开启式常温常压泥底辟及气烟囱伴生气藏形成模式
（据何家雄等，1994b修改）

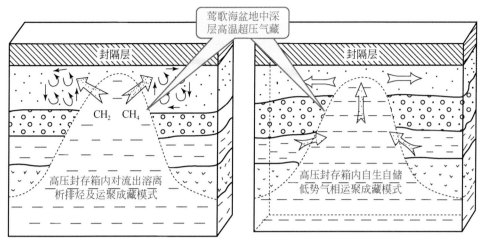

图 2.15　莺歌海盆地中深层封闭式高温超压泥底辟及气烟囱伴生气藏形成模式（据何家雄，1994b 修改）

3）泥底辟及其伴生构造圈闭展布特点

地震解释及钻探证实的莺歌海盆地泥底辟构造及其伴生圈闭，大多分布于重磁力资料显示可能存在深大断裂带处及其附近，表明其泥底辟发育展布的深部可能存在与其形成演化具有成因联系的深大断裂控制影响作用。换言之，莺歌海盆地展布规模达 $2 \times 10^4 \mathrm{m}^2$ 的中央泥底辟隆起构造带的深部可能存在与之展布方向一致的深大断裂。通过区域构造地质背景及地球动力学环境演变过程进一步分析，该区异常发育的泥底辟可能是在早期渐新世左旋应力场转变成晚期中新世末期的右旋应力场后，深部欠压实高温超压巨厚泥页岩、伴生热流体等塑性沉积物和流体沿深大断裂上涌而形成。因此，中央泥底辟隆起构造及其底辟伴生构造圈闭，均沿盆地北西长轴方向自北西向南东呈现雁行式排列的五排泥底辟及其伴生构造圈闭展布，自西北向东南方向依次分布有东方 1-1—东方 29-1、东方 30-1—昌南 12-1—昌南 18-1、乐东 8-1—乐东 14-1—乐东 13-1、乐东 15-1—乐东 20-1 和乐东 22-1—乐东 28-1 等泥底辟及其构造圈闭。且均受晚期区域右旋走滑伸展作用的控制和影响，故这五排泥底辟及伴生构造圈闭的走向基本平行且呈非常明显的雁列式排列。

二、琼东南盆地构造沉积充填特点与油气地质特征

1. 区域地质背景及构造沉积充填特点

琼东南盆地位于南海北部陆缘海南岛与西沙群岛之间的海域。盆地范围在 $109°10' \sim 113°38'$E，$15°37' \sim 19°00'$N，呈北东走向，西及西南以 1 号断层与莺歌海盆地为界，北东以神狐隆起与珠三、珠二拗陷相邻，盆地总面积约 83000km²。盆地西北部海水深 $0 \sim 200$m，盆地西南部华光凹陷及西沙北海槽一带，其海水最深超过 2000m，盆地中南部自西向东从华光凹陷、乐东–陵水凹陷、松南–宝岛凹陷到长昌凹陷（西沙海槽）等均处在深水海域。

　　琼东南盆地是在古华南地台与古南海地台接合部发育的新生代断陷裂谷盆地，其形成与印度板块和欧亚大陆板块碰撞，以及南海强烈扩张密切相关（刘海龄等，2006；朱伟林等，2007；李三忠等，2012）。由于盆地与典型被动大陆边缘盆地相比，有更多的来自地幔的岩浆活动及热事件，故属于准被动大陆边缘的离散型盆地。近年来研究表明该盆地具有比一般被动边缘盆地更多的来自地幔的岩浆活动及热事件。特别是晚期发生在5.5Ma和3.0Ma的强烈构造运动产生了大量北西西向断层，更有别于典型的被动陆缘盆地。琼东南盆地结构具有典型的断拗双层结构和北断南超地质特点。剖面上盆地结构主要由深部古近系陆相断陷沉积与上覆新近系及第四系热沉降海相拗陷沉积所构成，而盆地区域展布特征上则具有北断南超地质特点。盆地北部与海南隆起区以大断层相隔，其南部以斜坡超覆带向西沙隆起区过渡；西部以中建低凸起东侧大断层与莺歌海盆地相接，东北部则以大断层与珠江口盆地相邻。琼东南盆地构造单元组成与新生代地层系统沉积充填特征详见图2.16。

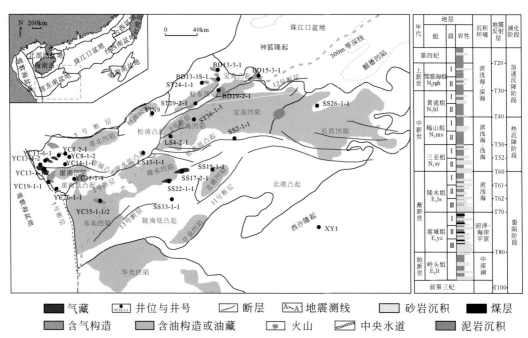

图2.16　南海北部大陆边缘琼东南盆地主要构造单元组成与新生代地层系统及沉积充填特征

　　琼东南盆地构造单元组成及展布特征一般具有以下特点。

　　（1）盆地主要由北部拗陷带、北部隆起带、中央拗陷带、南部隆起带、南部拗陷带5个一级单元构成。每个一级单元又可分为若干次一级单元，如北部拗陷带有崖北凹陷、崖北凸起、松西凸起、松东凹陷等；北部-中部隆起带有崖城凸起、松涛凸起和崖城21-1低凸起等；在中央拗陷带中有崖南凹陷、乐东凹陷、陵水凹陷、宝岛凹陷等；在南部拗陷带有北礁凹陷和华光凹陷。

　　（2）中央拗陷带西北部崖南凹陷属于该带唯一的浅水区，也可将其划归为北部-中部隆起带，但依据构造属性及油气地质特点，将其划为中央拗陷带更为合适。

　　（3）南部隆起带西南部附近北礁凹陷和华光凹陷划归为"南部拗陷带"，比原来将其划到南部断裂带中更为合适，且地质依据更充分。

综上所述，琼东南盆地构造单元组成可分为北部拗陷、北部–中部隆起、中央拗陷、南部隆起和南部拗陷5个一级单元。盆地次一级单元主要由凹陷和凸起构成且相间排列，根据其地质特点可划分为10个凹陷、8个凸起或低凸起。具体为崖北凹陷、松西凹陷、松东凹陷、崖南凹陷、乐东–陵水凹陷、松南–宝岛凹陷、北礁凹陷、长昌凹陷、永乐凹陷、华光凹陷，以及崖城凸起、陵水低凸起、松涛凸起、宝岛凸起、崖南低凸起、陵南低凸起、松南低凸起和北礁凸起。

琼东南盆地形成演化具有早期陆相断陷晚期海相拗陷的下断上拗、下陆上海的特点。早期古近纪断陷存在多幕裂陷。第一幕，晚白垩纪末—始新世初。广泛形成了小型陆相地堑群，通常沿基底大断层展布，裂陷内沉积充填了晚白垩纪—古新世的红色地层。第二幕，即始新世—早渐新世时期（50~29Ma），可分为两个阶段，其中中始新世—晚始新世快速沉降期，以湖相沉积为主；始新世末—早渐新世相对稳定沉降时期，则以浅水环境及海陆过渡相沉积的含煤系地层为其重要特征。第三幕，即晚渐新世沉积时期，此时珠江口盆地已进入拗陷期，但琼东南盆地仍属断陷阶段，故发生再次快速沉降（龚再升等，1997），沉积充填了半封闭浅海相泥页岩和煤系地层。同时各裂陷幕断裂的走向具有呈顺时针变化的趋势：第一幕为北北东向，第二幕早期为北东向后转为北东东向，第三幕近东西向。新近纪主要为快速热沉降拗陷时期。研究表明，古近纪始新世湖相沉积和渐新世崖城组及陵水组海陆过渡相煤系沉积和半封闭浅海相沉积，构成了盆地主要烃源岩及其储盖组合类型。新近纪中新世及上新世沉积的三亚组、梅山组、黄流组、莺歌海组为海相沉积且分布广泛，构成了盆地较好的油气区域封盖层与下生上储的储盖组合类型。即下伏古近系湖相及煤系烃源岩生供烃与上覆新近系中新统及上新统海相砂岩储层构成下生上储或局部的自生自储的成藏组合。尚须强调指出，盆地古近纪陆相断陷与新近纪海相拗陷之间存在一个明显的破裂不整合面（即T62地震反射层）。一般在古近纪陆相断陷发育时期，断裂活动强烈形成了一系列断裂构造带，且断层裂隙均较发育；而新近纪海相拗陷时期，断裂活动明显减弱，仅有少数断裂活动，故断层裂隙不甚发育，盆地中仅2号大断裂带附近中新世时期断层活动仍较明显，其他区域断裂活动非常弱断层裂隙欠发育。

2. 生储盖组合特征

1）烃源条件

琼东南盆地古近系和新近系主要发育两套烃源岩，即始新统湖相烃源岩和渐新统煤系及浅海相烃源岩（何家雄等，2006b）。其中，古近系始新统湖相地层及其烃源岩，迄今在该区尚无探井钻遇，但通过北部隆起带莺9井钻获原油地球化学分析，确证其为富含C_{30}4-甲基甾烷生物标志物的石蜡基原油，且与北部湾盆地和珠江口盆地始新统湖相烃源岩（该区大中型油田的主要烃源岩）生成的石蜡基原油具非常好的可比性，故可判识确定琼东南盆地主要生烃凹陷深部存在始新统中深湖相烃源岩，这已被地震地质解释所进一步证实。第二套烃源岩为渐新统崖城组及陵水组下部煤系及浅海相泥页岩，其生源母质类型主要为偏腐殖的煤系和海相陆源腐殖型。这种以偏腐殖Ⅲ母质为主的烃源岩，在琼东南盆地西北部崖南凹陷及周缘区油气勘探中已被多口井钻探所证实。这套烃源岩属于以下渐新统崖城组海岸平原相含煤地层为主，半封闭浅海暗色泥岩为辅的一套烃源岩系组合。其中，渐新统崖城组及陵水组滨海平原沼泽相煤层和碳质泥岩构成的煤系烃源岩，生烃母质均以陆地高等植物为主，有机碳含量泥岩为 $0.47\% \sim 1.6\%$，氯仿沥青"A"含量为 $0.0327\% \sim 0.265\%$，总烃含量为 $146 \sim 757ppm$[①]；煤层及碳质泥岩有机质丰度高，有机碳高达 $5.6\% \sim 20\%$。生源母质及干酪根类型以腐殖型及偏腐殖 II_2 型为主，有机质成熟度处于成熟–高熟阶段，是该区非常好的气源岩；渐新统崖城组浅海相烃源岩主要为半封闭浅海相沉积，生烃母质主要来自盆地周边陆缘区的高等植物的大量输入，故具海相环境陆源母质的特点，其有机质丰度比煤系烃源岩低，TOC 一般为 $0.5\% \sim 1.3\%$，生源母质类型属偏腐殖型的陆源母质，有机质成熟度与煤系烃源岩一致，属于该区较好的气源岩。琼东南盆地新近纪中新统三亚组、梅山组和黄流组浅海及半深海相沉积，分布面积广，有机质丰度较低，有机碳含量为 $0.2\% \sim 1.06\%$，氯仿沥青"A"含量为 $0.0115\% \sim 0.0849\%$，总烃含量为 $67 \sim 759ppm$，且生烃潜力较差，加之其一般均埋藏较浅，大部分区域均处在未成熟至低成熟阶段，属于该区潜在烃源岩（何家雄等，2003），具有一定的生烃潜力。

2）储集层类型及特点

琼东南盆地储层类型主要有砂岩与碳酸盐岩两大类。其中，扇三角洲砂岩及浅海相砂岩为琼东南盆地的主要储层类型。砂岩储层可分进一步为两类，其一为杂砂岩，这类砂岩泥质含量高、分选差，在埋藏成岩过程中，因压实作用孔隙度快速减小，并且在后期深埋成岩过程中溶解作用较弱，故难以成为有效储层。其二为净砂岩（或砂岩），其杂基含量少于 15%，在埋藏成岩过程中，胶结作用是孔隙减少的主要因素，但其在后期深埋成岩过程中溶解作用普遍，往往能形成大量溶蚀次生孔隙，因而是该区储集物性较好的主要储集层。典型实例是崖城 YC13-1 大气田古近系上渐新统陵水组下部（陵三段）扇三角洲砂体储集层，虽然埋藏偏深，处在 $3800 \sim 3980m$，但砂岩次生溶蚀孔隙发育，储集物性较好，孔隙度为 $14\% \sim 20\%$，渗透率达 $810mD$[②]，是琼东南盆地崖城 13-1 大气田的主要储集层。上渐新统陵水组一段及中新统三亚组、梅山组和黄流组，均发育有一定厚度的海相砂岩储层，也是该区重要的砂岩储集层，储集物性较好。另一类储层为碳酸盐岩，如崖北凹陷 YC8-2-1 井前古近系基底白云岩储层和崖城 YC21-1 低凸起 YC21-1-1 井中新统三亚组藻灰岩储层，均属碳酸盐岩储集层，储集空间以微裂缝和次生微溶孔为主。另外，崖城 YC13-1 大气田 YC13-1-4 井中新统三亚组气层亦为藻灰岩型碳酸盐岩储层，储集物性较好。

3）封盖层特征

琼东南盆地古近纪晚期以来，随着全球海平面升降变化其沉积物旋回韵律性明显，构成了粗粒与细粒沉积物间互出现即砂泥岩间互分布的储盖组合特点。其中，上渐新统陵水组、中新统三亚组及梅山组泥岩含量为 $41\% \sim 50.9\%$，尚存在厚度较大的泥岩集中段，故形成了该区非常好的区域封盖层。琼东南盆地新近系中新统泥岩封盖层封盖能力较强，且部分局部区域泥岩封盖层含钙较高，加之又保持有异常高压，构成了非常好的物性与高压共同封盖的复合型高质量盖层，典型实例如崖城 YC13-1 大气田盖层就是中新统梅山组高

---

① 1ppm = 1mg/kg。

② 1mD = $1 \times 10^{-3} \mu m^2$。

压钙质、粉砂质泥岩封盖层，其封盖能力极强，可以将其下伏渐新统陵水组扇三角洲砂岩储层聚集的天然气完全封盖在其构造-岩性圈闭之中。

3. 圈闭与油气藏特征

1）圈闭类型及分布规律

含油气圈闭是常规油气分布聚集的必备场所，是油气藏形成最基本的地质条件。琼东南盆地古近系和新近系已发现不同层系不同类型圈闭 90 多个，这些圈闭的形成主要与伸展断陷发育及其伴生的断裂活动、岩性变化、地层超覆等密切相关。通过地震地质解释、油气地质综合研究与勘探证实，该区目前勘探发现的含油气圈闭主要有以下几种类型：

（1）背斜圈闭类型。主要为分布在凸起（低凸起）上的披覆背斜和大断层下降盘的滚动背斜。在崖城、松涛、崖西、崖南等凸起（低凸起）上披覆背斜比较发育；而在 2 号和 5 号大断裂下降盘附近则滚动背斜比较普遍。

（2）断鼻和断块圈闭类型。沿凸起（低凸起）一侧或两侧大断裂附近，分布的大量断鼻圈闭和众多断块圈闭。

（3）地层岩性圈闭类型。主要为凸起（低凸起）上的礁块，凸起周围断超带（古近系沿凸起周围分布），还有凹陷深部中的浊积砂体、水下扇及凹陷斜坡带低位扇等岩性圈闭。

（4）古潜山圈闭类型。主要为前古近系不整合面以下的古生代变质岩及燕山期花岗岩等古老岩石，遭受长期风化剥蚀形成的不同形态古潜山（如垒块状或单面山状等），其周围及顶部被新生界地层及烃源岩覆盖和包围而构成的圈闭。琼东南盆地北部及中北部崖城、松涛、崖南及崖西等凸起（低凸起）均存在大量的古潜山圈闭。

琼东南盆地不同类型含油气圈闭分布规律性较强，一般均成带成群展布，不同层系层段基本叠置或略有错移，常常多沿断裂带分布或凹陷斜坡带展布，油气勘探中可在断裂带及斜坡带和局部构造带寻找落实含油气圈闭。在早期油气发现的基础上尤其要沿断裂带或其他二级构造带拓展不断扩大油气勘探成果。

2）油气藏类型及特点

琼东南盆地目前勘探发现的天然气藏主要有以下几种类型。

（1）崖城 YC13-1 型（低凸起带上构造+地层复合型）气藏及特点：①烃源供给来自邻近盆地西部崖南凹陷下渐新统崖城组煤系烃源岩，主要由海岸平原沼泽相含煤层系与半封闭浅海相泥岩所组成；②上渐新统陵三段扇三角洲中细砂岩和中新统三亚组及梅山组浅海相砂岩分别与其相邻的上渐新统陵二段浅海相厚层泥岩和中中新统梅山组及上中新统黄流组泥岩构成了良好的储集组合类型；③天然气运聚疏导系统发育，以同向断裂+砂体组成复合天然气运聚疏导系统，天然气运聚具有垂向和侧向两种运移方式；④大规模运聚成藏期晚，从生烃动力学及天然气运聚成藏过程分析，下渐新统崖城组烃源岩成熟生烃时间非常晚，基本上在上新世以后方进入大量生烃、排烃阶段。很显然，晚期生排烃有利于减少天然气运聚过程中的散失和天然气藏的保存。

（2）崖城 YC13-4 型（凸起带上披覆背斜型）气藏及特点：①邻近生烃凹陷处在有效供烃范围的优势运聚的低凸起低势区；②储盖组合条件较好，发育大型三角洲或滨海砂体储集层，且与上覆中中新统梅山组浅海相高钙粉砂质泥岩封盖层构成了非常好的储盖组合类型；③运聚疏导系统发育，沟源深断裂及砂体组成的天然气运聚供给系统与超压生烃凹陷互联互通，形成了天然气运聚及泄压非常畅通的运聚通道系统，为天然气大规模运移提供了较好的运聚条件。

（3）宝岛 BD19-2 型（凹陷边缘断阶带断块型）气藏及特点：①紧邻凹陷边缘的断裂带下降盘，储层为大套近源扇三角洲砂体储集层；②断裂带下降盘断块圈闭的烃源来自邻近凹陷深部，天然气通过断裂及运载砂体构成的运聚疏导系统运移到断块圈闭中富集成藏；③断裂带下降盘断块圈闭多处在压力过渡带，属油气运聚的低势区，易于形成油气聚集或油气藏。该区宝岛 BD19-2 上渐新统陵水组三段断块构造圈闭气藏即其典型实例，气藏的压力系数为 1.37，属常压与高压之过渡带气藏；④由于这种断块气藏处于凹陷边缘深大断裂带上，若深大断裂晚期复活，且能够沟通深部幔源岩浆活动，其岩浆脱气作用产出的 CO_2 可向上强烈充注，改造破坏原生烃类气藏，导致天然气藏流体成分复杂，或形成富 CO_2 的非烃气气藏。

（4）宝岛 BD13-3 型（凹陷边缘断阶带之上"亮点"型）气藏及特点：①远离生烃凹陷，具备由断裂及运载砂体等构成的复合运聚系统；②储层为浅海背景下的远源河流三角洲砂体；③由断裂和砂体构成的长距离复合油气运聚疏导网络系统，决定了油气以垂向运移和侧向运移两种形式相互配合衔接，进而为不同类型油气藏形成提供了较好运聚条件；④晚期深部构造活动导致油气向上运聚与逸散，但最终能够在浅层富集成藏。

（5）松涛 ST29-2 型（断层下降盘滚动背斜型）油气藏及特点：①有效烃源岩及其生烃灶位于含油气圈闭下方，属"下生上储"型油气藏；②含油气圈闭处在控凹大断层的下降盘，油气通过控凹断裂运聚，垂向运聚至浅层富集成藏；③构造（圈闭）与沉积（储层）有机匹配；④封盖条件好，区域盖层为浅海相泥岩。

（6）松涛 ST32-2（莺 9 井）型（斜坡带上反向断层遮挡型）油气藏及特点：这类油气藏与崖城 YC13-4 型气藏类似，所不同的是凹陷生烃条件和圈闭类型。生烃凹陷主要发育一套油源岩或油型气源岩，而圈闭类型主要是后期断裂活动形成的背斜、断背斜。与这一类型相似的还有松东凹陷北斜坡上的松涛 ST24-1 中新统三亚组断背斜油气藏。

（7）陵水 LS17-2 型（乐东–陵水凹陷中央峡谷水道型）等气藏及特点：LS17-2 及 LS25-1 中央峡谷水道型气藏是琼东南盆地西南部乐东–陵水凹陷深水区近期油气勘探发现的深水大中型气田的主要气藏类型。其油气运聚成藏地质条件与特点可以总结为：①LS17-2 及 LS25-1 中央峡谷水道型气藏属于一种水道型岩性圈闭气藏，储集层主要为深水环境下的峡谷水道砂岩，封盖层主要为上覆上新统莺歌海组深海相泥页岩，由此构成了较好的储盖组合类型及水道砂体岩性圈闭；②LS17-2 及 LS25-1 上中新统与上新统中央峡谷水道储层以粉细砂岩为主，岩石类型多属岩屑石英砂岩和长石岩屑砂岩。储层成分成熟度较高，其储集物性总体表现为中孔、中渗为主的特点，且储集物性有由西部乐东凹陷向东部相邻的陵水凹陷逐渐变好的趋势。由于中央峡谷水道砂岩储集层埋藏深度为 1800～3800m，目前主要处于中成岩 A 期，主要经历了压实、胶结、溶解等成岩作用过程，且具有压实与胶结作用由西往东方向逐渐减弱的特点。中央峡谷水道砂岩储层孔隙演化具有压实与胶结作用减孔和溶蚀作用增孔的过程，其中，西区乐东凹陷储层表现为压实和胶结减孔而溶蚀适量增孔，而往东部的陵水凹陷方向则为压实和胶结降孔与溶蚀少量增孔，溶蚀作用增孔不甚明显；③乐东-陵水凹陷经历了古新世—始新世陆相断陷、渐新世及早-中新世拗-断过渡转变和中中新世—更新世拗陷（深水盆地）及新构造运动4期构造演化阶段。其构造演化及沉积充填特点控制了深水大气田的形成。其一，古新世—始新世断陷、渐新世拗-断作用控制了湖相和海陆过渡相和浅海相烃源岩形成与分布，而中中新世—第四纪热沉降拗陷作用则促进了古近系烃源岩成熟生烃；其二，渐新世拗-断作用控制陵水组扇三角洲储层形成，而中中新世—更新世拗陷作用则控制了深水限制型、非限制型重力流碎屑岩储层和碳酸盐岩生物礁储层的发育展布；其三，渐新世拗-断演化阶段伸展构造变形作用形成了不同形态的断鼻及断背斜圈闭。而中中新世—更新世拗陷作用则控制了深水限制型重力流水道砂岩性圈闭群、非限制型盆底扇岩性圈闭和生物礁地层圈闭的形成与展布；其四，渐新统及中中新统地层欠压实超压产生断裂裂隙或泥底辟及气烟囱，则构成了深部烃源岩及生烃灶的天然气向浅层运聚的有效通道，促进了天然气运聚与富集成藏；④LS17-2及LS25-1等深水大气田的有效烃源岩及生烃灶，主要为深部的古近系始新统湖相及渐新统崖城组煤系和海相泥页岩，由于受"源热"作用控制影响，目前处于高成熟的这套烃源岩均以生成大量天然气为主，故构成了该区非常充足的深部气源，当其与纵向沟源断层裂隙或泥底辟及气烟囱等运聚通道与气源供给系统有效配置，即可将其输送至上覆浅层中央峡谷水道岩性圈闭中形成典型的下生上储型气藏和渗漏型天然气水合物资源（何家雄等，2015）。

三、珠江口盆地构造沉积充填特点与油气地质特征

1. 区域地质背景及构造沉积充填特点

珠江口盆地位于南海东北部，华南大陆以南、海南岛和台湾岛之间的广阔陆架和陆坡区（图2.17）。盆地呈北东向且平行华南大陆东南缘展布，长约800km，宽约300km，盆地面积约$26×10^4 km^2$，是我国南海北部最大的含油气盆地。盆地水深为50～2500m，其

图2.17　南海北部大陆边缘珠江口盆地主要构造单元组成与新生代地层系统及沉积充填特征

200m 水深线大致贯穿盆地中部，其中北部裂陷带的珠一拗陷、珠三拗陷水深为 50 ~ 200m 左右，南部裂陷带珠二拗陷则完全处在广阔的深水区，水深为 300 ~ 2000m。

珠江口盆地属于形成于华南褶皱带、东南沿海褶皱带及南海地台之上的中新生代盆地（中生代残留盆地位于盆地东部）。该区地壳厚度与地形具有明显对应关系，陆架区基本为陆壳，厚 26 ~ 30km；陆坡区为陆壳向洋壳过渡带，属洋陆过渡型地壳，厚 18 ~ 26km。因此，珠江口盆地地壳北部具有减薄型陆壳性质而南部则具有洋陆过渡型地壳的特点。新生代盆地基底是陆缘区各时期褶皱基底向海域的自然延伸，与华南陆缘基本一致，主要为古生代变质岩、中生代燕山期花岗岩等。在珠一拗陷东北部的韩江凹陷、东沙隆起和珠二拗陷西部的开平凹陷，其新生界盆地覆盖在中生界沉积岩之上。该区新生代盆地的构造演化具有明显的早期陆相断陷、晚期热沉降海相拗陷的特点，古近纪古新世、始新世及早渐新世，形成箕状或地堑状断陷，沉积了古新统神狐组、始新统文昌组及下渐新统恩平组陆相地层；晚渐新世转入热沉降拗陷阶段，则沉积了上渐新统珠海组浅海相地层、中新统及上新统浅海相及深海相地层；古近系下渐新统与上渐新统之间存在明显的破裂不整合面。

珠江口盆地区域上具有拗隆相间、成带展布的特点，自北而南可划分为 5 个北东向的构造单元（参见图 2.17），即北部隆起、北部拗陷（珠一拗陷和珠三拗陷）、中央隆起（神狐隆起、番禺低隆起、东沙隆起）、南部拗陷（珠二拗陷、潮汕拗陷）和南部隆起。其中，珠一拗陷可进一步划分为 7 个次一级构造单元，即恩平凹陷、西江凹陷、惠州凹陷、陆丰凹陷、韩江凹陷和惠州低凸起、海丰凸起；珠二拗陷亦可划分为 4 个次一级构造单元，即顺德凹陷、开平凹陷、白云凹陷和云开低凸起；珠三拗陷亦可划分为 9 个次一级构造单元，即阳春凹陷、阳江凹陷、文昌 A 凹陷、文昌 B 凹陷、文昌 C 凹陷、琼海凹陷、琼海凸起、阳春凸起和阳江低凸起。

2. 生储盖组合特征

1）烃源条件

珠江口盆地古近系和新近系主要烃源岩为古近系始新统文昌组湖相泥页岩及下渐新统恩平组煤系，次要烃源岩及潜在烃源岩为珠海组海相泥岩，具有较好的生烃条件。此外，新近系下中新统珠江组下部海相泥岩在深水区埋藏较深的局部区域也具有生烃潜力。

（1）始新统文昌组湖相泥岩是珠江口盆地油田的主力烃源岩。始新统文昌组湖相烃源岩属中深湖相及浅湖相沉积，有机质丰度高，根据钻遇中深湖相大部分泥岩样品分析表明，其 TOC 含量平均为 2.34%，氯仿沥青 "A" 含量平均为 0.224%，总烃平均为 1361ppm。浅湖相泥岩样品的有机质丰度也较高，TOC 含量平均 1.19%，氯仿沥青 "A" 含量平均为 0.2001%，总烃平均为 1056ppm。文昌组烃源岩有机质类型主要为偏腐泥型或偏腐泥混合型，以低等生物构成的生源母质为主。烃源岩有机质成熟度主要处于成熟-高熟阶段，局部埋藏较深处可达过成熟。勘探结果表明，探井目前揭示文昌组生油岩最大厚度为 593m，地震探测及地质解释其最大厚度超过 1000m。目前地震解释及勘探证实的最有利生烃凹陷主要有恩平凹陷、惠州凹陷、西江凹陷、陆丰凹陷、文昌 A 凹陷、文昌 B 凹陷、白云凹陷和荔湾等凹陷。

（2）下渐新统恩平组煤系是珠江口盆地气田的主力烃源岩。下渐新统恩平组浅湖-河湖沼泽相和三角洲平原沼泽相等煤系烃源岩，有机质丰度高，其 TOC 含量一般均大于 3.8%，多在 6%~43%，氯仿沥青"A"含量一般在 5%~23%，总烃一般均在 600~968ppm；有机质类型主要为腐殖型及偏腐殖混合型；有机质热演化主要处在成熟-高熟阶段，局部过成熟，基本上处于高熟气窗阶段。恩平组探井揭示生烃岩最大厚度 1143m，地震探测及地震地质解释其厚度超过 1500m。目前地震解释及勘探证实的最有利生烃凹陷主要有文昌 A、惠州、西江、恩平、白云和荔湾等凹陷。

（3）上渐新统珠海组海相泥岩是白云凹陷次要烃源岩。珠江口盆地南部深水区白云凹陷 LW3-1-1 井揭示珠海组厚 800m，属海相三角洲前缘沉积，其泥岩占 80%，有机质丰度较高，TOC 含量为 0.8%~1.3%，生烃潜量（S1+S2）为 3~4mg/g，镜质组反射率（R^o）为 0.43%~0.53%，干酪根属偏腐殖混合型，具有一定的生烃潜力。通过对 LW3-1-1 井气层砂岩抽提物与珠海组泥岩抽提物分析对比，表明其天然气与珠海组泥岩有一定的亲缘关系。这说明珠海组海相泥岩是该区重要的烃源岩。

（4）下中新统珠江组海相泥岩潜在烃源岩。珠江口盆地南部珠二拗陷白云凹陷等沉积充填较厚的区域，由于下中新统珠江组海相沉积较厚、埋藏深，加之处于洋陆过渡型地壳区，地壳薄、地温场高，促使下中新统珠江组烃源岩可以进入成熟门槛，因此具有一定的生烃潜力，可作为潜在烃源岩。珠江组海相泥岩有机质丰度较低，TOC 为含量 0.67%，氯仿沥青"A"含量为 0.05%，总烃为 263ppm，有机质类型属腐殖及偏腐殖混合型；有机质热演化多处于低成熟阶段，局部可达到成熟。珠江组泥岩探井实钻最大厚度为 568m。珠江组潜在烃源岩分布的有利区主要为惠州凹陷沉积充填较厚的局部区域和白云凹陷。

2）储集层类型及特点

珠江口盆地储集层主要分布于新近系海相沉积中，古近系始新统及下渐新统陆相储层储集物性较差。该区主要储集层类型及其特点如下：

（1）下中新统珠江组海相砂岩和礁灰岩储集层。珠江组海相砂岩储层是珠江口盆地主要储集层。珠江组海相砂岩储层矿物成分，主要以石英为主（占 80% 以上），属于石英砂岩类型。其成分成熟度高，分选中等至好，单层厚度为 4~6m，最厚为 15m，且分布普遍。储层储集物性极好，孔隙度为 21.7%~29.5%，渗透率为 1102~1709mD，俗称"高速公路"，是珠江口盆地油气田的主要产层。早-中新世开始，珠江口盆地部分区域发育有生物礁滩灰岩储层。在盆地中部东沙隆起及神狐暗沙隆起等区域，中新世生物礁较发育，多以台缘礁、块礁、塔礁和补丁礁等礁体形态及类型出现，其中块礁、台缘礁灰岩储层储集条件好，储集物性最佳，由于礁灰岩经多次溶蚀溶解，其孔、洞、缝极其发育，平均孔隙度大于 20%。孔隙类型多以粒间、粒内溶孔为主。总之，中新统礁灰岩与中新统海相砂岩一样都是珠江口盆地重要的油气储集层。

（2）上渐新统珠海组海相砂岩储集层。上渐新统珠海组海相砂岩储集层与珠江组一样是珠江口盆地主要油气储集层。珠海组海相砂岩分布广泛，砂岩储层矿物成分以石英为主（占 85% 以上），也属于石英砂岩类型。碎屑物颗粒分选中等至好，磨圆度中等，以泥质或白云质孔隙-基底式胶结为主，镜下面积孔率为 15%~20%，单层厚度为 3~7m。盆地西北部珠三拗陷文昌 A 凹陷的珠海组二段、三段埋深普遍大于 3500m，珠海组海相砂岩压实胶结作用较强，其成岩阶段普遍达到了中成岩 A_2 期—B 期，故颗粒呈线状紧密接触，储层孔隙度为10%左右，渗透率多数小于1mD，属于典型的低孔渗储层，此类储层作为石油储集层其储集物性偏差，但可作为天然气气藏的有效储层。

（3）始新统文昌组及下渐新统恩平组陆相砂岩储层。文昌组及恩平组陆相砂岩储层，主要以水下扇、冲积扇等砂体在凹陷边缘及斜坡或深大断裂一侧出现，在珠江口盆地分布较局限，且埋藏深，储集物性较差，但在某些区域由于次生成岩作用导致溶蚀作用强烈，也可形成大量次生孔隙，使得储集物性变好，具备了较好的储集条件，可作为该区深部原生油气藏的主要储集层。

3）封盖层特征

（1）下中新统珠江组上部至中中新统韩江组下部泥岩集中段是珠江口盆地重要区域盖层，对油气藏保存至关重要。珠江口盆地中新统海相沉积自下而上存在三个明显的最大海泛面，即FMSl8.5、FMSl7.0和FMSl6.0，其最大海平面升降幅度大于150m，这些最大海泛面附近均是泥岩集中发育层段。其中，FMSl8.5为该区第一套区域泥岩封盖层，单层泥岩厚度在16.5～120m，珠江口盆地东部油气田主要油气层段均在该区域封盖层之下。同时，该区域封盖层在珠江口盆地西部珠三拗陷、东沙隆起及神狐隆起等构造单元区域也分布较稳定。FMSl7.0和FMSl6.0附近泥岩封盖层分布也较普遍，但不同区域分布稳定性及其地质特点存在差异。

（2）上渐新统珠海组中下部、始新统文昌组及下渐新统恩平组中上部泥岩集中段，属区域-局部盖层，能够对古近系不同层位层段油气藏形成起封盖层作用。珠江口盆地东北部珠一拗陷珠海组大部分油气藏及文昌组原生油气藏的封盖层，分别为与珠海组储层相邻的珠海组中下部浅海相泥岩和与文昌组及恩平组陆相储层相邻的上覆恩平组中上部泥岩。盆地西北部珠三拗陷文昌A凹陷珠海组油气藏形成，也与珠海组中下部泥岩集中段封盖层密切相关。目前文昌A凹陷发现的天然气主要聚集在上渐新统珠海组、下渐新统恩平组，其中珠海组二段、三段是天然气富集的主要层位。这种油气分布规律主要是由于文昌A凹陷运聚输导体系及其封盖层展布所造成的。从垂向运移通道条件分析，早-中新世以后文昌A凹陷构造活动减弱，北西向-近东西向同生断层的数量及活动强度减小，而且在凹陷中，珠海组一段地层厚度超过500m，泥岩含量达60%以上，主要为一套稳定的区域盖层，珠海组一段断层由于泥岩涂抹主要是封闭的，因此，即使断层断到T60层以上，部分构造（如文昌WC9-2/WC10-3）珠海组一段仍然有天然气聚集即有气层存在，表明天然气很难通过富泥的珠海组一段封盖层向上继续大规运聚与散失。

3. 含油气圈闭与油气藏特征

1）圈闭与油气藏的形成

珠江口盆地油气勘探发现的不同类型局部圈闭的形成，主要受基岩隆起、构造演化及断裂活动和岩性变化等的影响。新生代不同时期构造演化及断裂活动的结果，形成了滚动背斜、断鼻、断块等一系列构造圈闭；而东沙隆起及神狐隆起等碳酸盐岩台地的形成及其发育演化，则形成了一批碳酸盐岩礁块圈闭；凸起和隆起等地质体的基岩活动形成了不同类型披覆背斜和古潜山构造圈闭。油气藏形成主要受生烃凹陷-洼陷供烃、运聚疏导条件的配置、储盖组合及圈闭聚烃（油气）和油气保存条件控制（何家雄等，2008a，2011）。

珠江口盆地北部浅水区古近系和新近系油气藏目前主要存在两种类型：一是生烃凹陷生成的油气，通过断裂纵向运移到浅部储集层形成下生上储型（或称陆生海储型）油气藏；二是油气通过构造脊砂体等运载层、不整合面，经过较长距离侧向运移，在凸起或隆起上远距离运聚而富集成藏。这两种类型油气藏之烃源供给均来自邻近的富生烃凹陷；而南部深水区油气藏尤其是天然气藏及天然气水合物矿藏，其烃源供给则主要通过断层裂隙和疑似泥底辟及气烟囱等纵向运聚通道，将深部油气源源源不断地输送到中浅层和深水海底形成深水油气藏和天然气水合物富集矿体。

　　2）圈闭及油气藏特征

　　目前的油气勘探表明，珠江口盆地含油气圈闭及油气藏类型主要有 4 种：

　　（1）背斜构造圈闭及油气藏。背斜构造圈闭主要包括披覆背斜、滚动背斜，翘倾半背斜等，如珠江口盆地东部珠一拗陷西江 XJ24-3、西江 XJ30-2、惠州 HZ21-1、惠州 HZ9-2、惠州 HZ26-1、陆丰 LF13-1 等油气藏和珠江口盆地西部珠三拗陷文昌 WC13-1、文昌 WC13-2 等油气藏。

　　（2）断鼻、断块圈闭及油气藏。断层遮挡圈闭控制油气聚集形成的油气藏，如珠江口盆地西部珠三拗陷文昌 WC9-1、文昌 WC9-2、文昌 WC19-1 油气藏和珠二拗陷番禺低隆起-白云北坡番禺 30-1 气田群等。

　　（3）礁块礁体圈闭及油气藏。油气运聚分布主要受礁块礁体灰岩圈闭分布规模及形态所控制，如东沙隆起上著名的流花 LH4-1、流花 LH11-1 碳酸盐岩礁体大油田、低凸起周缘区惠州 HZ33-1 和陆丰 LF15-1 等油气藏等均属于这种类型。

　　（4）地层岩性和古潜山圈闭及油气藏。主要由地层岩性圈闭及古潜山圈闭所控制的油气藏。如珠一拗陷惠州 HZ21-1 潜山油气藏、白云北坡-番禺低隆起番禺 FY35-2 岩性（砂体）气田群等，均属于这种类型的油气藏。

　　3）油气运聚分布规律

　　珠江口盆地古近系和新近系主要圈闭及油气藏分布多受断裂构造带控制，一般沿主要断裂系统形成不同类型油气聚集带。众所周知，珠江口盆地古近纪和新近纪断裂较发育，在已发现的 1818 条断层中，长期活动（Tg-T1）断层有 494 条；早期活动断层（中新世以前形成、其后不活动）有 339 条；晚期活动断层（中新世以后形成的）有 985 条。从断裂形成演化及储盖层条件的配置特点，不难看出其对下中新统珠江组油气成藏的控制作用是非常明显的，如惠州凹陷、文昌 A 凹陷、文昌 B 凹陷和琼海凹陷等地区与周缘中新统油气藏形成和其展布特点，均为其典型实例。另外，文昌 A 凹陷的 6 号断裂带及其油气藏、文昌 9-2/9-3 气田及珠三南深大断裂东段文昌 11-2 气藏的形成，均受控于北西向或东西向同生大断层活动及其影响，下渐新统恩平组煤系烃源岩生成的天然气，均沿这些同生大断层向上运移至上渐新统珠海组砂岩储层的不同类型圈闭中聚集成藏。

　　凹陷之间的凸起或隆起均受基岩隆起带控制，如琼海凸起、神狐隆起及惠陆低凸起和东沙隆起等均是在早期基岩隆起构造地质背景基础上形成的。而在这些凸起及大型隆起上形成的构造脊砂体及其圈闭，则是油气运聚与富集成藏的高效运聚通道与聚集场所，油气往往沿构造脊砂体及其圈闭运移聚集，形成一系列油气藏且成群成带分布。典型实例如神狐隆起上文昌 WC15-1、文昌 WC21-1 等油气藏，就是文昌 A 凹陷始新统文昌组湖相烃源岩生成的油气沿油源断层运移到下中新统珠江组一段砂岩运载层后，再沿着神弧隆起伸向文昌 A 凹陷的构造脊砂体运移到其上的披覆背斜带不同圈闭中聚集成藏的。琼海凸起上文昌 WC13-1/2 油田的运聚成藏过程也基本类似。另外，珠江口盆地南部深水区番禺气田群断鼻构造、荔湾 LW3-1 大气田断块构造砂体复合圈闭、番禺 FY35-2 气田岩性圈闭等，如果没有断裂活动与运载层砂体配合而形成的纵向运聚输导系统，其深部气源供给即深部热解成熟气则无法向上运聚输送最终形成大气田。

四、台西和台西南盆地构造沉积充填特点与油气地质特征

1. 区域地质背景及构造沉积充填特点

台西盆地和台西南盆地位于福建省和台湾省之间台湾海峡及台湾岛西部陆地一带，分布范围在 118°10′ ~ 122°00′E，21°10′ ~ 25°50′N。台西盆地面积为 $9.97 \times 10^4 km^2$，台西南盆地面积为 $4.43 \times 10^4 km^2$（图 2.18）。盆地海水总体北浅南深，台西南盆地南部跨越陆坡至深海区，南端最大水深可达 3000m。台西盆地南部与澎湖列岛相邻，其东南部可延伸至陆上的台湾岛中南部。台西盆地东西向跨越海陆，东北部以闽江东大断裂与东海盆地相邻，西南部与珠江口盆地东北部相连，东部以逆冲大断层与台湾山脉隆起带相接，西北部及北部为闽浙隆起陆缘区。中新生代盆地基底为古生代变质岩（台湾岛为大南澳变质岩），中生代-新生代断陷盆地具北拗南隆的构造格局。北部的闽东拗陷由乌丘屿凹陷、厦澎凹陷、新竹凹陷夹持澎湖-观音凸起组成。近大陆一侧的乌丘屿凹陷及厦澎凹陷具东断西超特点，充填地层主要为古新统、始新统和中新统。台湾岛一侧的新竹凹陷充填地层主要为渐新统、中新统和上新统。南部的澎湖-北港隆起大部分地区缺失古近系，但有中生界白垩系

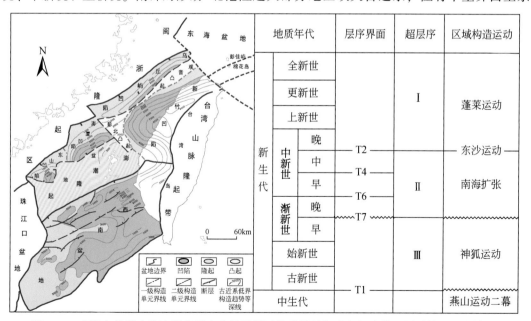

图 2.18 南海东北部大陆边缘台西南盆地及邻区构造单元组成与新生代地层系统及沉积特征

分布。台西南盆地位于台湾岛西南部，澎湖-北港隆起南侧，跨越陆架、陆坡及深海区，其东北部与台湾岛西南部相接。沉积充填地层主要为渐新统、中新统和上新统，渐新统之下有较厚的中生界白垩系分布。纵观两个盆地东西南北，其不同区域构造地质演化特征差异较大。台西盆地近闽粤大陆一侧的乌丘屿、厦澎凹陷，古近纪为箕状断陷，沉积充填了厚度很大的古新统与始新统河湖相沉积，渐新世时期地层抬升遭受剥蚀，新近纪上新世中晚期盆地整体为披盖式沉积；台湾岛一侧的新竹凹陷和台西南盆地，由于目前地质资料有限，其古近纪断陷期面目不清。新近纪时期该区拗陷强烈，沉积了巨厚的滨浅海相和半深海相地层，泥页岩、煤层及砂岩十分发育，尤其是中新统及上新统巨厚的海相泥页岩非常发育，且具有一定的生烃潜力，构成良好的生储盖组合，也为该区泥底辟及泥火山形成奠定了雄厚的物质基础，台西南盆地南部与其陆缘区异常发育的泥火山与其密切相关。台西南盆地新生代沉积岩厚度平均为5000m，最厚可能超过10000m，其与该盆地西南部邻区珠江口盆地潮汕拗陷中新生代地层系统及沉积充填特征差异较大。

2. 生储盖组合特征

1）烃源条件

台西盆地及台西南盆地中-新生代发育白垩系、古近系及新近系三套生烃层系。

白垩系湖相泥页岩夹煤层在新竹凹陷和澎湖-北港隆起倾没端具有生烃潜力，在澎湖-观音凸起上的CCT井2231m处白垩系泥岩有机质丰度较高，TOC含量达1.56%，且处在成熟-高熟热演化阶段。在台西南盆地白垩系泥页岩属一套海相或和海陆过渡相沉积物，也具有一定的生烃潜力。

古近系古新统生烃岩主要分布在乌丘屿凹陷，TOC含量为1%～1.6%，生源母质类型为偏腐殖的Ⅲ型干酪根。始新统湖相泥岩是厦澎凹陷及乌丘屿凹陷的主要烃源岩，始新统湖相泥页岩有机质丰度较高，TOC含量为1.03%～2.64%，且以腐泥-腐殖混合型的Ⅱ型干酪根为主。古近系渐新统生烃岩主要分布在新竹凹陷和台西南盆地，岩性主要为泥岩夹煤层，有机质丰度较低，TOC含量为0.5%～1.0%，生源母质类型属偏腐殖的Ⅲ型干酪根，且处在成熟-高熟热演化阶段，具有一定的生烃潜力。

新近系中新统海相泥页岩及煤系是新竹凹陷和台西南盆地的主要生烃层，台西盆地以煤系地层为主，有机质丰富，下中新统木山组及石底组煤系TOC含量为0.5%～2.0%，中中新统打鹿组海相页岩有机质丰度较高，TOC含量为0.5%～1.0%，上中新统碧灵页岩TOC含量为0.5%～1.0%，生源母质类型以腐殖型的Ⅲ型为主。中新统海相泥页岩已被油气勘探所证实，其为台湾岛上各油气田以及台西南盆地的主要烃源岩。

2）储层和盖层特点

台西盆地、台西南盆地具有较好的生储盖条件，有利于油气生成和聚集。

中生界白垩系、古近系古新统、始新统及渐新统和中新统砂岩储层较发育。台西南盆地已钻遇白垩统砂岩储层，孔隙度为10%～20%，且横向变化大，部分砂岩储集层成岩作用强较致密，其储集空间以裂缝为主。古近系古新统及始新统砂岩储层主要分布在闽东拗陷一带，地震资料分析主要为扇三角洲砂体类型，储集物性较好。渐新统储层主要分布在新竹等凹陷，为海进砂岩，储集物性较好，在台西南盆地部分区域也有分布。新近系中新统砂岩储层，主要分布在新竹凹陷和台西南盆地，长康油气田有 4 套中新统海退三角洲相砂岩储层，以及长隆 1 井冲积扇砂岩，均为中新统砂岩储层，且储集物性较好。

此外，白垩系和古近系湖相泥页岩及新近系海相泥页是该区良好封盖层，可形成多套含油气储盖组合。其中，上新统锦水组和中新统打鹿组海相页岩厚度大且分布稳定，是重要的区域盖层，有利于油气藏保存。

3. 含油气圈闭及油气藏特征

1）圈闭类型及分布特征

台西盆地东部新竹凹陷和台西南盆地东北部，区域上新生代以来的受太平洋及菲律宾海板块自东向西的水平挤压活动强烈，形成了成排成带分布的一系列背斜构造圈闭和与逆冲断裂相关的断鼻及断块圈闭。在台湾岛上已发现新竹凹陷东部和台西南盆地东北部陆上部分存在大批背斜构造圈闭。

台西盆地西部的乌丘屿、夏澎凹陷，伸展断裂活动形成的逆牵引背斜及断鼻、断块圈闭，则多沿大断裂展布，具有一定的规律性。其中，澎湖-观音凸起以新近系披覆构造圈闭为主，而古近系地层岩性圈闭及断鼻、断块圈闭则沿断裂带展布。

2）油气藏特征及开发生产特点

在台西盆地新竹凹陷、澎湖-北港隆起和台西南盆地，迄今已发现了一批中小型油气田和含油气构造。在新竹凹陷陆上（岛上）部分已勘探发现山子脚、宝山、出磺坑等小油田和青草湖、崎顶、永和山、锦水、白沙屯、铁砧山等小气田；在新竹凹陷海域部分目前已勘探发现长康（CBK）油气田和长胜（CBS）、振安（CDA）等含油气构造；在澎湖-北港隆起东部，已发现台西（THS）、八掌溪含油气构造。在台西南盆地陆上部分，已勘探发现竹头崎小油田和冻子脚、六重溪、牛山等小气田；在台西南盆地海域部分，已勘探发现高雄西气田等一批中小型气田。

根据台西盆地和台西南盆地油气藏特征，其油气产出及开发生产具有以下特点：

（1）以小型背斜油气藏为主，其次为断块油气藏和岩性油气藏。

（2）含油气层系多，储层物性变化大。目前已在中生界白垩系、古近系渐新统、新近系中新统及上新统 10 余个不同层段中获得油气流，如锦水气田上渐新统至上中新统气层有 34 层，青草湖气田中新统和上新统有 6 个含油气组段。含油气储集层不仅有河湖相砂岩，也有浅海及滨海相砂岩。油气层厚度由几米至几十米不等，含油气层埋藏深度为 300～5000m（多为 2000～3000m）。储层储集物性差异较大，一般中新统和上新统海相砂岩储集物性较好而渐新统和白垩系砂岩储层储集物性偏差。

（3）以凝析气藏为主，油气藏开发潜能以弹性驱动居多、水驱较少。青草湖气田、竹东气田、铁砧山气田、长康气田都是凝析气藏，崎顶气田、锦水气田的部分气藏也为凝析气藏。油气田开发生产以弹性驱动为主，水驱较少。

（4）台西盆地不同油气田油气性质变化较大差异明显。大部分油气田的原油均以低密度、低含硫为主，原油密度一般为 0.80～0.85g/cm³，含硫量一般为 0.015%～0.94%，仅山子脚油田渐新统五指山组产层原油密度较高，达 0.94g/cm³。凝析油密度及含硫量更低，凝析油密度一般为 0.71～0.80g/cm³，其含硫量为 0.005%～0.05%。

（5）天然气根据其组成主要有三种类型。其一为以 CH_4 为主的天然气。如铁砧山气田、锦水气田、竹东气田天然气中 CH_4 含量为83%～96%，其他成分较少；其二为富含 CO_2 的天然气。如出磺坑油田的天然气中 CO_2 含量为27%～44%，崎顶气田的天然气中 CO_2 含量高达63.7%；其三为富含 H_2S 的天然气。如长胜含油气构造（CBS）的天然气中 H_2S 含量高达44%。

第三章 全球及南海北部泥底辟/泥火山发育展布特点

第一节 全球泥底辟/泥火山发育展布特点

泥底辟/泥火山是地球上比较特殊的构造地质现象，属于一种表征地球深部塑性物质流动及强烈上侵活动与上拱侵入地表的地震地质异常体，其在全球陆地及海域均有不同程度、不同规模和尺度的发育展布。泥底辟/泥火山一般多发育在构造活动比较活跃的地区，尤其是泥页岩等细粒泥源物质沉积充填较厚的区域。目前不仅在主动大陆边缘（汇聚型大陆边缘）、前陆盆地及走滑构造带等地区证实有大量泥底辟和泥火山存在（Kopf，2002；Dimitrov，2002），而且在被动大陆边缘（离散型大陆边缘）也发现了越来越多的泥底辟和泥火山（Limonov et al.，1996；Hansen et al.，2005；Martinez et al.，2006；Rensbergen and Morley，2003；Davies and Stewart，2005），这就充分表明和证实了全球海域及陆地泥底辟/泥火山形成与分布，均主要与不同构造地质背景下快速沉积充填的巨厚泥页岩等细粒沉积物泥源层（物质基础）存在密切的成因联系，而不同的地球动力学环境及条件则主要起促进作用而非决定性控制因素。

Milkov（2000）通过识别岩心中存在的特殊的泥火山物质（主要是泥角砾）和通过从旁侧声呐影像上确定的特殊地形和强背散射，或由潜水器、水下照相和图像调查的直接观察结果识别局部地形等方式，综合前人地质调查及研究成果总结了全球泥火山分布特征，并绘制了全球泥火山分布图（图3.1）。目前，世界范围内已有40多个国家和地区发现了大量不同类型的泥火山，而泥底辟分布则更为广泛。目前已发现的泥火山/泥底辟主要分布于巴巴多斯近海、墨西哥湾、北巴拿马盆地、尼日利亚近海以及挪威海、地中海、黑海和里海等地区，并形成了9个不同的海底泥火山发育展布区（Limonov et al.，1996；Kopf，2002；Dimitrov，2002）。根据区域构造地质背景、不同的地球动力学环境与条件分析，全球泥底辟/泥火山主要分布于两个巨型的构造活动带：①阿尔卑斯山−特提斯缝合带（阿尔卑斯山—黑海—里海—喜马拉雅山）；②环太平洋新生代活动构造带。同时，根据全球板块构造格局与泥火山发育展布规律，可以看出，泥火山/泥底辟异常发育展布的两大巨型构造活动带均处于全球板块交汇的边缘地带。

首先，阿尔卑斯山—特提斯缝合带是全球泥火山及泥底辟最为发育和集中的地区，不仅陆地上存在大量喷出地表的泥火山，而且在深海海底或海岸带也有众多出露海底目前被水体掩埋的大型泥火山。其中最重要的地区是阿塞拜疆的巴库地区，该区发育有全球最多的泥火山（约220座），也是迄今泥火山/泥底辟研究较为系统和全面的地区。此外，在黑海及里海盆地、地中海等地区也发现了大量的泥火山和泥底辟。总之，阿尔卑斯山—特提斯缝合带泥底辟和泥火山发育最为典型，也最为壮观，世界上泥火山和泥底辟的地质调查

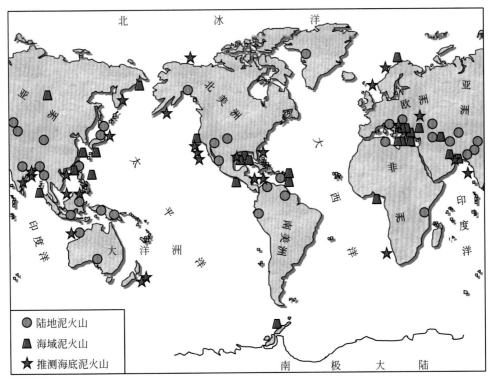

图 3.1　全球海域及陆地调查证实的泥火山与推测泥火山发育展布特征示意图

（据 Milkov，2000；Kopf，2002 修改）

及研究也是从这些地区开始的。因此，这些地区泥底辟和泥火山地质调查与研究也最为深入系统，进而为全球其他地区开展泥火山/泥底辟地质调查及综合研究等提供了参考借鉴，也为后期泥火山/泥底辟形成演化的动力学机制、成因机理与控制因素等研究奠定了基础。

其次，环太平洋新生代活动构造带形成的海底泥底辟/泥火山，在该区陆上及海岛上也发育有一定数量的泥底辟/泥火山。在墨西哥湾、北美洲西海岸、北阿拉斯加地区、俄罗斯东部、日本海南部海槽地区等都发现证实或根据海底地质地球物理调查资料推测存在海域和陆地泥火山。同时，在马里亚纳海沟中轴线到岛弧边缘海域的海底还首次发现了泥源物质成分由蛇纹岩组成的泥火山，其喷出物成分可能主要来自早期岛弧岩浆活动形成的蛇纹岩改造所构成的细粒泥源物质；我国南海北部大陆边缘东北部断陷裂谷型的台西南盆地，在其南部深水区的深断陷-拗陷区（包括台湾南部陆上延伸部分），中新世尤其是晚中新世及上新世以来，也广泛分布有大量泥火山，且无论在海域还是在陆地均非常发育（据不完全统计，目前发现的海域泥火山至少有 94 座，陆地泥火山也有 64 座）。在台西南盆地南部延伸区（陆上高雄-台南地区）尚见有迄今仍在持续或断续活动的泥火山（如高雄燕巢地区的乌山顶、新养女湖等泥火山目前仍然见到泥火山泥浆喷出外溢，油气苗及天然气泡持续喷出）；在南海西北部大陆边缘莺歌海盆地沉降沉积最大最厚处，其泥底辟异常发育且形成了展布规模达 $2 \times 10^4 \, \mathrm{km}^2$ 的中央巨型泥底辟隆起构造带。近年来，通过南海北部深水区地球物理探测与海洋地质调查也证实珠江口盆地白云凹陷中东部及东沙西南深水区存在大量疑似泥底辟/泥火山及气烟囱（王家豪等，2006），尤其是在东沙西南深水海域尚存在一批集中分布的海底丘状构造，根据地震资料分析解释和推测，其可能为尚在活动的泥火山构造（阎贫等，2014）。另外，南海南部周缘的印度尼西亚爪哇岛也发育了大型泥火山且曾经发生过强烈喷发，其喷发速率极高也能喷出大量的泥浆物质。此外，在我国南海南沙海槽东南部海区也发现了集中发育的泥火山及泥底辟构造；我国东部近海的东海陆架盆地和冲绳海槽中南部目前也发现了一些泥火山及泥底辟，且与油气及天然气水合物存在成因联系。另外，在北欧大陆边缘设得兰群岛的边缘海域也发现 4 个泥火山带，分布面积达 $7.5 \sim 45.9 \ km^2$，并有天然气水合物产出（Tinivella et al.，2008）。

再次，除上述两个主要的全球泥底辟/泥火山发育展布构造带之外，世界范围的其他一些地区也有泥底辟/泥火山发育展布，如在非洲的东海岸及西海岸、南美东海岸等地区也发现有泥火山或泥底辟（Sumner et al.，2001；Ben-Avraham et al.，2002）。

除上述巨型活动构造带已发现的泥底辟/泥火山之外，被动大陆边缘大陆架台地、潟湖、三角洲复合体以及开放海等区域也发现有泥火山分布；世界上比较大型的海底及湖泊底发育的三角洲复合体或海底扇等区域也有泥火山存在。如亚马孙扇，密西西比河及尼日尔三角洲、尼罗河深水扇等地区均有泥火山分布（Loncke et al.，2004），表明泥底辟/泥火山作为揭示和表征地球深部流体上侵活动的一种特殊的地震地质异常体，其在全球范围内发育展布具有一定的普遍性。

总之，世界各地泥底辟/泥火山的空间宏观分布规律比较清楚且规律性较强，均主要沿活动板块构造、板块汇聚挤压性边缘（被动和主动大陆边缘均有分布）、活动大陆边缘的增生楔部位、俯冲断裂带、逆掩断层带等区域分布。在被动大陆边缘大陆架台地、潟湖、三角洲复合体以及开放海也有泥火山展布。从泥底辟/泥火山具体的发育展布规律看，沉积盆地中泥底辟/泥火山构造明显沿断层走向呈串珠状优势分布，且受新生代以来活动断裂的控制。如阿塞拜疆 Dashgil 泥火山群即沿着一条东西向断层线性分布（Hovland，1997）。另外，巴巴多斯海沟地区泥底辟/泥火山也沿着一条古老海底断裂带（Mercurus）展布（Henry，1996）。我国台湾西南部海岸泥火山也主要沿触口大断裂和旗山大断层走向展布（何家雄等，2008a；陈胜红等，2009）。很显然，全球泥底辟/泥火山发育展布特征及形成演化特点均充分表明和证实了其与所处的区域大地构造背景及构造沉积充填地质条件具有密切成因联系，而泥底辟/泥火山形成演化及展布规律则主要取决于快速沉积充填的巨厚欠压实泥源层物质基础这个内因与区域构造地质条件及其地球动力学环境的外因两者的时空耦合配置与紧密结合，外因只有通过内因方能起作用，两者缺一不可，但内因起决定作用。

第二节　南海北部泥底辟/泥火山发育展布特点

前已论及，南海北部大陆边缘主要盆地泥底辟/泥火山及气烟囱较发育，空间分布上除西北部北部湾盆地目前尚未发现泥底辟/泥火山活动外，其他盆地均发现和证实了泥底辟/泥火山及气烟囱或疑似泥底辟/泥火山等地震地质异常体的存在。根据目前油气勘探及海洋地质调查和地质地球物理综合研究，南海北部泥底辟/泥火山及气烟囱的空间展布均主要集中分布在4个密集发育区（图3.2），即莺歌海盆地东南部中央泥底辟隆起构造带、琼东南盆地南部中央拗陷带及南部拗陷带深水区、珠江口盆地珠二拗陷白云凹陷及东沙西南部深水区、台西南盆地中部拗陷及东南部陆缘区（海域深水区及台湾西南部陆上）。其中，西北部莺歌海盆地泥底辟及气烟囱异常发育，泥底辟展布规模大上侵活动强烈；与其相邻的琼东南盆地，疑似泥底辟/泥火山及气烟囱异常发育，展布规模较大，泥底辟上侵活动强烈，且尚有火山底辟及火山存在；北部的珠江口盆地疑似泥底辟/泥火山及气烟囱也较发育，且具有一定的展布规模，上侵活动较强烈。东北部台西南盆地则为泥火山及气烟囱异常发育区，泥火山及气烟囱非常发育且密集分布。总之，泥底辟/泥火山及气烟囱发育展布不仅在平面上具有不均一性（主要集中展布于某些局部区域），而且纵向上的形成演化特征及上侵活动程度等也存在较大的差异，充分表明不同区域泥底辟及泥火山形成演化动力学过程与展布特征及控制影响因素等均存在一定的差异。以下仅对南海北部4个泥底辟/泥火山及气烟囱密集发育区进行重点分析阐述。

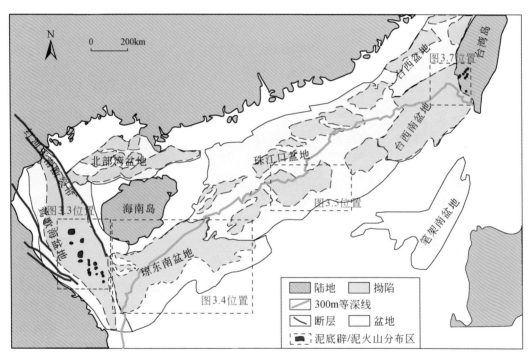

图3.2　南海北部大陆边缘主要盆地4个泥底辟/泥火山及气烟囱发育展布区的构造地理位置

一、莺歌海盆地泥底辟及气烟囱发育展布特点

　　南海西北部莺歌海盆地泥底辟及气烟囱在南海北部大陆边缘盆地中最为典型，且海洋地质调查及地质综合研究程度较高。该区泥底辟及气烟囱异常发育且展布规模大，是南海北部大陆边缘盆地泥底辟及气烟囱研究最为深入的地区，早在20世纪80年代的油气勘探中就已开展了泥底辟（当时称为泥丘）及气烟囱等特殊地震地质异常体的分析研究（何

家雄等，1990，1994a），2000 年以后其研究更加系统深入，并在前期地质研究的基础上进一步分析探讨了其成因机制与控制影响因素。莺歌海盆地也是目前获取泥底辟及气烟囱等相关地震地质资料最多的地区，为其他区域泥底辟/泥火山及气烟囱的地质研究提供了借鉴与参考。总之，随着莺歌海盆地天然气勘探开发进程不断推进和油气地质研究的不断加深，以及其大量地质地球物理及地球化学资料的长期积累，对于该区泥底辟形成演化动力学机制及展布特点的分析以及其与油气运聚成藏的成因联系等研究会更加深入，取得更多重要的研究成果与认识。

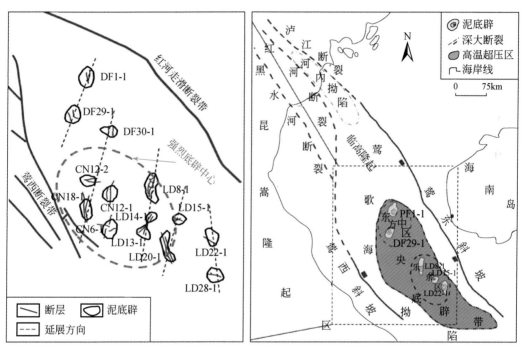

图 3.3　莺歌海盆地中央泥底辟隆起构造带上呈近南北向雁行式排列的 5 排泥底辟展布特征

　　前已论及，莺歌海盆地古近系和新近系及第四系沉积充填巨厚，最大厚度逾 1.7×10^4 m，其中，新近系海相拗陷沉积超过万米，第四系最厚亦达到 2300m。盆地中部拗陷东南部沉积充填最厚的莺歌海凹陷，其快速沉积充填的新近系巨厚欠压实泥页岩等细粒沉积物存在明显的异常高温超压，进而为泥底辟形成演化及其展布奠定了雄厚的物质基础。由于新近纪以来的快速沉降沉积充填和区域上走滑伸展运动及南海张裂活动的共同作用结果，最终导致在盆地东南部莺歌海凹陷沉降最深沉积最厚处，形成了展布规模达 2×10^4 km^2、且由众多不同类型泥底辟所组成的中央泥底辟隆起构造带，该构造带几乎占据了整个凹陷的 1/3。中央泥底辟隆起构造带上不同类型及形态的泥底辟及气烟囱，均沿盆地北西长轴方向呈 5 排雁行式排列展布（图 3.3），每排泥底辟则由多个大型和小型不同形态特征的泥底辟所构成。其中，单个泥底辟展布规模最大面积超 700km^2，大部分泥底辟及气烟囱展布面积多为几十到上百平方千米（龚再升，2004；何家雄等，2010b）；而凹陷中雁列式排列的 5 排泥底辟总体上均近南北向分布。

总之，莺歌海盆地泥底辟上侵活动及其展布规律，总体上均主要受区域构造动力学条件尤其是红河断裂带走滑作用与南海张裂活动的控制和影响。其中快速沉积充填的巨厚欠压实泥页岩等细粒沉积物是形成泥底辟的物质基础，而区域构造动力学背景则是促使其形成的重要外界地质条件。根据莺歌海盆地不同类型泥底辟形成演化特点及展布特征，中央泥底辟隆起构造带尚可进一步划分为西南部昌南区、西北部东方区和东南部乐东区。其中，昌南区主要由 CN6-1、CN12-1、CN18-1 等大型泥底辟及周围的中小泥底辟所构成，目前油气勘探及地质综合研究程度较低，迄今尚未获得商业性油气发现；西北部东方泥底辟发育区主要由 DF1-1、DF29-1、DF30-1 等大型泥底辟及周缘发育的一些中小泥底辟所构成，其油气勘探及地质地球物理研究程度相对较高，且在浅层及中深层均已取得了油气勘探的重要发现和重大突破；东南部乐东区主要由 LD8-1、LD15-1、LD22-1 等大型泥底辟及周缘中小泥底辟所构成，其油气勘探及地质综合研究程度较高，目前已在浅层获得了油气勘探的重大突破，但中深层高温超压天然气勘探领域，目前尚未获得突破。目前，莺歌海盆地中央泥底辟带浅层常温常压地层系统天然气勘探与油气地质研究等，均已取得了很多重要研究成果与认识，先后勘探发现了多个大中型天然气田，控制及预测与探明泥底辟伴生烃类气资源和非烃气资源均超过万亿立方米。中央泥底辟带中深层高温超压地层系统及勘探领域，近年来在西北部东方区已获得里程碑式的重大突破，勘探发现了东方 13-1/2 高温超压大气田，但这仅仅是揭开了中深层油气勘探领域的神秘面纱，尚未钻探揭示到中深层深部不同类型的大型含油气构造圈闭。因此，在中深层高温超压勘探领域，虽然油气勘探及油气地质研究程度尚低，但油气勘探潜力大。

二、琼东南盆地疑似泥底辟/泥火山及气烟囱发育展布特点

处于南海西北部及北部且与东部珠江口盆地相邻的琼东南盆地，其盆地性质及类型与珠江口盆地相同、形成演化特征相似，均属准被动大陆边缘的断陷裂谷盆地。地质地球物理资料分析与构造沉积演化特征研究表明：盆地古近纪及中新世沉降沉积速度较大（平均沉降速率达 150m/100Ma）。处于深水区（水深大于 300m）的中央拗陷带与南部拗陷带沉降沉积速率更大，故新生界尤其是古近系及中新统沉积厚度及展布规模大，结果造成盆地深水区大部分凹陷均普遍沉积充填了非常厚的古近系及中新统地层，而这种快速沉积充填的泥页岩等细粒物质，为该区泥底辟形成提供了所必需的雄厚泥源物质基础。再者，琼东南盆地古近纪和新近纪以来平均地温梯度在 4℃/100m 左右（孔敏，2010），而中央拗陷带及南部拗陷带的地温梯度更高，与莺歌海盆地中央泥底辟带高温高热流区类似，均属于异常高温及高热流环境（朱伟林等，2007；何家雄，2008a；翟普强和陈红汉，2013），很显然，这种快速沉降及沉积充填的地质背景及其伴生的高温环境等，均为该区泥底辟形成及发育演化与展布特征等提供了重要的地球动力学基础，进而导致在深水区沉积充填厚、埋藏深的局部区域，巨厚欠压实泥页岩等细粒沉积物泥源层非常发育，在区域构造动力条件的配合下，极易发生塑性流动与底辟上侵活动，形成了不同类型异常发育的泥底辟及其伴生构造等特殊的地震地质异常体。迄今在琼东南盆地判识确定的泥底辟主要是依据其基本特征及识别标准，通过地球物理资料解释和地质综合分析而圈定的。由于该区泥底辟及

气烟囱在不同区域,发育演化特点及展布规律和数量等均存在一定的差异,且在一些地震剖面上,泥底辟及气烟囱等地震地质异常体特征均不甚明显或典型,同时尚缺乏像莺歌海盆地那样具有实际钻井资料和高分辨地球物理探测资料的有力证据,因此该区泥底辟及气烟囱等地震地质异常体尚有待进一步的地震勘探与地质研究所证实。有鉴于此,本书统一采用"疑似泥底辟/泥火山及气烟囱"表述琼东南盆地这些不太典型的泥底辟/泥火山等地震地质异常体之地质现象。

琼东南盆地疑似泥底辟/泥火山及气烟囱与其西部邻区莺歌海盆地中央泥底辟带的泥底辟沿北西向雁行式排列集中式分布特征具有较大差异。琼东南盆地疑似泥底辟/泥火山及气烟囱空间分布广而散,局部区域较为集中,但总体上其展布规模不大,且主要分布在深水区。琼东南盆地疑似泥底辟/泥火山及气烟囱发育展布趋势总体上呈北东方向,自西南向东北及东南主要分布于华光凹陷、乐东凹陷、陵水凹陷及陵南低凸起区、松南-宝岛凹陷及松南低凸起区和长昌凹陷(图3.4)。其中松南低凸起与陵南低凸起区疑似泥底辟/泥火山比较集中发育,疑似气烟囱则在中央拗陷带北坡比较发育(张伟等,2015)。在盆地东部宝岛凹陷北坡东部及长昌凹陷周缘,尤其是深大断裂发育区还存在一些典型的火成岩底辟。在地震剖面上和重磁剖面上泥底辟/泥火山与火成岩底辟基本上可以区分和识别,也可通过钻探进一步加以证实。基于琼东南盆地南部深水区疑似泥底辟/泥火山及气烟囱等地震地质异常体底辟上侵活动特征及演化特点,尤其是根据地震反射剖面上泥底辟反射特征、速度参数、属性分析等地球物理响应特征,并结合地震地质解释及层序地层学分析,参考借鉴前人分析研究成果(赵汗青等,2006;孔敏,2010;李胜利等,2013),重点对琼东南盆地深水区不同区域不同成因类型的疑似泥底辟/泥火山、气烟囱及其活动伴生构造等特殊地震地质体进行了深入分析研究。在此基础上,综合判识与确定了疑似泥底辟/泥火山及气烟囱、龟背上拱、流体裂缝等不同类型泥底辟及其伴生构造的特点。从图3.4所示中央拗陷带乐东-陵水凹陷、松南-宝岛凹陷中心部位和凹陷边缘疑似泥底辟/泥火山和气烟囱发育展布特点可看出,中央拗陷带东部松南-宝岛凹陷北坡邻近北部隆起带主要发育疑似气烟囱和流体裂缝;而与其相邻的东部长昌凹陷则主要以疑似泥底辟为主,也有火山岩底辟存在;中央拗陷带南部低凸起区则疑似泥底辟/泥火山和气烟囱较发育。其中,在陵南低凸起和松南低凸起及周缘尚存在成带成群分布的一系列疑似泥底辟及气烟囱,尤其是在陵南低凸起中央峡谷水道砂系统深部,地震资料显示可能存在大范围裂隙带或疑似泥底辟活动的痕迹;在南部拗陷带西南部华光凹陷区也识别出一定展布规模的疑似泥底辟/泥火山和气烟囱。这些疑似泥底辟/泥火山和气烟囱等特殊地震地质异常体,均具有泥底辟的一般地震反射特点和几何外形特征,如底辟内部空白反射、模糊反射或杂乱反射等反射异常特点,其周缘往往伴生断层裂隙模糊带,在泥底辟顶部常常伴有流体压裂产生的断层及微裂隙等构造特征。但其与西部邻区莺歌海盆地中央泥底辟带典型泥底辟特征及其展布特点仍然存在差异,其最突出最明显的差异是,琼东南盆地深水区疑似泥底辟/泥火山地震地质异常体两侧围岩及上覆地层产状均没有发生明显的改变,即泥底辟地震地质异常体的地震模糊反射特征没有典型的底辟上拱及侵入的地质特点,也就是说未改变或未明显改变地层产状。

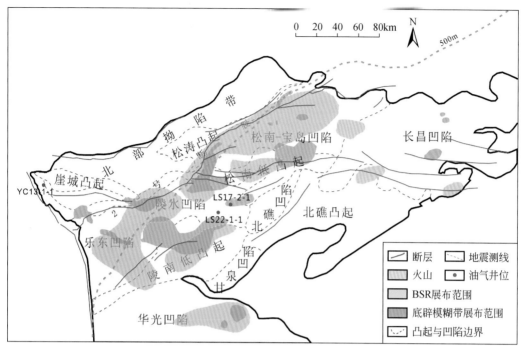

图 3.4　琼东南盆地疑似泥底辟/火成岩底辟展布与天然气水合物 BSR 叠置特征

总之，疑似泥底辟/泥火山及气烟囱在琼东南盆地南部深水区空间展布特征表明，泥底辟上侵活动及发育展布区域，主要集中于盆地凹陷沉积中心区和凹陷与凸起过渡区沉积充填较厚处，且主要与其沉积充填的巨厚泥源层及其所处地球动力学条件和构造地质环境密切相关（张伟等，2015）。由于盆地凹陷沉积中心区通常具有沉降沉积速度快而导致沉积物充填压实过程中与其流体排出不均衡的现象发生，故极易产生欠压实而形成异常高温超压地层系统，进而使得底辟泥源层泥页岩的内摩擦力消失而产生塑性流动并伴生高温超压潜能，当深部泥源物质及流体产生的这种高温超压潜能累积到一定程度达到相当的能量极限而超过上覆地层破裂压力时，深部大量泥源物质即可沿地层薄弱带或断层裂隙带发生底辟上拱和刺穿侵入作用，此时大量富含油气等流体及其他泥源物质将大规模地底辟上拱和侵入上覆地层或刺穿地表或海底，最终形成泥底辟或泥火山并喷出释放大量流体（油气水）。盆地凹陷与凸起过渡区，大都属于构造及断裂活动转换带，区域构造应力比较集中，极易形成断层裂隙带和地层薄弱带，使得泥底辟泥源层的塑性泥源物质较容易在这些局部区域发生底辟上拱活动而最终刺穿上覆地层薄弱带及围岩，甚至地表及海底，形成泥底辟或泥火山（孔敏，2010；李胜利等，2013；张伟等，2015）。

三、珠江口盆地疑似泥底辟/泥火山及气烟囱发育展布特点

油气勘探及天然气水合物勘查过程中，通过二维/三维地震剖面可以观察识别出大量地震反射异常现象，如地震反射模糊带、模糊空白反射带等，根据地震地质精细解释，结

合地质综合分析，即可综合判识与确定其是否是疑似泥底辟及气烟囱的地震响应。目前根据地震地质解释与油气地质及海洋地质综合分析，已在珠江口盆地南部珠二坳陷白云凹陷深水区识别和圈定出了大量疑似泥底辟/泥火山及气烟囱等地震反射模糊带，同时，在东沙海域西南部与台西南盆地相邻的深水区，古近系和新近系地层系统中还发现了大量的疑似海底泥火山存在的证据（阎贫等，2014）。

二维及三维地震探测资料表明，珠江口盆地珠二坳陷白云凹陷存在数量众多不同类型的疑似泥底辟及气烟囱等地震地质异常体，且无论在白云凹陷北坡-番禺低隆起某些局部区域还是在白云凹陷沉积中心区等均有大量疑似泥底辟及气烟囱展布（图3.5）。通过穿越白云凹陷北东-南西方向和近南北向地震剖面上，均可观察到成排分布的泥底辟群及气烟囱，且部分泥底辟迄今仍在活动。通过二维地震探测剖面构成的高密度测网地震资料的进一步分析解释与追踪，最终圈定出了一个展布于凹陷中心略偏西南区域、总体呈北西西向分布的疑似泥底辟及气烟囱地震模糊带。该疑似泥底辟最大底辟幅度（高度）可达8km，其发育展布面积可达1000km^2（王家豪等，2006），且疑似泥底辟及气烟囱地震模糊带展布方向（北西西向）与白云凹陷中新世晚期发育的北西西向断裂体系展布方向大体一致（图3.5）。

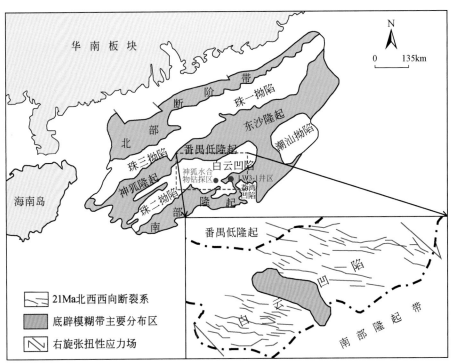

图3.5　珠江口盆地南部珠二坳陷白云凹陷深水区疑似泥底辟模糊带发育展布特征
（据王家豪等，2006 修改）

广州海洋地质调查局在白云凹陷中东部神狐探区勘查天然气水合物过程中，发现在天然气水合物发育层段下部，其地震剖面上存在明显振幅异常，表现出弱振幅、模糊和空白反射等畸变特征，很多学者判识为泥底辟或气烟囱在地震剖面上的响应特征，并推测认为泥底辟及气烟囱为该区深部气源向海底浅层天然气水合物稳定带运移提供了烃源输导通道（张光学等，2014；杨睿等，2014），但也不乏存在诸多质疑（何家雄等，2013；2014）。

　　近年来，中国科学院南海海洋研究所曾多次组织航次在珠江口盆地白云凹陷东部及东沙群岛西南部深水区开展了地球物理探测及海洋地质调查研究工作，发现东沙西南海域圈定了一个面积较大的海底丘状构造发育区，并在这一区域成功获取到碳酸盐岩结核，结合该区地球物理反射特征及构造特征，综合分析推测东沙西南海区发育的丘状构造群很可能是泥火山构造群，且部分仍在活动，部分已经成为碳酸盐丘（阎贫等，2014）。此外，多道反射偏移地震资料及 CHIRP 浅地层剖面资料也揭示其丘状构造主要展布于白云凹陷东部和潮汕拗陷的过渡区域（基本上属于东沙西南海域范围），根据水深估计，其发育面积可能达数百平方千米，东西宽度均大于 10km，展布范围和规模都比较大。从平面上看，该丘状构造展布方向为南西西–北东东，且成串分布，单个丘体宽度为 0.5～2.0km，起伏为 50～100m，这与上述地震探测资料发现的丘状构造群即泥火山构造群基本吻合。

四、台西南盆地泥底辟/泥火山发育展布特点

　　根据目前所获地质地球物理资料与油气勘探及海洋地质调查，南海北部大陆边缘主要盆地大部分地区发现的"泥底辟及气烟囱型"地震地质（地震模糊带）异常体，主要以泥底辟及气烟囱或疑似泥底辟及气烟囱为主，或少量火山及火山岩底辟，而典型的泥火山则相对较少，目前仅在南海北部大陆边缘东北部台西南盆地，通过地球物理探测、海洋地质调查、陆上野外调查和地质地球物理综合分析，判识确定了该区存在异常发育的由早期泥底辟演变而成的不同类型泥火山。这些展布于海域和陆上的泥底辟/泥火山，不仅成群成带集中发育，而且很多泥火山迄今仍在活动持续不断向外喷出泥浆和油气水等流体物质。

　　台西南盆地泥底辟/泥火山主要发育分布于台湾西南海域及台湾南部陆上地区，其展布的构造地理位置范围主要包括台西南盆地南部陆坡深水区和盆地东南部延伸至台湾岛南部的台南–高雄地区。台南地区陆上泥火山异常发育，据统计（Sun et al.，2010）目前活动的泥火山共有 17 座。主要分布在台南、高雄、屏东、花莲、台东等数个泥火山区，尤以西南部地区最为集中。按构造断裂带划分，台西南盆地泥底辟/泥火山主要分布在 5 个地区：台湾高雄与台南交界处的古亭坑背斜构造轴部沿线、台湾高雄境内的旗山大断层沿线、触口断层泥火山带、台西南盆地高屏海岸带、东部海岸山脉西南段泥火山带（Yang et al.，2004；陈江欣等，2015）。其中，古亭坑背斜活动区地处台南、高雄交界处，有五个泥火山小区，它们是盐水坑、龙船窝、乌山顶、大滚水和小滚水，呈线状排列，绵延 13km；而旗山断裂带沿线附近发育的泥火山最为集中，活动也最为强烈，断层活动区泥火山群分布在高雄境内，也分 5 个小区，分别是小份尾、南势湖、千秋寮、乌山顶和深水。泥火山区地面泥岩切割破碎，交通受到一定的影响。另外，台湾屏东县的鲤鱼山是该区最活跃、且喷发规模最大的泥火山。此外，在台西南地区还有一类"假泥火山"，该类泥火山只有天然气泄漏而没有泥浆冒出。例如嘉义的关仔岭泥火山即是这类"假泥火山"，该泥火山具"水火同源"特点，其喷出的天然气可在水面点燃，所以又称水火洞，天然气和

水同时从岩石裂隙中渗出或排出，故 CH_4 燃烧时火焰浮在水面，具有很好的景观效应。

　　总之，从台湾南部陆上泥底辟/泥火山分布位置上看，主要展布于台西南盆地南部构造断裂活动带，尤其是在大断裂附近泥火山异常发育（图3.6）。如在旗山断裂带附近发育了乌山顶泥火山群、新养女湖泥火山群等规模较大的泥火山群；在高屏海岸带及大断裂处也发育了滚水坪泥火山群和漯底山泥火山群。不过泥火山展布规模整体上均较小，泥火山的直径和高度多数在几米左右，其与海域泥火山发育展布规模存在一定的相差。

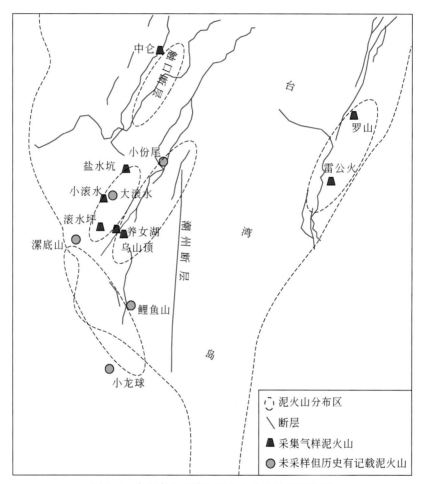

图3.6　台西南盆地陆上泥火山分布特征示意图

　　台西南盆地大部分泥底辟/泥火山一般多分布在 300～2000m 水深范围内的深水海域，且水深大于1000m 以上区域的泥火山占有一定的数量，故大部分泥火山多展布在台西南盆地南部陆坡以下广大区域（图3.7）。台西南盆地深水海域的泥底辟/泥火山主要分布在4个构造活动带，即高雄海岸带、靠近高屏的海底峡谷带、枋燎海底峡谷带、永安线形构造带。在这些构造活动带目前至少已识别出了94 座泥火山并构成了一定规模的泥火山带（Chiu et al.，2006；曾威豪和刘家瑄，2007）。每个泥火山带（泥火山脊）均由几座到十几座泥火山构成，这些泥火山脊大多数分布在深大断裂附近，而其中的泥火山则为深部泥

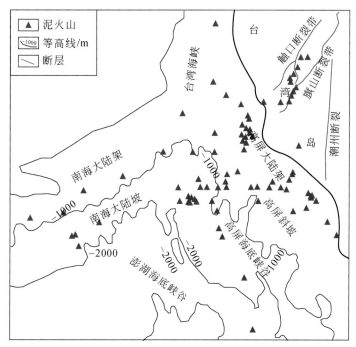

图 3.7　台西南盆地海域及台南陆地（台西南盆地延伸区）泥火山分布示意图

源物质喷出海底形成泥火山脊构成凸出海的锥状或丘状隆起构造奠定了物质基础。这些泥火山早期大多数都是由泥底辟强烈上侵活动、逐渐增强能量扩大规模和增加上拱刺穿幅度而最终演变形成的。

　　从平面分布上看，台西南盆地深水海域泥底辟/泥火山同样也是主要展布于构造断裂活动区带。很显然构造断裂活动对泥底辟/泥火山形成演化及其展布特征等均产生了重要影响，导致在深大断裂附近泥底辟/泥火山较集中分布（陈胜红等，2009；Chen et al.，2014）。从展布规模上看，深水海域泥火山要比陆地泥火山大，其直径一般在 100 ~ 200m 之间，高出海底 15 ~ 50m。总之，台西南盆地南部陆坡深水区及陆上延伸部分（台南地区）泥底辟/泥火山异常发育，且主要展布于盆地主要构造活动断裂带附近及周缘区，而这些地区一般都具有快速沉降沉积的沉积充填背景与控制泥火山发育展布的区域构造动力学条件，因此，该区泥底辟/泥火山形成演化及发育展布均与其所处区域地质背景及地球动力学环境密切相关。

第四章　南海北部泥底辟/泥火山形成演化的基本特征

从不同盆地（凹陷、区带）泥底辟/泥火山形成演化特点及分布特征可以看出，南海北部大陆边缘盆地不同区域泥底辟/泥火山形成演化特征及分布特点各具特色，既有泥底辟/泥火山活动所具有的共性及相似点，也有由于所处区域地质背景和构造沉积演化特点不同所造成的差异性。其中，南海西北部边缘浅水区莺歌海盆地主要发育典型的泥底辟及气烟囱，其东部相邻的北部大陆边缘琼东南盆地南部深水区和珠江口盆地南部珠二拗陷白云凹陷及周缘深水区则发育非典型（或疑似）泥底辟/泥火山及气烟囱等地震地质异常体，而东北部大陆边缘台西南盆地（海域与陆上延伸部分）则主要形成了非常典型、分布较普遍的泥火山/泥底辟。以下根据不同盆地（凹陷、区带）泥底辟/泥火山及气烟囱等地震地质异常体的基本特征，深入分析其形成演化特点和基本的展布规律，重点从地质地貌特点、地球物理特征和构造沉积演化特点等诸方面开展分析探讨与详细阐述。

第一节　泥火山地质地貌特征

海域和陆地泥火山均是地下深部巨厚泥源物质及其所携带流体因密度倒转所形成的不稳定重力体系环境下，由于其所孕育的高温超压潜能的强烈作用导致泥源层及油气水等流体向浅部地层侵入刺穿围岩甚至海底或陆地表面，其喷出物逐渐堆积形成泥火山角砾岩和大套泥页岩等细粒碎屑物质而最终形成丘状体或锥状隆起/凸起。地貌外形形态非常类似典型的火山隆起/凸起地貌特征，丘状体或锥状隆起/凸起的直径变化范围大，从世界范围内泥火山发育展布的地质地貌特征看（Milkov，2000；Dimitrov，2002），其锥状体直径可以从数厘米到数千米不等，锥状体高度可达几十厘米到几百米。泥火山活动与火山类似，也存在着喷发活动期及静止期（休眠期）（Pérez-Belzuz et al.，1997）。处于活动静止期的泥火山，往往缺乏地表渗漏及地面变形，而许多处在喷发活动期的泥火山，其渗漏活动非常普遍而强烈，且不断排出泥浆及其他液体和气体，如阿塞拜疆地区泥火山以及我国台西南盆地东南部陆上发育的泥火山等均属此类（图4.1和图4.2）。通常发育展布规模较大的泥火山，在底辟活动时期会发生剧烈的喷发活动，大量的泥火山角砾岩及巨厚的泥页岩泥源层、油气、水及泥浆等物质将喷发至地表或海底，逐渐堆积形成泥火山锥形或锥台等建造，例如印度尼西亚爪哇岛泥火山即发生过剧烈的喷发并带来了灾难性后果（Mazzini et al.，2009）。泥火山上侵活动喷出的固体物质以掉落或流体形式逐渐积累而堆积起来，主要由角砾岩与细粒碎屑岩组成（Planke et al.，2003）。有时候泥火山喷发出的 CH_4 气体在强烈的氧化条件下常常会发生燃烧，其形成的火焰甚至能高达 1km 以上，例如阿塞拜疆地区的泥火山喷发时就发生过这种泥火山伴生 CH_4 天然气自燃现象（图4.3）（Aliyev et al.，2002）。我国台西南盆地泥火山也有类似现象及特点，如在台南地区万丹乡鲤鱼山泥火山活动区也可见到泥火山喷发时伴生天然气自燃火焰高达的数十米以上。

图 4.1 阿塞拜疆地区 Dashgil 泥火山出露地表锥形地貌特征 (据 Hovland et al., 1997)

图 4.2 台湾岛陆上泥火山出露地表锥形凸起地貌特征

图 4.3 阿塞拜疆地区活动泥火山喷发前 (a) 与喷发后 (b) 特征对比 (据 Planke et al., 2003)

泥火山顶部通常能够形成圆形、近圆形或椭圆形的泥火山喷口或环形塌陷, 喷口或呈蝶形的干涸状态, 或充填有泥浆、水等液态物质, 喷口中泥浆、水和气体等物质不断冒出和释放, 有时甚至也可直接观察到油花冒出 (图 4.4、图 4.5), 当泥浆喷出量较多时, 泥浆将从顶部喷口沿泥火山脊的次生小沟槽向下溢流，形成似舌状的泥浆流，泥浆干涸后则逐渐堆积在泥火山发育区形成凸出地表的圆锥形或圆台形火山地貌。这一地貌特征及喷发活动现象在台西南盆地南部乌山顶泥火山发育区较为典型。

图 4.4　阿塞拜疆地区 Dashgil 泥火山出露地表地貌特征（据 Hovland et al.，1997）

图 4.5　阿塞拜疆地区 Dashgil 泥火山出露地表之喷口地貌特征（据 Hovland et al.，1997）

　　完整的泥火山堆积地貌在海底或地表一般较难观察到。一方面，受泥火山活动能量及泥源物质供给的影响，当泥源物质供给量少或含有较多的水等流体时，泥火山通常只会形成较小或一定规模的喷口，喷出少量的泥浆，但也有形成一定规模泥池的泥火山，喷出大量的泥浆，由于塑性泥源物质的弱固结性及流动性，在泥火山喷出物被压实或者固化之前已经就被侵蚀掉了而导致其难以保存下来（Kopf，2002）。另一方面，当泥火山停止活动或活动减弱时，泥源物质的堆积就会逐渐减少直至停止，泥浆喷出量也逐渐减少直至不再喷出，泥火山喷口将逐渐干涸，陆地上随着后期气候条件的改变，周围岩石的风化作用，往往会堆积外来碎屑物，以及人为破坏等因素等都会影响泥火山地表地貌发生改变。我国新疆白杨沟地区和独山子地区的泥火山即存在这种地貌演变特征，原先观察到正在喷出泥浆和天然气的泥火山喷口，在一定时间（数月至数年）之后再去观察时，有的则观察不到喷发现象，泥火山口已停止活动甚至干涸（Wan et al.，2013），台湾西南地区发育的一些小型泥火山也发生过类似的地貌演变过程。海底泥火山刺穿海底之后，同样也可能受后期地质作用，如构造升降、滑坡、地震、海底底流冲刷等的影响和破坏，导致海底丘状地貌难以保存。但如果深部泥源物质充足，泥火山喷发能量强，持续时间长的大型泥底辟活动形成的泥火山，则通常可堆积形成较为壮观的泥火山堆积地貌，其在陆地上通常高出地表几米甚至几百米，较易观察；泥源物质喷出海底堆积形成的海底泥火山在海底也表现出明显高出海底的丘状地形凸起，利用地震资料和海底多波束资料等即可识别和综合判识（图4.6）。海底泥火山通常在地震资料上表现出明显突出海底的穹窿状或锥状构造，其下有泥火山通道相连通，泥火山主体往往会造成地震反射畸变，产生反射空白、弱振幅、杂乱反射等地震反射异常现象。

　　笔者曾多次赴台湾地区野外实地调查泥火山，并开展了泥火山地貌勘测和伴生油气、水以及沉积物样品的采集。台湾西南部（台西南盆地东南部延伸区）泥火山实地考察与调查发现，该区泥火山出露地表非常典型，在泥火山发育区能够观察到典型的泥火山堆积地貌（泥火山锥）、泥火山形成的喷泥盾、喷泥池，喷泥洼，以及泥火山出露地表后的地貌演变形态及其遭受风化剥蚀形成的"恶地形"等现象。这些泥火山地貌特征与世界其他地区发育的泥火山地貌特征基本类似，比如阿塞拜疆巴库地区泥火山（Hovland et al.，1997）及我国新疆等地区泥火山等（Wan et al.，2013）。以下以台西南盆地东南部为例，简要分析阐明其主要泥火山异常发育区的泥火山与其伴生活动构造及其流体活动的地质特点和地貌特征（图4.6和图4.7）：

图4.6　台西南盆地东南部陆缘区滚水坪泥火山群地表露头地质地貌特征

图 4.7　台西南盆地东南部陆缘区漯底山泥火山群地表露头地质地貌特征

1. 滚水坪泥火山露头群

滚水坪泥火山露头群位于台湾岛西南部高雄燕巢乡的滚水坪地区（120°20′16″E，22°46′11″N）（图 4.6），该区区域构造上属于高屏海岸平原带的主要活动区。滚水坪泥火山露头群的泥火山目前有的仍然在持续活动，有的已停止活动，处于休眠期。泥火山发育区往往形成凸起的泥火山平顶丘地貌，泥火山丘中部形成了一个喷泥口直径约为 1m 的喷泥盾，可观察到正在喷发出的泥浆和天然气，大量的泥浆从喷口流出并逐渐堆积在泥火山周围，泥浆干涸形成龟裂。在该喷泥盾附近（约 70m），还发育着一个不断冒出水泡的喷泥池。在泥火山群中，除其中一个泥火山外形呈现出一个隆起于平原的圆锥形小丘外，其东部发育的泥火山则是一个喷泥盆。在该泥火山发育区还发育有小规模的"恶地形"地貌特征。

2. 漯底山泥火山露头群

漯底山泥火山露头群地理位置位于高雄弥陀乡（120°15′09″E，22°46′12″N）（图 4.7），是在滨海附近形成的一个泥火山，所属区域构造也属于高屏海岸平原活动带，其地貌特征为一座高于地表的泥丘，高出地表约 53m，长约 800m，宽达 600m，全部是由泥火山喷出的泥浆逐渐堆积而成的。该泥火山群目前基本处于休眠状态，喷发能量及活动强度极低，故喷出泥源物质较少，形成的泥火山喷泥口仅数厘米，喷泥量很少，仅形成了一些喷泥盾、喷泥洼地貌。在该泥火山群发育区也形成了一定规模的恶地形地貌。

3. 乌山顶泥火山露头群

乌山顶泥火山露头群地理位置为台湾岛西南部高雄燕巢乡（120°24′23″E，22°47′47″N），其区域构造位置上属于旗山断裂活动带范围（朱婷婷等，2009）。乌山顶泥火山露头群处在一个长约200m，宽约150m的平台上，其中分布有7座发育规模不等的泥火山。在该平台边缘发育的两座目前正在喷出、逸散泥浆及油气水的泥火山（乌山顶泥火山），是台西南盆地发育成熟、形态完整且最为典型的泥火山。乌山顶泥火山主要由两个泥火山丘形体（圆锥形或圆台形凸起）的泥火山和一个复式泥火山所构成。该泥火山目前仍然在活动，其喷出的大量泥浆形成的泥浆流从泥火山喷口顶部沿泥火山丘呈舌状泥浆流不断地往下部流淌（图4.8）。乌山顶泥火山群中发育最大的泥火山，高出地面约3.5m，堆积形成的泥火山锥地貌的坡度约50°。泥火山喷口约每隔数秒即喷发一次浓稠的泥浆并沿着泥火山锥向下流出，其稠泥浆流动波及的范围可达附近70m左右，在较远处泥火山的泥浆有的已经干涸，在地表形成了龟裂现象。同时，在该泥火山展布区尚有喷泥盆、喷泥池及喷泥洞等多种构造形态的泥火山地貌存在，部分泥火山喷口的泥浆中能观察到油花气泡。

图4.8　台西南盆地东南部陆缘区乌山顶泥火山群地表露头地质地貌基本特征

4. 新养女湖泥火山露头群

新养女湖泥火山露头群所处地理位置仍然位于台湾岛西南部高雄燕巢乡（120°24′23″E，22°48′17″N），其区域构造位置也属旗山断裂活动带。新养女湖泥火山露头群中，其泥火山形成过程中常常发育有多个（2个）喷口、喷泥口（图4.9），喷口直径分别约为

2.0m 和 0.5m，是典型的喷泥盆。泥火山喷泥口喷出的泥源物质及流体量非常大，一般可达到 1L/s，且其周围 1~20m 直径范围均被泥浆所覆盖，泥火山喷口附近聚集了水体及其他泥质流体，故形成了泥湖（何家雄等，2012a）。同时，在这座泥火山南侧 400m 处还发育了一座能量更强的泥火山，泥火山喷口更大，形成了一个约 3m 的椭圆形喷口，泥火山喷发出大量的泥浆和天然气，形成了典型的喷泥盾，且喷泥盾中可见大量油花。

图 4.9　台西南盆地东南部陆缘区新养女湖泥火山群地表露头地质地貌特征

5. 恒春泥火山相关地火气露头群

恒春半岛位于台湾省最南端，恒春与泥火山相关地火气出火点露头，则处于屏东县恒春镇附近的一块平地碎屑岩块堆积处（120°45′26″E，22°00′27″N），该地区地下深部与泥火山相关的天然气通过断层裂隙泄漏至地表，通过空气自燃后燃烧产生的火焰，经久不息（图 4.10）。其形成可能是该区正处于地下断裂和裂隙发育区，断裂、裂隙通道与地下深部泥火山泥页岩有机质形成的热解气气源相通，气源可沿着断层裂隙通道源源不断地运移和泄漏至地表。由于该气源可能与泥火山伴生气存在成因联系，因此判识确定该气源可能与形成泥火山的泥页岩密切相关（何家雄，2012a）。本研究在该地火气出气点采集了部分天然气样品，并进行了实验室测试和分析，获取实验结果表明，地火气气源确实与泥火山形成演化及展布特点存在成因联系。

6. 关子岭温泉气

关子岭温泉气出露于台湾南部台南白河镇（120°24′23″E，22°48′47″N），区域构造上处于触口断层活动构造带。该区温泉异常发育，地下水多沿断裂破碎带流出，在其下方形

图 4.10　台西南盆地东南部陆缘区最南端恒春半岛地火气出露点与地火气样品采集

成了一个水池。其流出的地质水体中含有大量的天然气，且不断地从断层微裂隙中渗漏冒出并在适宜条件下从水体中出溶分离，空气中点燃后即发生燃烧产生火苗，形成"水火同源"奇观（图 4.11）。该温泉正好位于深大断裂破碎带之上，地下水可沿断裂破碎带不断流出，流出的水流中含有大量的富含 CH_4 的可燃气体，这也就是其燃烧的原因。在台湾其他一些地区同样也能观察到这种水火同源的温泉气。何家雄等（2012a）通过采集温泉气分析气体组分及气体氩同位素（$^{40}Ar - ^{36}Ar$）后认为，温泉气主要为成熟的有机成因烃类气，烃类气年龄较新，一般均为上新世甚至更新，根据氩同位素特征，其气源应该是来自新近系中新统—上新统海相烃源岩偏腐殖型有机质成熟供给的烃类气。

图 4.11　台西南盆地南部陆缘区关子岭温泉气"水火同源"景观

7. 台西南盆地海域泥火山群

对于喷出海底形成的泥火山，通常能观测到高出海底的丘状构造，这在里海及黑海地区海底泥火山发育区非常典型。我国台西南盆地南部海域泥火山群也能观察到这种大型海底泥火山丘状构造，该区目前已识别出的海底泥火山地貌特征表明，喷出海底的泥火山通常发育在大型泥底辟隆起构造脊的顶部，其巨厚泥源物质往往喷出海底之后逐渐堆积形成圆锥状或不同类型丘状泥火山的碎屑泥源物质（泥页岩及粉砂质泥岩等细粒沉积物）堆积体。一般高达几米到几百米，直径为几米至上千米。泥火山和泥火山脊发育区通常伴随有一些滑塌构造，地貌复杂，地形起伏多变，常常伴生海台、海槽、海谷、海山、陡崖、斜坡、冲刷沟、海丘等地貌。据 Chen 等（2014）统计表明，台西南盆地南部海域泥火山多表现出典型的锥状凸起特征（图 4.12），锥形泥火山一般高出海底 65～345m，泥火山直径（底部）在 680～4100m 变化，泥火山发育展布规模与世界其他地区泥火山类似，如巴巴多斯、西阿尔沃兰海和黑海等地区的泥火山。台西南盆地深水海域泥火山坡度较陡，一般为 5.3°～13.6°，表明泥火山上侵活动强烈，活动能量强且侵入上拱幅度较大。

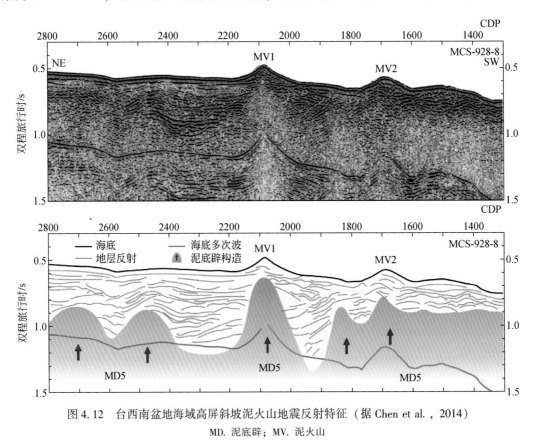

图 4.12　台西南盆地海域高屏斜坡泥火山地震反射特征（据 Chen et al.，2014）

MD. 泥底辟；MV. 泥火山

第二节　泥底辟/泥火山地球物理特征

前已述及，泥底辟是由深部快速充填沉积的厚层欠压实泥页岩在密度倒转的重力体系下岩石内摩擦力消失发生塑性流动，在地层薄弱带及断层裂隙带上拱侵入或底辟刺穿上覆地层而形成。当形成泥底辟的能量足够强大且泥源物质充足时，大量的塑性泥源物质携带天然气等流体继续向上侵入刺穿到达海底或地表时，碎屑物质将逐渐堆积并形成丘状或锥状似火山堆积体，进而逐渐发展成为成熟的泥火山。因此，海底或陆地上发育的泥底辟/

泥火山均具有低密度、低速度、低磁性和高温超压的地球物理特征（何家雄等，2009b，2010a；尹成、王治国，2012；杨瑞召等，2013；尹川等，2014）。地震波在穿过泥底辟或泥火山时，传播速度将明显降低，在常规二维地震反射剖面与速度谱剖面上产生明显的低速异常，因而地震相上呈现出同相轴下拉（速度下拉）、不连续、杂乱反射、弱振幅或空白反射等畸形反射异常特征。泥底辟体通常呈柱状或蘑菇状与围岩不整合接触，地震波同相轴通常在泥底辟体界线两侧发生中断。有时也可观察到泥底辟内部的地震透明带。其中，反射同相轴下拉通常表现为水平反射层向下倾斜或弯曲，这主要是由地层含气（天然气充注）导致地震波速度降低而造成的，因此同相轴下拉现象通常出现在气体聚集的边缘及附近。地震剖面上显示的地震反射畸变中杂乱反射多属不定型的混乱反射（chaotic reflection），而空白反射则是一个内部反射变弱或消失而不可见的区域（blank zone）；地震透明带的产生主要是因泥底辟中泥源物质向上侵入导致泥底辟体内部介质变得各向同性，最终造成泥底辟内部反射减弱，从而在地震剖面上能够观察到明显有别于泥底辟体两侧地震反射的空白或透明反射（Schroot et al.，2005；尹成、王治国，2012；尹川等，2014）。

形成泥底辟/泥火山的泥源物质在向上侵入刺穿的过程中，上覆地层及附近围岩通常会发生牵引或产生断层裂隙，形成底辟、褶皱、背斜等构造和一些伴生断层裂隙，尤其是在底辟体顶部及附近往往形成大量能够沟通深部泥源物质及其他流体的底辟断裂和裂隙，成为深部天然气等流体向上运移的优势运聚通道。当泥底辟上侵活动能量极强向上刺穿海底或地表时，则常常由于泥底辟强烈活动时巨大能量快速释放和泥源物质及其他流体的大量排出，导致在泥底辟上侵活动的中心部位产生强烈塌陷而形成不同规模的底辟喷口及纵向展布颇深的泥底辟通道（图 4.13）为深部流体尤其是油气向浅层具备圈闭及储盖组合

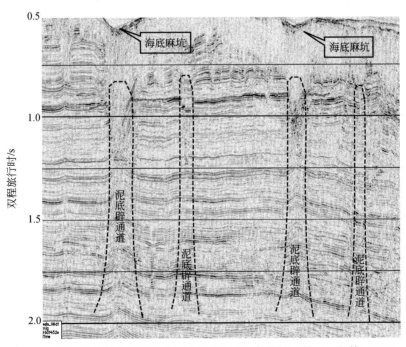

图 4.13　莺歌海盆地中南部昌南区泥底辟地震反射特征（据毛云新等，2005）

条件的聚集场所提供了极佳的油气优势运聚条件及环境。总之，泥底辟/泥火山在二维反射地震剖面上常常会形成各种形态的杂乱模糊反射或者空白反射的特点，同时，在泥底辟/泥火山体顶部或两侧一般具有明显的强振幅特征，或由于伴生一些断层裂隙或由于泥底辟上侵刺穿后泥源物质大量喷空而产生塌陷，最终在泥底辟顶部形成不同规模不同类型的喷口或伴生一些规模不等的麻坑。因此，在泥底辟主体、底辟通道及周缘等，均可形成形态各异的杂乱模糊反射或者空白反射所构成的复杂地震地质异常体，但其围岩及上覆地层由于受泥底辟上侵活动上拱刺穿作用的影响，地层产状发生了明显的改变，这是泥底辟地震地质体与气烟囱地震地质体最根本的区别和差异。通常根据泥底辟/泥火山产生的地震反射异常类型和特点，可利用二维/三维反射地震剖面、浅层剖面资料及侧扫声呐等地球物理技术及手段识别和判识确定泥底辟/泥火山类型及其分布特征（图1.6）。

　　气烟囱多属泥底辟形成演化过程中的伴生产物或地球深部其他流体活动发生泄漏/渗漏所产生的一种地质现象。泥底辟物质向上侵入和刺穿的活动过程中，往往会伴生断层裂隙及气烟囱。泥底辟上侵活动过程中深部泥源物质及天然气等流体均会沿纵向底辟通道向上运聚富集，由于其富含天然气等流体物质，故通过泥底辟及气烟囱处，除了地震纵波速度明显降低剧减外，往往还会大量吸收地震波能量，导致在地震剖面上呈现出弱振幅或空白杂乱反射等现象，尤其是气烟囱的空白反射带显得格外明显和突出。由于其外形似烟囱，且呈竖直的柱状或不规则的柱状，故而得名（图1.9和图1.1）。泥底辟/泥火山与气烟囱在地震剖面上的重要区别与判识确定，主要依据其围岩及上覆地层地层产状是否发生了变化。对于泥底辟/泥火山而言，由于强烈的底辟上侵活动彻底改变了上覆地层及围岩的地层产状，故其地震剖面上显示非常清楚，极易判识确定；而对于气烟囱地震地质体，则由于强烈的气侵作用并没有改变或彻底改变地层产状，故其富含天然气层段及区带通常会发生地震反射波的畸变，常常出现空白反射和杂乱模糊反射的现象。总之，泥底辟体顶部上覆地层及两侧围岩一般具有向上拱起牵引的特征，可以形成一些泥底辟伴生构造（如披覆背斜、断背斜等）；而气烟囱未改变地层产状，一般仅以空白反射形式出现（图1.9）。气烟囱识别与判识确定，可以通过地震相解释，测井以及层速度异常计算等方法，尤其是对其底辟构造形态与围岩接触关系、埋深与分布等方面深入分析研究，即可判识确定气烟囱地震地质体。典型气烟囱地震反射特征与泥底辟/泥火山基本类似，其在地震剖面上也表现出较明显的垂向扰动特征，通常能够观察到地震反射杂乱、弱振幅、空白反射等特点，而且深部地震反射同相轴均发生不同程度的下拉等现象。这主要是由于泥底辟/气烟囱形成过程中，作为油气运移通道的底辟断层、裂缝及微裂隙均富含天然气等流体，地震纵波通过这些泥底辟及气烟囱等地震地质体时，其传播速度比围岩及上覆地层低得多，同时，泥源物质及油气等流体对高频能量地震波的吸收作用非常明显，尤其是当气烟囱纵向上含气饱和度不均匀分布时，其反射变得非常杂乱且不连续，同时在地震属性上，气烟囱与围岩的地震响应特点也明显不同（尹川等，2014）。

　　利用地震层速度异常可以半定量判别气烟囱。当地层沉积物孔隙中饱含充注气体时，其通过含气地层的地震纵波速度显著降低，因此，若地层中饱含天然气，则很容易在地震反射剖面上形成强振幅（亮点）、平点或空白反射等异常响应现象而被识别出来。此外，气烟囱作为天然气等流体运移的重要运聚通道，通常会造成地震剖面上某些反射同相轴出现下拉现象，这也是天然气发生气侵及充注乃至气烟囱运聚通道存在的重要证据。王秀娟等（2008）曾利用琼东南盆地泥岩及砂岩层速度差异，尤其是根据气侵后饱含天然气地层沉积物的地震层速度异常，通过半定量方法判识确定了盆地局部区域存在的气烟囱，起到纵向断层运聚通道的作用，进而为深部天然气等流体向浅层运聚富集成藏提供了非常好的优势运聚通道条件。

Arntsen 等（2007）通过数值模拟的研究方法证明，对于同一油气运移通道模型，排烃早期由于油气运聚侵入量较少，形成的气烟囱效应并不明显，随着晚期大量油气生成排出并向浅层大规模运聚，则排烃通道的气烟囱现象越来越明显。因此，经历了油气大规模运移的运聚通道所构成的气烟囱，在地震剖面上其气烟囱空白反射带标志比较明显，相对比较容易识别，而对于其他油气运聚活动相对较弱、运聚动力小而形成的比较隐蔽的气烟囱，由于地震反射异常标志不显著而很难识别与判识，甚至很容易被忽略。总之，地震剖面上一些不明显或疑似气烟囱的异常，加之异常现象的多解性及单一地震属性刻画不同地质体的能力差异，往往导致在原始地震剖面和常规单一地震属性剖面上，很难识别和判识这些异常现象是否就是气烟囱效应所造成的。因此，对于气烟囱分析判识与综合研究，在搞清楚基本油气地质条件及气烟囱形成的主要控制因素的基础上，应加强气烟囱的地球物理综合分析与多种技术手段和多参数的综合应用（尹成，王治国，2012；刘伟等，2012；尹川等，2014；杨瑞召等，2013），根据气烟囱发育区具有低相干值、低瞬时频率、低振幅、低信噪比、曲率属性异常等地震属性特征，可以对地震资料提取相干体、曲率、瞬时频率、最大曲率、均方根振幅、信噪比等属性参数，开展系统性对比和综合分析研究，突破仅仅利用单一地震属性开展气烟囱或其他地质异常判识和预测的局限性，进而不断提高对不同演化程度、不同类型气烟囱及其他地质异常体的判识与刻画的精度和可靠性。

第三节　南海北部泥底辟/泥火山形成演化特征

南海北部大陆边缘盆地历经半个多世纪的区域地质调查、地球物理勘查及油气勘探开发活动，积累了大量的地质地球物理、地球化学资料和海洋地质调查资料，同时也勘探发现和研究证实存在一定数量的泥火山（尤以台西南盆地海域及陆上最发育，其他盆地较少）与大量泥底辟构造及伴生气烟囱（莺歌海盆地最发育，其他深水盆地如琼东南盆地南部及珠江口盆地南部均有发现，但分布较局限）等特殊地质体，进而为深入分析研究南海北部泥底辟/泥火山和气烟囱及其伴生构造等特殊地震地质异常体提供了有利条件和奠定了扎实的地质资料基础。以下根据目前所掌握的泥底辟/泥火山地质地球物理及地球化学资料，结合前人研究成果及钻探资料，深入分析与系统阐述南海北部大陆边缘泥底辟/泥火山的地质地球物理特征，在此基础上进一步阐明和揭示泥底辟/泥火山及气烟囱形成演化过程和地质特点。

一、莺歌海盆地泥底辟及气烟囱形成演化特征

在南海北部大陆边缘诸盆地中，以西北部浅水区莺歌海盆地泥底辟及气烟囱发育特征

最为典型且分布普遍。渐新世以来，尤其是中新世晚期莺歌海盆地受 1 号断裂带右旋走滑作用的影响，盆地中央出现了雁行排列的南北向剪切断裂及地层薄弱带，故在盆地东南部诱发了深部巨厚海相超压泥质岩类的大规模塑性流动，形成了规模颇大展布于盆地中央东南部的泥底辟隆起构造活动带（展布规模达两万平方千米以上），且在晚新近纪及第四纪，一直处于活动状态，在泥底辟发育活动区油气渗漏现象明显（如乐东区海底调查见到麻坑及气体泄漏散失现象），在盆地东北部莺东斜坡带也见由盆地中央侧向运聚而来的异常发育的油气苗显示。

莺歌海盆地泥底辟及气烟囱主要分布于东南部沉积充填最厚的莺歌海拗陷，且泥底辟及气烟囱展布规模巨大，在拗陷东南部形成了面积高达两万平方千米的中央泥底辟隆起构造带。在中央泥底辟隆起构造带上常常发育一系列展布规模大小不一、不同类型的泥底辟构造，这些泥底辟构造总体上沿盆地北西轴向呈 5 排近南北向的雁行式展布格局，而且这5 排泥底辟及伴生构造的发育展布规模、形态特征及伴生底辟断层裂隙等分布特点均差异很大（图3.3）。已有研究表明，中央泥底辟带中南部昌南 CN6-1 泥底辟是莺歌海拗陷主要的泥底辟活动中心区（毛云新等，2005），由于处在中央泥底辟带中南部泥底辟最强烈的活动区，其泥底辟及热流体上侵活动非常强烈，泥底辟地震模糊带范围大，展布规模达$600km^2$，是莺歌海盆地中央泥底辟隆起构造带中单个泥底辟展布规模最大的。CN6-1 泥底辟平面上呈圆形，内部地震反射同相轴非常模糊且模糊带范围大，表明其泥底辟伴生构造不仅复杂而且展布规模大。该泥底辟体顶部及东部还可见大型地层塌陷现象，其最深处约900m。由此泥底辟中央活动区向外围方向拓展外延，则泥底辟及热流体上侵活动相对趋缓，但仍然很强。处于泥底辟强烈活动中心另一局部区域及附近即东南部的 LD8-1、LD13-1、LD20-1 等泥底辟，其泥底辟及其伴生构造在平面上呈现长轴背斜状，存在多个高点，且泥底辟顶部及周缘断裂发育，泥底辟内部地震反射模糊，在泥底辟构造顶部普遍存在地层塌陷现象且形成了巨大的塌陷坑，属于泥底辟高温超压潜能释放后的重要产物。由此泥底辟活动中心向外围方向，如 DF1-1、LD15-1、LD28-1 等泥底辟及伴生构造，则其伴生构造相对简单，常常在泥底辟顶部及上覆地层中形成穹窿状背斜构造或断背斜，而断层裂隙相对泥底辟活动中心区不是很明显。再向外围拓展，则泥底辟能量逐渐减小或消失，泥底辟及热流体上侵活动强度及高温超压潜能不断减弱，故往往形成规模相对较小的泥底辟伴生构造，此时断裂活动较微弱且主要以垂向小裂隙为主。总之，根据中央泥底辟带上不同区域不同类型泥底辟及气烟囱平面展布特征与泥底辟活动和演化特点，可以看出，晚中新世以来，该区泥底辟及热流体上侵活动的能量和强度，以昌南区最强，且其活动能量和强度由昌南区泥底辟强烈活动中心向东南部斜坡区逐渐减弱，总体上具有环状分布特征。以下根据莺歌海盆地中央泥底辟隆起构造带不同区域、不同类型泥底辟及气烟囱活动特点与其展布特征，自西而东分别按西南部昌南区、西北部东方区和东南部乐东区，重点对泥底辟形成演化特征及其上侵活动的地质地球物理特征等，开展深入系统地分析研究与阐述。

1. 昌南区泥底辟群

昌南泥底辟区（群）位于莺歌海拗陷中部偏西南位置，属于自西向东的第 2 列泥底辟群，主要由 CN6-1、CN12-1 以及 DF30-1 等多个大型泥底辟所构成（图 3.3），该区泥底辟活动非常强烈，且规模巨大，属于特强能量喷口型高幅度泥底辟类型。在通过该泥底辟构造的地震剖面上可以观察到一系列振幅模糊带和空白模糊反射。在通过 CN6-1 泥底辟的典型地震剖面图上可以明显看出（图 4.14），泥底辟上侵活动中心为一自下而上的巨型地震模糊、空白带，在地震模糊带两侧，其地层分布具有明显的对称性，地层产状变化明显。在泥底辟地震模糊带主体两侧及顶部浅层和超浅层还发育有大量的呈各种形状刺穿的气烟囱，表现出深部天然气等流体向浅层运移的迹象。在泥底辟体顶部（T14 界面）则形成了一个大型盆状构造形态，为泥底辟侵入喷出上覆地层及围岩后能量强烈释放，深部泥源物质及流体大量排出后上覆地层发生塌陷而成的巨型麻坑（塌陷坑），后期接受沉积充填，则麻坑逐渐被填平补齐。从地震剖面上看，这种底辟刺穿—塌陷—底辟再刺穿—塌陷至少经历了 2 次以上，即泥底辟活动至少发生了 2 期乃至多期（毛云新等，2005）。在远离泥底辟活动的巨型喷口中心地震模糊带的区域，地震反射波受热流体活动的影响明显减弱，反射同相轴基本连续，但是仍呈现出少量热流体上侵的痕迹，上覆地层及围岩表现出轻微褶皱，局部发育断层，且浅层上新统莺歌海组与第四系乐东组的地层连续性变差。在 CN6-1 泥底辟活动中心的巨型喷口内及其附近常常还发育了大量与底辟伴生的环状断层（图 4.15），在靠近泥底辟活动喷口中心呈现出放射状特点，而在喷口中心周缘附近则呈现环状分布特征，形成了围绕泥底辟活动中心的环形断层，这种断层分布特点在泥底辟空间展布图上非常明显清晰。因此，可以确定这些断层的产生均与泥底辟上侵活动密切相关，泥源物质大量上拱和强烈底辟刺穿作用，导致了上覆地层及岩石破裂，形成了大量断层裂隙。

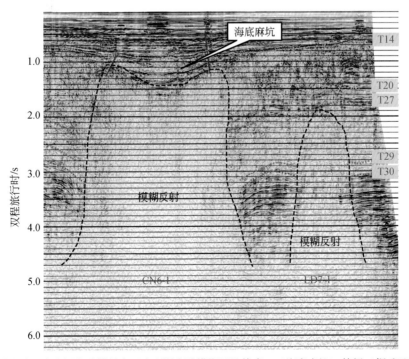

图 4.14　莺歌海盆地中央泥底辟带昌南区大型泥底辟模糊区及其喷口（海底麻坑）特征（据毛云新等，2005）

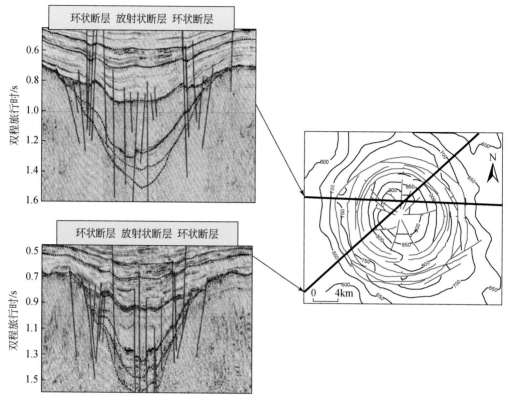

图 4.15 莺歌海盆地昌南区泥底辟及周缘相关断层特征 (据 Lei et al.，2011)

2. 东方区泥底辟群

东方泥底辟区（群）位于中央泥底辟带西北部，该区泥底辟上侵活动强烈，主要由 DF1-1 及 DF29-1 等大型泥底辟所构成，属于强能量高幅度泥底辟类型。泥底辟大规模上侵活动及其上拱作用形成了一些大型的穹窿状泥底辟伴生背斜构造。从通过东方区主要泥底辟群的东方 1-1 泥底辟构造的典型地震剖面上（图 4.16），可以非常清晰地观察到这种强能量高幅度展布规模大的典型泥底辟地震地质异常体。在该地震剖面上，地震反射同相轴在泥底辟上拱部位明显发生中断，泥底辟体内部显示出大范围的反射模糊带，反映泥源物质从深部一直上侵到浅层第四纪地层。泥底辟体两侧地层及围岩则因泥源物质挤入上拱普遍发生向上牵引，即地层产状发生了明显的改变，形成了对称于泥底辟体两侧分布的半背斜构造，而在泥底辟体顶端上覆围岩处由于泥底辟强烈的底辟上拱，导致地层发生褶皱变形并产生断层裂隙，形成了大型泥底辟穹窿状背斜构造。同时在泥底辟体内部及两侧可看到大量的高角度断层及裂隙。勘探实践及研究表明，这些断层裂隙可作为深部流体（天然气等）向浅层运移输导的高效运聚通道。从平面上可以看到（图 4.17），东方区 DF1-1 及 DF29-1 泥底辟顶部伴生构造，均具有南北向长，东西向较短的展布特点。DF1-1 泥底辟伴生背斜构造顶部存在南北向分布的断裂系，将该构造分为东西两部分，形成了一系列断背斜、断块等伴生构造圈闭。DF29-1 泥底辟伴生构造也属于大型穹窿状泥底辟背斜构造（图 4.18），其构造特征与 DF1-1 泥底辟伴生构造基本类似。

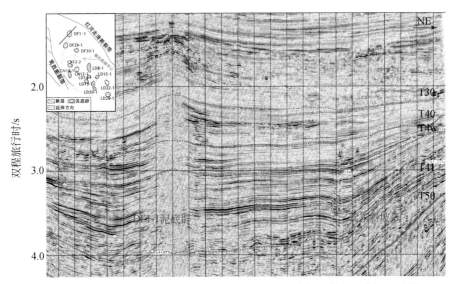

图 4.16　莺歌海盆地东方区中–强能量高幅度柱状泥底辟地球物理特征（据毛云新等，2005）

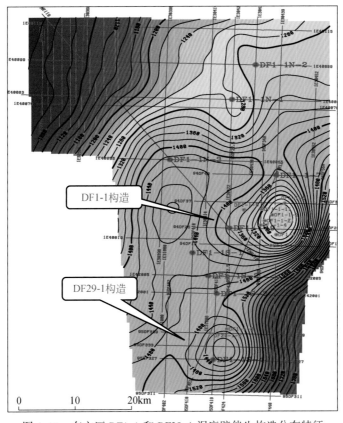

图 4.17　东方区 DF1-1 和 DF29-1 泥底辟伴生构造分布特征

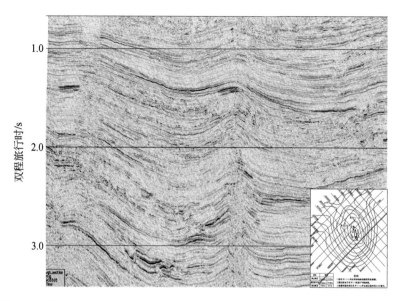

图 4.18　东方区 DF29-1 泥底辟及伴生构造典型地震剖面（据毛云新等，2005）

3. 乐东区泥底辟群

乐东泥底辟区（群）位于中央泥底辟带东南部沉降最快且沉积充填最厚处，主要由 LD8-1、LD15-1、LD20-1 及 LD22-1 等大型泥底辟及其伴生构造所组成，该区泥底辟活动比东方区更为强烈，泥底辟规模也更为宏大，基本上属于强能量或特强能量高幅度泥底辟类型。在通过乐东区泥底辟群中的 LD8-1 泥底辟和 LD15-1 泥底辟的典型地震剖面上（图 4.19），可以非常明显地观察到泥底辟上侵活动产生的空白反射、模糊反射及杂乱反射等地震波畸变现象，且泥底辟体两侧围岩及上覆地层产状发生了明显的改变，两侧围岩由于泥底辟上侵作用而向上牵引，上覆地层则由于泥底辟上拱刺穿作用而形成被断层复杂化的披覆背斜构造。乐东区泥底辟发育展布特征与东方区泥底辟基本类似，但该区泥底辟上侵活动更为强烈且规模巨大。其中，LD8-1 泥底辟属于特强活动能量高幅度的泥底辟类型，其在浅层甚至海底，地震剖面上能见到泥底辟喷口及麻坑等现象。显然是深部泥源物质大规模上侵底辟，甚至喷出当时的地表或刺穿海底，导致其深部地层系统中大量泥源物质被掏空而使得地层流体压力剧降不能支撑上覆沉积物，进而引起了泥底辟喷口处地层发生大规模塌陷形成不同类型的麻坑。同时，从地震剖面上还可观察到泥源物质多期侵入的地震地质特征，这表明该区泥底辟具有多期发育继承性活动特点，故垂向上具有多期活动叠置继承性发育演化及生长的现象和演化过程。（Judd and Hovland，1992）乐东区泥底辟空间发育展布特征及其伴生断层裂隙发育程度与分布特点，与东方区泥底辟群基本类似。此处不再赘述。

综上所述，根据莺歌海盆地中央泥底辟带构造及地质特征的分析解剖，尤其是通过中央泥底辟带高分辨率三维地震资料分析解释与地质综合研究，结合钻探资料及前人研究成果，可以总结和概括出莺歌海盆地泥底辟形成演化及空间展布规律具有以下重要特点：

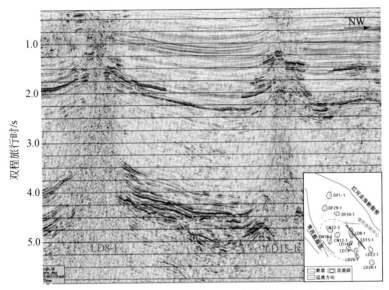

图4.19　通过乐东区 LD8-1、15-1 泥底辟典型地震剖面特征（据毛云新等，2005）

1）泥底辟总体上集中发育，数量多规模大

莺歌海盆地中央泥底辟隆起构造带展布规模超过 $2\times10^4km^2$。中央泥底辟带自西向东由 5 排近南北向呈雁行式排列的不同类型泥底辟群所构成。泥底辟上侵活动异常强烈，且集中分布数量多，单个泥底辟展布规模达 $800km^2$ 以上。因此，该区是南海北部大陆边缘诸盆地中泥底辟及气烟囱最为发育、分布相对集中、规模最大、数量最多且底辟活动能量最强的典型泥底辟及气烟囱发育区。由于泥底辟热流体上侵活动非常强烈，其对盆地大地热流及地温场乃至烃源岩有机质成熟演化生烃作用等影响也非常大。不同类型泥底辟及气烟囱在地震剖面上所造成的地震反射杂乱模糊带、空白带也最典型、最具代表性，且泥底辟地震模糊带规模和分布范围也最大。相比之下，琼东南盆地及珠江口盆地泥底辟/泥火山及气烟囱大多活动能量相对较弱，泥底辟展布规模及分布范围小。在地震剖面上的地震反射模糊带也不典型，有的仅表现出疑似泥底辟及气烟囱的地震反射特征。不具有理论上的典型泥底辟/泥火山的地质地球物理特征。如琼东南盆地南部深水区发育的泥底辟及气烟囱的地震反射剖面特征非常不明显且不典型，不具有理论上的泥底辟及气烟囱的地质地球物理特征，且其展布规模相对较小。此外，莺歌海盆地泥底辟往往是由多个活动强度及能量和规模不同、大小与形态各异而密切相关联的，具成因联系的泥底辟构成的复合泥底辟组合体，在地震剖面上甚至可以连片观察到由地震模糊带所组成的复杂"泥底辟及气烟囱地震模糊组合体"，如昌南泥底辟区发育的泥底辟群，就是由大小不一的具成因联系的不同泥底辟所构成（图4.13），这种多个泥底辟组合在一起，复式排列叠置且彼此具有成因联系的展布特征表明，泥底辟热流体上侵刺穿活动类似于火山活动一样，除了有大的主活动通道外，还发育各种分支的小型通道系统，深部泥源物质通过这些通道系统向浅层底辟刺穿形成具有成因联系的泥底辟单元，共同构成了泥底辟/泥火山的复合叠置上侵活动体系。

2）泥底辟伴生构造样式多

泥底辟/泥火山形成演化过程中，大量泥源物质在高温超压潜能作用下不断地由深部通过底辟纵向通道向浅层侵入刺穿或上拱，进而导致上覆地层及围岩由于受到底辟物质强烈上侵活动及挤入刺穿作用的巨大影响，其地层产状发生明显的改变，同时泥底辟活动能量也大量释放和散失，且在泥底辟/泥火山两侧围岩及上覆地层中形成了不同类型的伴生构造及断层裂隙系统。在通过泥底辟/泥火山的地震剖面上，一般均可观察到在泥底辟/泥火山两侧的围岩地层，发生了明显向上牵引上拱现象，往往形成一些半背斜或断背斜构造；而在底辟体顶部的上覆地层则明显被上拱褶皱，形成披覆背斜构造，且常常伴生一些放射状或花状断层裂隙。总之，在泥底辟/泥火山上侵活动区，由于其上侵刺穿与上拱挤入作用，常常可以形成不同类型的底辟伴生背斜-半背斜和断背斜等构造样式，同时还可以形成一些构造-断层或构造-地层岩性所构成的复式构造样式及其圈闭（图 4.16～图 4.19）。泥底辟形成演化对不同类型圈闭的构成及其展布特征，也能产生重要的控制影响作用。在泥底辟上侵活动及其发育演化过程中，不仅可以在其顶部及两侧形成不同类型的伴生背斜构造圈闭，而且由于其伴生断层发育，常常还能够形成不同类型的断块圈闭、断背斜圈闭和侧向上被泥底辟封堵的鼻状构造圈闭等。一般来说，泥底辟上侵活动能量越强，则底辟上拱的幅度越大，展布规模也大，底辟两侧半背斜-断背斜构造的倾角也越陡，其半背斜-断背斜构造的闭合幅度也会越大。当泥底辟上侵活动能量较低时，泥底辟两侧围岩及上覆地层仅发生轻微低幅度上拱，常常形成低幅度龟背上拱的背斜构造样式。由于莺歌海盆地泥底辟上侵活动非常强烈，其泥源物质孕育的高温超压潜能巨大，因此往往能够形成规模大的泥底辟伴生构造及其圈闭，如东方区的 DF1-1、DF29-1 等泥底辟伴生构造即属于泥底辟强烈上拱形成的大型宽缓背斜构造，有利于圈闭油气而富集成藏；再如乐东区的乐东 LD8-1、昌南区的昌南 CN6-1 及 CN12-1 等不同类型的泥底辟伴生构造及其圈闭，也具有展布规模大、构造样式多等特点，能够成为非常好的大中型油气藏的圈闭聚集场所。

3）泥底辟伴生断层裂隙发育

处在南海西北部大陆边缘的莺歌海盆地，由于受区域动力学环境的制约和影响，其主要的大型断层，如 1 号断裂及莺东断裂和莺西断裂等的构造样式所表征的断裂活动特征多具有走滑伸展与扭动剪切性质和特点。盆地中部拗陷新生代沉积充填巨厚欠压实细粒沉积物在快速沉降沉积等多种地质因素作用下孕育的高温超压潜能，导致其泥底辟上侵活动非常强烈且频繁，而这些异常发育的不同类型、不同规模的泥底辟形成及空间展布区域，均是在区域构造地质动力背景下所形成的地层薄弱带及地层应力集中释放区，这是由盆地早期快速沉降沉积形成的中新统三亚组-梅山组巨厚欠压实泥岩及其排出的流体沿地层破碎薄弱带底辟侵入或挤入刺穿所致。同时，在泥底辟上侵活动及底辟刺穿的发育演化过程中，伴随大量泥源物质及流体向浅部地层输送侵入，泥底辟活动孕育的高温超压潜能在围岩及上覆地层系统中会大量释放和泄漏，并常常会导致围岩及上覆地层破裂，形成大量伴生断层裂隙。尤其是在泥底辟顶部常常会由于底辟上拱刺穿作用造成上覆地层破裂而产生放射状或不规则状的底辟伴生断层裂隙。这些断层裂隙纵向上不仅可作为深部天然气等流体向浅层运移聚集的高效通道，而且平面上也可构成断块或断背斜构造圈闭，为油气运聚成藏提供非常好的聚集场所（图4.17、图4.20）。从图4.20所示泥底辟顶部伴生构造圈闭平面图上可以看出，该泥底辟顶部伴生构造一般均可观察到近南北向展布的底辟伴生断裂系统，每个底辟体的长轴走向均为近南北向，而且由北西向南东底辟体内的断裂由近南北向转为北西向。通常由底辟活动所造成的断裂，主要分布在底辟体上部或两翼。其中一部分断裂是沿先期构造或地层薄弱带发展起来的，或者底辟作用导致早期断裂再活动，不断地向上延伸，甚至达到地表。因此泥底辟总体展布方向主要为继承性的近南北向，如DF1-1等泥底辟及其伴生构造就是典型实例。诚然，在泥底辟上侵活动中还有一部分断裂，是由于底辟在上隆拱起过程中，顶部形成局部的张性应力场造成的，这些断裂在剖面和平面上均呈放射状，如LD15-1泥底辟顶部伴生构造及昌南区泥底辟伴生构造（图4.15）。另外，在地震剖面上，也能在泥底辟体两侧围岩和顶部上覆地层系统中观察到高角度大断裂和数量众多的中小型底辟断层裂隙，如DF1-1泥底辟和LD8-1泥底辟T20及T18等伴生构造图上，可明显看到近南北向发育的大断裂，其常常将底辟顶部披覆背斜构造复杂化，多分为东西两块或多块断块圈闭。同时，泥底辟活动过程中伴随的热流体活动也会产生流体压裂作用，导致披覆构造破裂，使之复杂化。流体压裂（hydrofracture）是由地层岩石孔隙空间中流体压力增大到超过上覆岩石破裂极限而导致低渗岩石破裂，使其流体大量释放和排出的过程。当然，这种流体压裂形成的岩石破裂系统及其破裂面，通常均形成于异常高的流体压力条件下，即高温超压环境及其封闭体系之中。流体压裂作用形成的断层裂缝系统构成的流体运聚供给体系，通常是深部天然气等流体向浅层运移聚集的优势运聚通道。

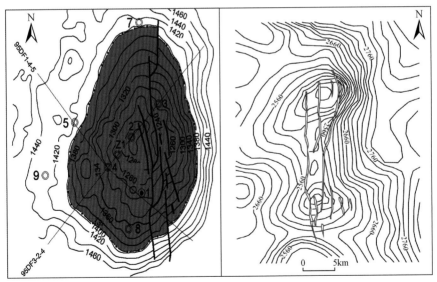

图4.20　DF1-1泥底辟伴生构造（左）与LD8-1泥底辟伴生构造（右）展布特征

4）多期活动且纵向叠置

在泥底辟上侵活动的形成演化过程中，当巨厚泥源物质及其强大的底辟活动能量逐渐积累到能够导致围岩及上覆地层岩石破裂的极限强度时，泥源物质就会在上覆地层薄弱带或构造薄弱带产生强烈的底辟上拱活动，此即（首次）第一期（幕）泥底辟上侵活动；

当泥源物质侵入到浅层甚至刺穿至海底，则底辟活动能量逐渐减弱到完全释放，泥底辟活动停止。与此同时泥源物质及活动能量也重新开始新一轮的积累和积聚，当其泥底辟活动能量积累到再次达到上覆地层岩石破裂强度时，大量泥源物质会再次发生侵入上拱作用，此即开始第二期（幕）泥底辟上侵刺穿活动。泥底辟形成演化过程中的这种底辟能量积累—底辟侵入上拱—底辟能量强烈释放—底辟活动能量再次积累积聚—底辟再次上拱刺穿及其伴生构造形成等环节的周期性反复循环演变，就是这种泥底辟形成的幕式周期性循环演变过程及其特点，与通常的火山活动周期性幕式喷发非常类似。因此，在地震剖面上可明显看到多期泥底辟幕式上侵活动的痕迹及其纵向叠置的现象。一般表现在地震剖面上，均可见到大套泥岩段对应于相位连续性差、弱振幅的地震相，而砂岩段则对应中–强振幅且相位连续性较好的地震相，由此不仅可以分析确定砂泥岩组合类型的变化及其分布特点，而且尚可进一步分析判断泥底辟上侵活动的期次。如 LD8-1 泥底辟（图 4.19），根据地震模糊带两侧地层产状变化特征推断与判识，其至少可以划分出 2 套泥源层及与其相对应的两期泥底辟活动特点。而且在纵向上可看到非常明显的多期空间叠置特征。伴随泥底辟周期性活动特点，其油气运聚成藏也具有周期性幕式充注成藏的过程和特点。

　　5）伴生强烈热流体活动强烈

　　莺歌海盆地是一个年轻的高温超压盆地，盆地中南部中央泥底辟隆起构造带温压场明显高于盆地斜坡带及周缘区。其中，中央泥底辟带地温梯度及大地热流明显高于莺东斜坡带及临高凸起等非泥底辟活动区，中央泥底辟带实测最高地温梯度达 6.12℃/100m，大地热流值高达 92.6mW/m²，且古热流值与今热流值大致相当；中央泥底辟带普遍具有强超压，且超压面浅、地层压力系数大的特点，地层压力系数最大为 2.28，根据钻探及依据地震资料测算的压力系数大部分地区也可达到 2.0 以上。因此，中央泥底辟带是盆地中部地层压力最大，高压面埋藏最浅、地温梯度最高的地区。盆地新近纪异常高温超压系统形成演化及其孕育的高温超压潜能，对泥底辟形成发育及其展布特征产生了至关重要的控制影响作用。总之，莺歌海盆地异常发育的泥底辟及其伴生的强烈的热流体上侵活动，是该区高温超压系统形成的地质基础和根本原因所在，而泥底辟伴生的高温超压潜能及其热流体活动，对于该区烃源岩有机质成熟生烃乃至"从源到汇"的运聚成藏过程及其控制作用等，均起到了决定性的关键作用。中央泥底辟带上浅层常温常压气藏及中深层高温超压气藏形成与分布富集规律等，均与泥底辟形成演化及展布特点密切相关，故可将其称之为泥底辟伴生气藏或泥底辟型气藏（何家雄等，1994，2010，2012；龚再升，2004）。

二、琼东南盆地疑似泥底辟/泥火山及气烟囱形成演化特征

　　与西部相邻的莺歌海盆地泥底辟及气烟囱集中分布特点明显不同的是，在琼东南盆地南部陆坡深水区，其疑似泥底辟/泥火山及气烟囱等特殊地质体分布均较分散，泥底辟/泥火山形成演化及展布特征远不及莺歌海盆地典型和明显，甚至缺少某些泥底辟/泥火山形成的基本地质特征，故笔者将其称之为"疑似泥底辟/泥火山"。根据三维高分辨地震剖面解释，结合地质条件分析，可以初步分析揭示该区不同类型疑似泥底辟/泥火山及气烟囱等特殊地震地质异常体的分布特征及形成演化特点。

1. 分布广而散且规模小

前已述及，琼东南盆地疑似泥底辟/泥火山及气烟囱等底辟活动及其伴生产物，主要分布于中央拗陷带及南部隆起深水区。疑似泥底辟/泥火山构造主要分布在拗陷中心或凸起与凹陷之间的转换带，多呈零星散乱分布，而且展布规模不大，甚至在二维地震剖面上也难以识别，但其在南部隆起带相对较集中发育（图4.21）。盆地构造转换带形成的构造薄弱带和中央拗陷带属于古近系和新近系沉积充填厚、泥底辟/泥火山异常发育的区域，在该区虽然形成了多种类型的疑似泥底辟/泥火山及气烟囱与伴生构造，但其发育展布规模及剖面形态特征，并不具有莺歌海盆地中央泥底辟带那种成群成带集中分布、单个泥底辟规模大，剖面上底辟特征非常明显等特点。而且泥底辟两侧围岩及上覆地层产状均未发生明显改变，且空间分布也比较分散，单个泥底辟或泥底辟群上侵活动能量均较小。很显然，与莺歌海盆地中央泥底辟带的泥底辟相比，在底辟上侵规模及活动能量以及形成演化特点等均存在较大差异，故对油气成藏及水合物成矿等的控制影响作用可能也有所不同。

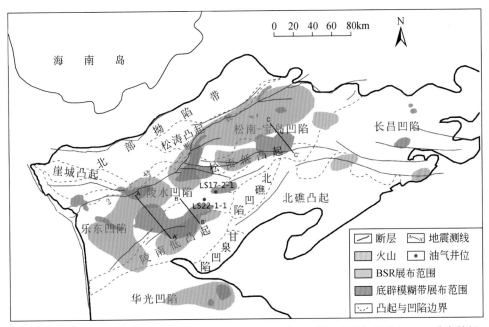

图4.21　琼东南盆地南部深水区中央拗陷带火山、泥底辟/泥火山及气烟囱与BSR分布特征

2. 伴生构造样式多

琼东南盆地南部深水区疑似泥底辟的三维高分辨率地震剖面分析表明，其疑似泥底辟及气烟囱特殊地质体在地震剖面上（图4.22、图4.23），一般均具有模糊或杂乱空白地震反射特点，但不具有莺歌海盆地泥底辟体那种典型的空白模糊反射特征，尤其是泥底辟体两侧围岩及上覆地层产状改变不明显或基本上没有改变，且地震反射波组也不清楚。另外，地震模糊反射空白带展布规模也相对较小，未见成群成带展布的现象。部分疑似泥底

辟体内部同相轴不连续，且反射杂乱，底辟伴生断层裂隙发育。总之，大部分疑似泥底辟发育规模较小，在地震剖面上仅表现为轻微侵入上拱，且上拱幅度较小，往往形成一些典型的龟背上拱形态或低幅度的隐伏疑似泥底辟地质体（图4.24）。这种类型泥底辟构造的形成，表明其泥底辟上侵活动能量及活动强度均较低，其泥源物质缺乏足够的上拱刺穿动

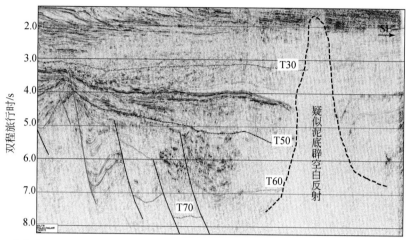

图4.22　琼东南盆地西南部深水区乐东凹陷疑似泥底辟典型二维地震剖面（据杨金海等，2014）

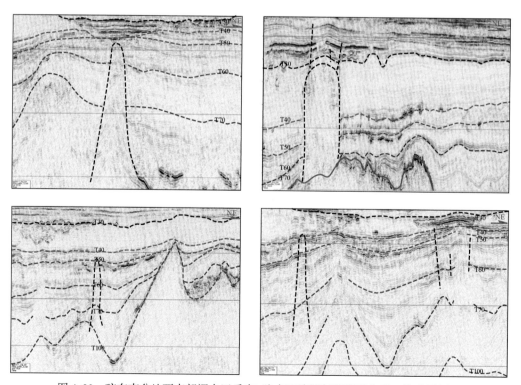

图4.23　琼东南盆地西南部深水区乐东-陵水凹陷疑似泥底辟典型二维地震剖面

力。当然，有些地震剖面还能观察到小型泥底辟刺穿构造，其刺穿规模很小，外形尖锐，刺穿深度较浅，且一般限定在构造层内，可能为构造扰动导致的突发性泥底辟刺穿。在有的地震剖面上（图4.24），也能观察到沉积层内部或刺穿沉积层形成的一系列小型泥底辟或气烟囱，在这些泥底辟及气烟囱顶部还能观察到亮点显示，表明这些较小规模的泥底辟及气烟囱发生过泄气现象（赵汗青等，2006）。泥底辟及气烟囱属于深部流体向浅层运移的优势运聚通道。当泥底辟上侵活动能量较强，且泥源物质充足时，深部泥源物质喷发强烈甚至可以刺穿至海底或地表，此时泥底辟活动能量快速大量释放，地层泄压发生塌陷可形成不同类型的海底麻坑（图4.25），而其底部则与气烟囱沟通相连，成为流体渗漏散失的通道系统。由于泥底辟形成演化均处于高温超压地层系统之中，在泥底辟物质上拱侵入或刺穿的过程中，能够在其内部、顶部及周缘附近形成泥底辟伴生断层及裂缝系统，进而为油气运聚成藏提供了有利运聚输导条件。这种现象在琼东南盆地南部深水区泥底辟内部及顶部上覆地层和周缘围岩中均可观察到（图4.26）。很显然，这些底辟伴生断层裂隙与泥底辟纵向活动通道一起，构成了深部天然气等流体向浅层运移的优势运聚通道系统。

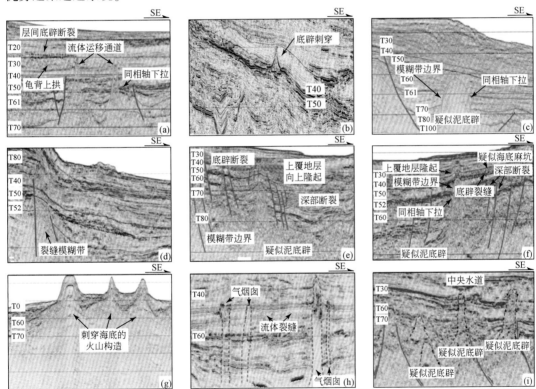

图4.24　琼东南盆地疑似泥底辟/火山构造样式二维反射地震剖面响应特征（据杨金海等，2014修改）
（a）乐东凹陷流体底辟与龟背上拱；（b）乐东凹陷泥底辟；（c）松南-宝岛凹陷泥底辟；（d）宝岛凹陷北坡流体裂缝；（e）长昌凹陷泥底辟Ⅰ；（f）长昌凹陷泥底辟Ⅱ；（g）长昌凹陷刺穿海底火山；（h）松南凹陷南斜坡气烟囱；（i）陵水凹陷南斜坡泥底辟

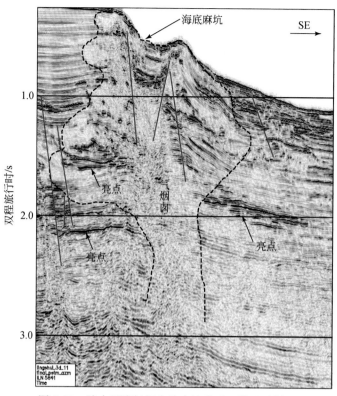

图 4.25　陵水凹陷气烟囱及麻坑典型二维地震剖面

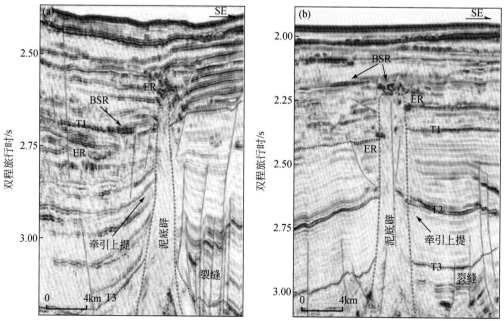

图 4.26　琼东南盆地西南部深水区疑似泥底辟地震反射特征

（a）松南低凸起；（b）陵南低凸起

尚须指出，与泥底辟伴生及其他地质因素形成的气烟囱，在琼东南盆地南部深水区分布要比泥底辟/泥火山分布更为普遍一些。尤其是在盆地北部陆坡及中央拗陷带分界处以及南部断阶带等深水区域，由于处在构造薄弱带或地层薄弱带附近，断层裂隙较发育，故在这种区域构造地质背景下，深部天然气及其他流体在高温超压潜能作用下，非常容易发生自下而上的强烈气侵作用。由于地层岩石孔隙中饱含流体及天然气，且相互连通纵向叠置，因此，常常在纵向上相互沟通而构成了不同类型的柱状气烟囱（图 4.23、图 4.25）。气烟囱本质上就是地层富含天然气或发生强烈气侵，进而导致地震波能量被大量吸收而发生严重衰减和畸变所致。因此在地震剖面上多表现为大量杂乱模糊反射或空白模糊反射特征，或出现同相轴下拉现象，但通过地震精细处理后可以看到其地层产状及构造形态并没有发生改变，故其属于气烟囱无疑，且与流体及油气运聚活动密切相关。而气烟囱的大量存在及其发育展布，则构成了非常好的流体及油气纵向运聚的优势通道系统。

3. 刺穿层位多活动期次多

从琼东南盆地疑似泥底辟纵向发育特征看，不同构造带及同一构造带不同位置泥底辟刺穿层位及活动展布规模存在明显差异。赵汗青等（2006）通过对琼东南盆地疑似泥底辟地震剖面分析解释，认为琼东南盆地南部深水区西北部疑似泥底辟分布较为集中，且发育时间较晚，剖面上大部分疑似泥底辟上侵活动能够刺穿 T1–T3 地震反射界面，基本上达到第四系及海底；而盆地南部深水区西南部部分疑似泥底辟上侵活动能量有限，泥底辟幅度较低且刺穿上覆地层较少，一般仅至 T2 地震反射界面。笔者通过高分辨率三维地震剖面分析解释与油气地质综合研究，重点剖析了疑似泥底辟上侵活动的成因机制及泥源物质来源和发育演化特点。根据地震剖面精细分析解释与构造沉积充填特征分析，琼东南盆地南部深水区疑似泥底辟泥源层主要来源于中中新统 T5 反射界面之下的地层，尤其是来源于古近系 T60 以下地层的泥源物质更为居多，即形成该区泥底辟/泥火山的物质基础主要来源于深部古近系的巨厚大套欠压实陆相泥页岩及过渡相煤系，其与莺歌海盆地泥底辟的泥源层主要来自于中新统巨厚欠压实海相泥页岩明显不同，因此，两盆地油气地质条件及运聚成藏规律差异明显。另外，该区大部分疑似泥底辟上侵活动能量有限，仅仅上拱刺穿至晚中新统 T3 地震反射界面尚未达到上新统及第四系地层。当然也有个别疑似泥底辟活动能量较强，拱起刺穿层位多，能够将深部泥源物质及伴随的大量天然气等流体携带至浅层（图 4.22）。尤其是在盆地中央拗陷带南部深水区及南部拗陷带周缘地区，部分疑似泥底辟活动能量强，深部泥源物质及流体能够向上沿构造薄弱带底辟上拱或底辟刺穿至第四系浅层（张伟等，2015）。总之，琼东南盆地疑似泥底辟/泥火山与邻区莺歌海盆地中央泥底辟带类似，在其形成演化过程中，多期次上侵活动能够上拱刺穿围岩及上覆不同层位地层，构建一个沟通深部烃源供给系统而连接浅层运聚圈闭系统的泥底辟及断层裂隙构成的纵向优势运聚通道，进而为油气成藏及天然气水合物成矿提供重要的起关键控制作用的最佳运聚输导条件，并能够将深部烃源输送到浅层中新统–上新统具备储盖组合的圈闭和深水海底浅层天然气水合物稳定域，最终形成深水油气藏和天然气水合物矿藏。

4. 伴生较强热流体活动

泥底辟上侵活动过程中通常伴随强烈的热流体活动，而热流体活动过程实际上是热流体聚集与散失的动平衡过程，而泥底辟活动为热流体提供了通道条件，故在地震剖面上往往能观察到与泥底辟构造相伴生的流体运移痕迹。莺歌海盆地天然气运聚过程分析表明，油气作为流体的一部分也随着流体活动而处在生、运、聚、散的动平衡过程中。琼东南盆地与莺歌海盆地类似，属于高温超压盆地，不仅地温梯度高，而且盆地中央及拗陷中心深部普遍发育超压，尤其是中央拗陷深水区古近纪地层普遍的欠压实和有机质生烃造成地层高温超压作用等均对温压场产生巨大的影响，此外，盆地部分区域如中央拗陷带东部长昌凹陷深水区还存在火山岩底辟活动，岩浆侵入作用的影响，导致局部地区出现热异常，地温梯度偏高。总之，琼东南盆地新近纪、第四纪泥底辟活动及伴生热流体的影响，加之局部区域的火山活动等多种地质因素的综合效应，导致该区地温场、大地热流值偏高，其对于烃源岩有机质成熟演化生烃、油气运聚成藏乃至天然气水合物成矿等均具有重要的控制影响作用。因此，分析判识泥底辟及热流体上侵活动路径与其活动演化规律和特点，对于建立油气及天然气水合物成矿成藏模式，分析把握主要控制因素，评价预测有利油气及天然气水合物富集区带和最佳勘探目标等，均具有非常重要的指导意义和参考借鉴价值。

三、珠江口盆地疑似泥底辟/泥火山及气烟囱形成演化特征

珠江口盆地泥底辟/泥火山及气烟囱分布比较局限，相对而言，其中以气烟囱形式出现的比较普遍。根据海洋地质调查及油气勘探实践表明，该区目前调查证实及勘探发现的泥底辟/泥火山及气烟囱等地震地质异常体（地震反射杂乱/空白模糊带），均主要集中分布于珠江口盆地南部深水区珠二拗陷白云凹陷和东沙隆起西南海域。珠江口盆地泥底辟/泥火山及气烟囱等地震地质异常体的地球物理与地质综合研究相对较少，尤其是深入分析研究其形成演化特征及成因机理与控制因素等，均开展得很少且不够深入系统，同时由于缺少泥底辟/泥火山实际钻探的地质地球物理资料，故其研究均属于定性分析推理而缺少深入的定量分析研究。以下仅根据该区泥底辟/泥火山及气烟囱的地质地球物理特征，结合前人有关泥底辟/泥火山的研究成果与认识（何家雄等，1994b，2005，2010b；王家豪等，2006；石万忠等，2009；何永垚等，2012；阎贫等，2014），进一步分析总结珠江口盆地泥底辟/泥火山及气烟囱形成演化特点及展布特征与分布规律。

1. 白云凹陷疑似泥底辟及气烟囱发育特征

珠江口盆地疑似泥底辟及气烟囱主要集中分布于盆地南部深水区白云凹陷中南部（图4.27），泥底辟及气烟囱地震模糊带呈北西向展布，与近北东向分布的天然气水合物BSR标志层具有一定的空间叠置关系。根据通过疑似泥底辟及气烟囱的典型地震剖面可以明显看出，无论是泥底辟还是气烟囱在地震剖面上均显示为空白模糊地震反射特点，且其地震空白模糊反射带两侧地层产状没有发生明显的改变，或基本未改变（图4.28），这与莺歌海盆地泥底辟及气烟囱或其他地区的泥底辟及气烟囱地震反射特征差异非常明显，且根本不具有通常地质上定义和描述的泥底辟基本地质特征，因此，笔者将其称之为"疑似泥底辟"。

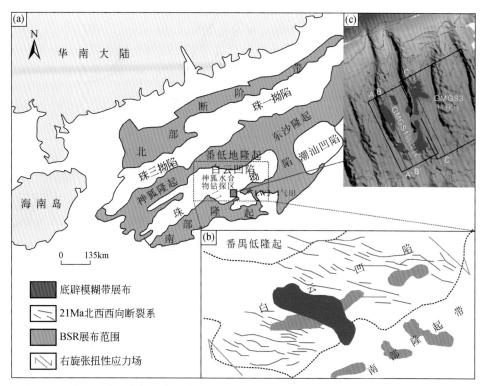

图 4.27　珠江口盆地南部深水区白云凹陷中南部泥底辟及气烟囱模糊带与 BSR 展布特征

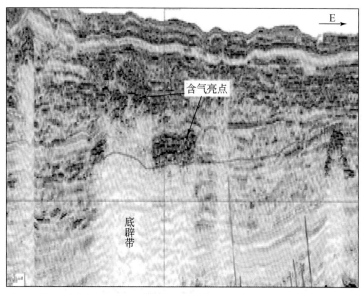

图 4.28　珠江口盆地南部深水区白云凹陷中南部疑似泥底辟/气烟囱模糊带典型地震剖面

　　白云凹陷疑似泥底辟形成演化特点，也具有一般泥底辟形成演化的基本特点及其展布规律，剖面上通常经历了早期龟背上拱、弱刺穿、气烟囱、伴生底辟断层裂隙、海底麻坑等发育演化阶段及演变过程，这代表了由深部塑性物质上拱—弱刺穿—强刺穿—喷发泄压塌陷即麻坑（图4.29）等不同的泥底辟形成演化阶段及最终残留产物。同时，泥底辟形成演化过程中在其泥底辟顶部及两侧围岩中常常会伴生一系列断层裂隙，很显然，这种泥底辟伴生断层裂隙系统往往是油气等流体运聚的优势通道，对油气运聚成藏至关重要。另外，在深水区泥底辟发育的上覆浅层及超浅层地层系统中，尤其是与深部泥底辟存在成因联系的气烟囱（图4.30）及断层裂隙构成的纵向流体运聚渗漏系统，也往往是浅层油气藏和深水海底浅层天然气水合物矿藏非常重要的优势运聚通道与成矿成藏的主控因素，是浅层油气藏形成及"渗漏型"高饱和度天然气水合物成矿的重要条件。典型的实例如在白云凹陷神狐水合物钻探区深水海底浅层地震剖面上，均见到了大量的疑似气烟囱（图4.31）和由于含气或气侵所导致地震能量吸收产生的低频异常区（图4.32），由此可见，含气流体确实已经通过泥底辟及气烟囱和伴生断层裂隙构成的纵向通道运聚到了深水海底浅层高压低温稳定带而形成天然气水合物矿藏。

2. 东沙西南海域疑似泥火山发育特征

阎贫等（2014）在珠江口盆地东沙群岛西南海域（白云凹陷与潮汕拗陷的过渡带，构造上属于东沙隆起西南部），通过海洋地质及地球物理调查先后发现了许多海底丘状构造，通过进一步地质地球化学分析研究综合判识确定为不同类型的疑似海底泥火山（图4.33）。在多波道海底地震反射剖面上，可以明显观察到这些出露海底的丘状构造顶部具有异常的强振幅特点而其下丘状体内部则出现空白杂乱模糊的地震反射特征（图4.34），即在丘体区下部反射普遍模糊。通过CHIRP浅地层剖面进一步观察可发现，丘状构造体内外地震反射特征差异显著，在丘状构造脊部，浅层剖面反应的海底反射呈现出强振幅特征，且出现了"长尾"绕射；而丘状体海底以下的地震反射则表现非常微弱和模糊，声波

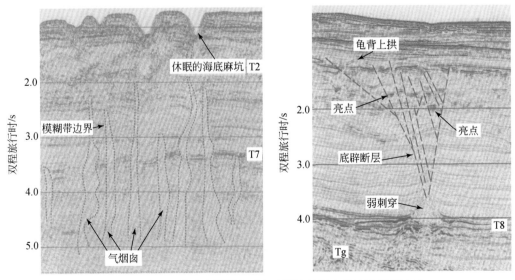

图4.29　珠江口盆地南部深水区白云凹陷气烟囱群及海底麻坑与
底辟顶部伴生断裂（据王家豪等，2006）

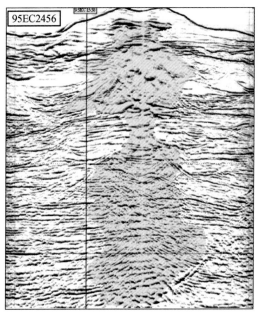

图 4.30 珠江口盆地南部深水区白云凹陷中南部气烟囱及亮点典型地震剖面（据庞雄等，2008）

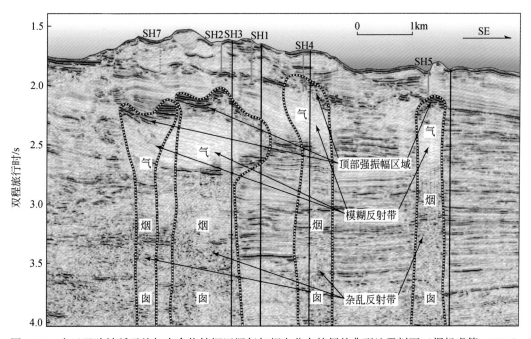

图 4.31 白云凹陷神狐天然气水合物钻探区疑似气烟囱分布特征的典型地震剖面（据杨睿等，2014）

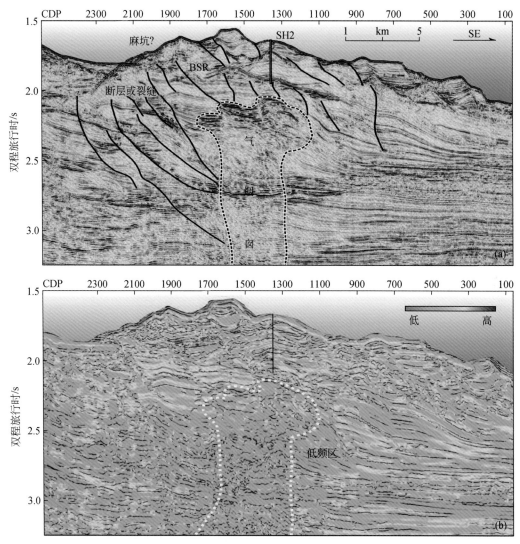

图 4.32　神狐水合物钻探区地震剖面（a）及瞬时频率剖面（b）显示的疑似气烟囱特征

屏蔽严重（图 4.35）。自丘状体两翼缓坡带向外，海底反射明显减弱，但海底以下多层沉积逐步清晰，构造扰动也减弱（图 4.36）。近年来在东沙西南海域采集到多种海底表层样品，也说明该区域确实存在 CH_4 泄漏活动。陈忠等（2008）根据对该区采集的海底样品分析，在其冷泉碳酸盐岩结核样品的表面上发现 $200 \sim 600 \mu m$ 的蜂窝状喷溢孔，推测为天然气渗漏的通道，而且在近底层水样品中发现 CH_4 浓度高达 $10.64 nmol/dm^3$，其为海水中背景 CH_4 正常浓度值（$0.5 \sim 2 nmol/dm^3$）的 10 倍左右。因此推测与冷泉渗漏或天然气水合物分解有关（尹希杰等，2008）。向荣等（2012）根据该区底栖有孔虫样品的碳同位素负偏程度，推测该海域确实存在 CH_4 冷泉喷逸活动。此外，在该海域还采集到了指示存在 CH_4 渗漏活动的自养生物的生物碎屑，且在测线 SUB2491 的泥火山成功抓取到了冷泉碳酸盐结核样品（陈森，2015）。这些采样站位均位于本次探测的泥火山群的分布范围区域。

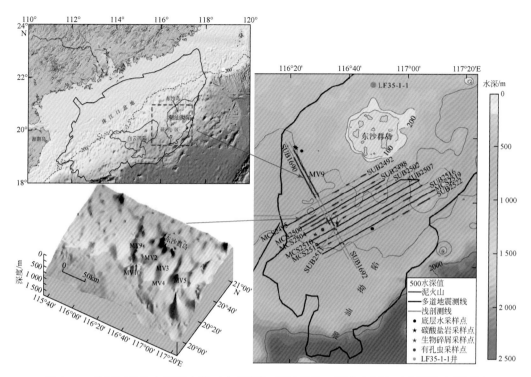

图 4.33　珠江口盆地东沙西南部（白云凹陷-潮汕拗陷）泥火山调查区范围及地震测网

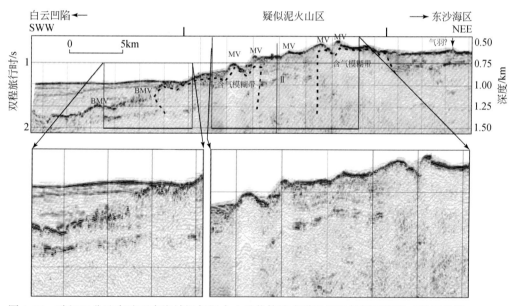

图 4.34　珠江口盆地东沙西南海域疑似泥火山丘状构造多道地震反射剖面特征（据阎贫等，2014）

MV. 泥火山；BMV. 埋藏泥火山

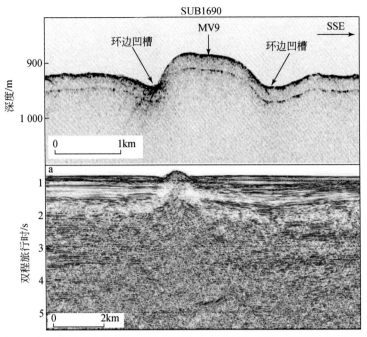

图 4.35　珠江口盆地东沙西南海域通过疑似泥火山的浅剖与多道二维反射典型地震剖面特征

MV. 泥火山

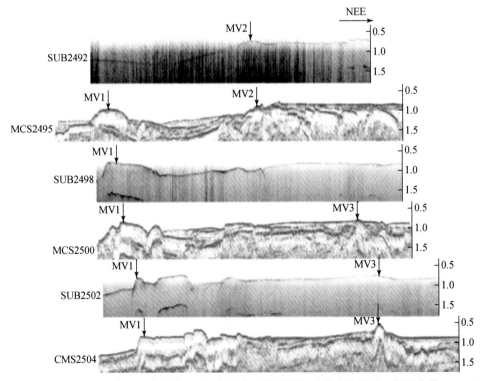

图 4.36　珠江口盆地东沙西南海域通过疑似泥火山的浅剖与反射地震剖面（据阎贫等，2014）

MV. 泥火山

综上所述，珠江口盆地南部深水区白云凹陷疑似泥底辟及气烟囱和东沙隆起西南海域泥火山形成演化特征及其展布规律，虽然与南海北部大陆边缘西北部浅水区莺歌海盆地及深水区琼东南盆地南部泥底辟及气烟囱存在一定的相似性，都是在具有快速沉积充填巨厚欠压实细粒沉积物背景的基础上，通过构造断裂及地层薄弱带地球动力学环境的耦合配置，最终形成泥底辟/泥火山及气烟囱与伴生流体上侵活动及大量释放，形成现今某些特定区域的泥底辟/泥火山及气烟囱群/带发育区。但比较以上三个地区泥底辟/泥火山及气烟囱这些特殊地震地质异常体的差异及区别和最大的不同点，乃在于其形成泥底辟/泥火山的泥源层这个物质基础根本不同，以及所在盆地地球动力学环境及构造地质条件的差异。南海北部珠江口盆地南部深水区及相邻的琼东南盆地南部深水区泥底辟/泥火山形成的物质基础即泥源层主要来自古近系始新统湖相及渐新统海陆过渡相细粒沉积物（湖相泥页岩和煤系及浅海相泥页岩），不仅是泥源层也是该区主要烃源岩。虽然热沉降拗陷期沉积的中新统泥页岩层也可能为该区泥底辟形成提供一定的泥源物质供给（Lin and Shi，2014），但其仍属于杯水车薪。这两个盆地均属准被动大陆边缘盆地，具有典型断拗双层结构的断陷裂谷盆地特征及其地球动力学背景；而南海西北部浅水区莺歌海盆地则与以上两盆地相差甚远，形成异常发育展布规模巨大的泥底辟的物质基础，主要来自新近系中新统及上新统快速沉积充填的巨厚海相欠压实泥页岩，其分布规模之大沉积之厚在南海北部大陆边缘盆地中是罕见的。而且莺歌海盆地属大型的走滑伸展型盆地，其地球动力学环境及构造地质条件也与其东部相邻的琼东南–珠江口盆地明显不同，主要以新近纪晚期大规模巨厚热沉降海相拗陷细粒沉积物为主，且中新世以来的海相拗陷沉积超过万米，进而为大规模泥底辟形成及其油气形成与分布富集等奠定了雄厚的物质基础。

珠江口盆地东沙隆起西南海域（深水区）泥火山的泥源层不同于其相邻的白云凹陷，该区泥火山的泥源物质主要来自中生界细粒沉积物。晚中新世以来东沙西南海域处在张性构造环境下，导致其产生了持续性的构造泄压作用，进而为该区泥火山形成奠定较好的地球动力学环境和构造地质条件，而该区新生界沉积充填非常薄，一般不超过1000m，故尚不能作为其异常发育泥火山的泥源层，但该区中生界沉积充填较厚，泥页岩等细粒沉积物发育，可以作为其泥源层。根据阎贫等（2014）的研究结果，其依据东沙西南海域新生界及中生界沉积地层地震波速度计算，分析推测该区泥火山泥源物质来源至少在5.5km以下，即该区泥火山之泥源层主要来自中生界细粒沉积物。很显然，东沙西南海域泥火山群的泥源层（中生界）明显不同于相邻的白云凹陷泥底辟的泥源层（始新统及渐新统），也不同于莺歌海盆地（中新统及上新统）及琼东南盆地泥底辟的泥源层（始新统及渐新统）。

四、台西南盆地泥底辟/泥火山形成演化特征

台西南盆地海域及陆上泥火山及泥底辟异常发育（台西南盆地主体在海域，但东部边缘向台湾西南部陆上延伸），陆地泥火山群主要发育于台湾西南部丘陵地带，海域泥底辟/泥火山则主要集中展布于盆地南部拗陷深水区4个主要构造断裂带范围。其中海域泥底辟/泥火山以高屏斜坡最为发育和集中。第三章第二节中已系统分析介绍了台湾西南部陆上泥火山地质地貌特征，但由于缺乏陆上泥火山的地震探测资料，故尚难以进行更深入系统

的分析研究。以下仅根据该区所获地质地球物理资料情况，拟重点分析盆地东南部深水海域泥底辟/泥火山形成演化特征及其分布规律。

　　台西南盆地东南部高屏斜坡是泥火山最集中发育的区域。其平面上呈北西-南东向展布，宽度约为4km，位于马尼拉海沟东部及台湾岛西南部海域（图3.7），高屏斜坡属于台湾增生楔的最前端，地震反射资料显示该区发育了一系列东倾的逆断层，而沉积地层基本为水平产状。该区热流体活动强烈，泥底辟/泥火山异常发育，深部泥源物质向浅层侵入刺穿到较厚快速堆积的沉积物之中，从地震剖面（图4.37）可以看出，泥底辟/泥火山主要发育于冲断带，泥底辟一般沿着冲断断层发育，甚至刺穿海底形成海底泥火山，最终形成了台湾西南海域泥火山群。高屏斜坡一直向北延伸并与台湾岛西南部丘陵地带连接，因此台湾西南丘陵地带构造及沉积充填特征与高屏斜坡带类似（图4.37），由一系列褶皱冲断带组成，其左侧发育海岸平原，右侧为台湾中央山脉，在相同的构造地质背景下，台湾西南部陆上也发育了大量泥火山群（丁巍伟等，2005）。

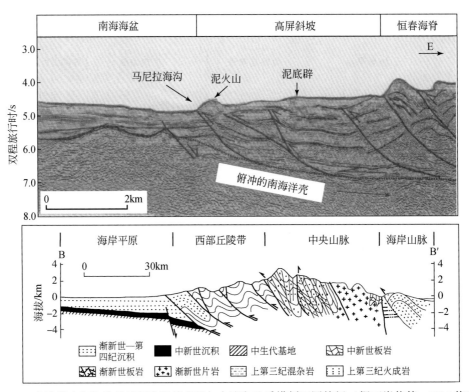

图4.37　台湾增生楔构造单元划分及其变形与台湾岛地质横剖面图特征（据丁巍伟等，2005修改）

　　高屏斜坡带目前已识别出一系列海底泥火山及泥底辟（Sun and Liu，1993；Liu et al.，1997；Lin et al.，2009；Chen et al.，2014），泥底辟构造带及构造带上发育的泥火山均沿台湾西南海域高屏斜坡呈北北东-南南西向或近北-南向展布（图4.38）。泥底辟构造脊呈长条形发育，长度为3.9~56.5km不等，宽1.6~8.3km。最大的泥底辟构造脊长度甚至比巴巴多斯增生楔处发育的泥底辟构造脊还要长。泥火山构造脊上基本被年轻的沉积物所覆盖，但也有部分刺穿上覆沉积物甚至出露海底。如枋燎构造脊及小琉球岛。在泥底辟

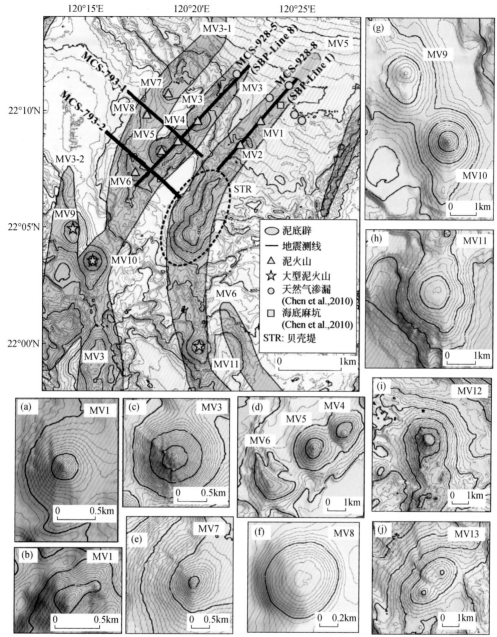

图 4.38　台西南盆地东部海域高屏斜坡泥火山展布及海底地形特征（据 Chen et al.，2014）

MV. 泥火山

构造脊顶端发育了孤立的或成群的刺穿海底的泥火山。泥火山顶部平面上呈椭圆形或近似圆形，且以单个或多个泥火山形式出现，也有泥火山发育 2 个或 2 个以上分支的泥火山，它们是由同一个泥火山体因发育多个泥火山喷口，其泥源物质喷出海底堆积而成（Chen et al.，2014）。大部分泥火山顶部多为锥形或穹窿状，少部分泥火山顶部呈条带状（图 4.38）。泥火山高 65～345m，底部直径为 680～4100m，与巴巴多斯、日本海南部海槽及地中海地区西阿尔沃兰海发育的泥火山规模大体相当。此外，台西南海域泥火山形成的锥状泥火山建造，往往常具有较陡的坡度，一般在 5.3° ~ 13.6°。泥火山坡度及地貌特征受泥源物质黏度控制和影响较大，通常高黏度的泥源物质会形成较陡坡度的穹窿状泥火山，而低黏度泥源物质一般仅能形成较平缓的泥火山。因此，台西南盆地东南部海域具较陡坡度的泥火山主要是由高黏度的泥源物质喷发堆积而成（Chen et al.，2014）。总之，相对泥底辟/泥火山发育规模（大小）而言，位于深水区的泥火山规模比相对水浅一些区域发育的泥火山要大。通常泥源物质是从深部向浅层运移喷发形成泥火山，故深水区泥火山发育时间要早于相对浅水区泥火山，且泥火山活动喷发时间也可能要相对长一些。大型的锥状泥火山可能与高渗透率流体通道允许充足而大量的泥源物质喷发有关，而长时间的喷发同样也是形成大型泥火山的原因之一。

　　在通过台西南海域高屏斜坡带地震剖面上（图 4.39），可观察到明显的地震反射异常，大型海底锥状或丘形地震反射特征明显，代表泥底辟/泥火山的地震模糊反射或空白反射特点较典型，泥源物质上拱刺穿的残留痕迹较清楚，且泥底辟体两侧地层及围岩受泥源物质上拱的影响变形也很显著，普遍具有牵引上拉特点，同时两侧围岩及上覆地层产状均发生了明显改变，进而形成了大型泥底辟背斜构造。从图 4.39 可以看出，多数泥底辟均存在泥源物质多期侵入上拱的现象，表明该区泥火山/泥底辟不仅活动能量强而且具有多期次幕式底辟上侵活动特征。再者，通过对该区大量二维地震探测剖面和浅层剖面及多

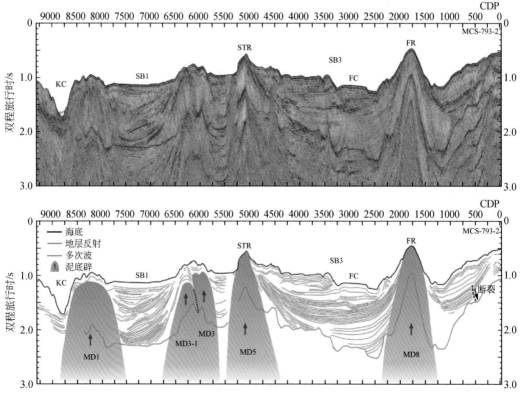

图 4.39　台西南盆地东南海域泥火山/泥底辟形成演化的典型地震剖面特征（据 Chen et al.，2014）

KC. 高屏峡谷；SB. 斜坡盆地；STR. 贝壳堤；FC. 枋燎峡谷；FR. 枋燎海脊；MD. 泥底辟

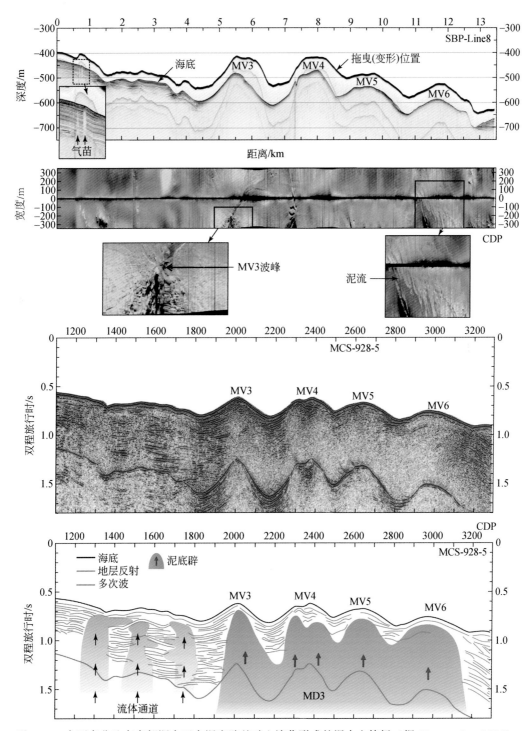

图 4.40　台西南盆地东南部深水区在泥底辟基础上演化形成的泥火山特征（据 Chen et al.，2014）

波束探测资料（图 4.40）的进一步分析解释也表明，台西南盆地大多数泥火山均是在早期泥底辟发育的基础上，由于底辟上侵活动能量进一步增强而逐渐演化形成的，即由早期的泥底辟活动能量的积聚而逐渐演变为特强能量刺穿海底的泥火山。在台西南盆地东南部泥底辟/泥火山活动发育区深水海底浅层，可以观察到明显的天然气水合物 BSR 特征标志物，表明该区赋存有天然气水合物资源，也进一步说明泥底辟/泥火山作为深部天然气等流体向浅层运移的纵向优势通道，能够促使深部烃源岩生成的天然气通过泥火山/泥底辟通道运移至浅层圈闭和天然气水合物高压低温稳定域而形成油气藏与天然气水合物矿藏。

第五章 南海北部泥底辟/泥火山形成演化的动力学机制

第一节 泥底辟/泥火山形成条件及其成因机制

对于泥底辟/泥火山形成条件与成因机制,不同研究者提出了很多不同的观点。泥火山活动一般被认为是泥页岩等细粒沉积物底辟喷至地表或海底的现象和过程(Pérez-Belzuz et al.,1997;Kopf,2002),泥火山和泥底辟是由地下黏土和流体在浮力作用下向上侵入运移的结果,而这种浮力动力作用主要是由于泥源物质与围岩及上覆地层之间的密度差异所造成的(Kopf,2002)。泥底辟/泥火山作用过程是深部低孔隙度沉积单元孔隙流体迅速喷出的反应,这一过程伴随着泥源物质体积的迅速增大及泥源物质中 CH_4 气体的释放,导致孔隙超压发育及浮力的增加,围岩压力增加而造成液化。泥底辟/泥火山作用过程也是深部富含流体的泥源岩底辟上升能量逐渐消耗的过程,这种泥-水-气混合物底辟向上运移是通过包括流体存储系统(泥岩充填裂缝)、导管通道系统及断层控制的网状通道系统构成的错综复杂的供给系统形成的(Milkov,2000;Kopf,2002)。泥底辟/泥火山形成演化过程中,泥和流体可以从同一源岩层开始运移,也可以是泥源物质通过深部地层中流体的运移而运移。

总之,泥底辟/泥火山形成条件和成因可总结为如下几点(何家雄等,1990,1994b;Milkov,2000;高小其等,2008):首先,泥火山的深部具有丰富的泥质地层,且具有较高的孔隙流体压力,通常与超压现象密切相关;其次,泥火山的形成须具备能够维持深部沉积物高孔隙流体压力的封隔层,封隔层一般为泥质岩层;再次,泥火山形成要有深部泥质由深部向浅部底辟上拱或喷出的通道,输导气体和泥浆的喷出,这一通道体系多与活动性断层有关;最后,泥火山形成还需要有触发机制和动力,如断层活动、地震、滑坡等。

对于气烟囱的形成条件和机制,根据不同研究学者的观点,也可总结为如下几点(梁全胜等,2006;何家雄等,2011):首先,气烟囱形成的物质前提是具备深层埋藏的成熟的烃源岩,即要有"气"的供给;其次,烃源岩在受热生烃过程中,有机质生烃增压而产生超压,为油气的垂向运移提供动力条件;再次,气烟囱形成前,必须具备一定的封盖条件,从而促进压力封存箱的形成,当然,当烃源岩生成的油气逐渐聚集,超压能量不断积累到一定程度时,油气便可突破上覆封隔层,开始发生泄压,向上发生底辟;最后,具备构造薄弱带,可作为油气泄压的通道,构造薄弱带幕式开合,促使油气以相对集中的方式运移聚集,且具有一定的优势运移路径;当油气突破上覆圈闭泄漏,油气便可使所通过的构造破碎薄弱带形成的烟囱通道逐渐充满气体,即导致地层富含气发生气侵而造成地震波速度剧降,进而在地震剖面上形成空白杂乱模糊的气烟囱响应特征。这也说明,气烟囱对油气运移的通道和方向具有一定的指示作用,亦可作为圈闭有效性评价的指标。

根据上述不同盆地底辟构造分布与发育特征及形成条件，可以进一步分析探讨泥底辟/泥火山及气烟囱等特殊地质体形成演化过程及其分布特点。事实上，它们之间具有成因联系，可能是同一过程和现象不同演化阶段的产物，综合其不同演化阶段特点，对泥底辟/泥火山形成演化的成因机理及其地质条件可以总结如下几点：①巨厚欠压实细粒沉积物等泥源物质基础。泥底辟/泥火山形成必须具备充足的泥源塑性物质，这是形成它们的物质基础，只有泥源物质沉积达到一定厚度，地层埋藏一定深度时才可能发生泥源物质向围岩及上覆地层的底辟与刺穿；②快速沉积充填孕育的高温超压潜能。由于碎屑物质快速沉积充填，巨厚的细粒沉积物等泥源层极易产生强烈的欠压实作用，当泥页岩埋藏到一定深度后有机质成熟生烃且产生高温超压，其与压实造成的黏土矿物脱水形成的高温超压混合共同构成巨大高温超压潜能。而当其高温超压潜能超过围岩及上覆岩层破裂压力时，则发生强烈的泥底辟/泥火山作用；③伴生气烟囱形成。底辟作用往往会伴生气烟囱。在超压环境下，地层薄弱带将会最先形成水力压裂，导致大量裂隙产生，进而导致流体（主要是气体）沿这些裂隙运移充注与渗漏。这种气体在断层裂隙带及地层薄弱带中充注或渗漏的结果，最终导致在地震剖面形成地震杂乱模糊反射、空白反射或弱振幅等地震异常反射现象；④泥底辟形成演化阶段。当泥源层高温超压潜能进一步积聚和加大时，泥源层塑性泥物质在区域构造动力作用下，随流体沿断层裂隙带及地层薄弱带等向浅部地层运移，大量泥源物质及流体向围岩及上覆地层底辟侵入或上拱刺穿形成泥底辟，导致围岩及上覆地层隆起褶皱且产生一系列伴生断层裂隙；⑤泥火山形成及底辟结束阶段。当泥源物质上拱刺穿能量远远超过围岩及上覆岩层破裂极限强度时，其巨大的高温超压潜能将围岩及上覆地层刺穿，直至将大量泥源层物质喷出海底或陆地地表形成类似火山地貌形态的泥火山。泥火山喷发初期非常强烈，大量的泥源物质、碎屑及天然气等流体均沿泥火山通道喷发或释放至海底和大气之中，且泥火山物质逐渐堆积在其喷发口附近，最终形成明显突出海底或地表的泥火山；⑥泥火山伴生产物海底麻坑。当泥源物质和流体逐渐喷发至海底和地表之后，泥火山活动能量大量释放，其泥源物质和天然气等流体喷发量逐渐减少。当泥火山喷发活动结束时，往往会导致上覆岩层泄压塌陷，由于能量释放而形成塌陷坑，即所谓"麻坑"。自此之后，泥火山将进入类似于火山的较长休眠期，当其重新积聚能量达到喷发所需能量强度时，则可开始新一幕泥火山上侵活动。

总之，泥底辟/泥火山本质上就是泥页岩等细粒沉积物产生塑性底辟流动，进而隐刺穿/刺穿围岩及上覆地层，导致地层隆起褶皱变形而形成的类似火山形态的丘状地质体。其形成的基本控制要素包括：泥源物质基础、黏土岩层等细粒沉积物的塑性变形、密度倒置重力体系、封隔层、超压动力、运移输导通道、水平挤压或水平扭动和诱发机制等多种条件。这些条件对泥底辟和泥火山形成演化过程相辅相成、相互配合共同作用，最终导致了泥底辟/泥火山及其伴生构造与气烟囱等一系列地震地质异常体的形成，进而为油气及天然气水合物资源的勘探提供了重要依据和有效信息。以下根据泥底辟和泥火山形成演化特点及成因机理，重点分析南海北部大陆边缘主要盆地泥底辟/泥火山形成演化机制及成因特点与控制影响因素。

第二节　南海北部泥底辟/泥火山形成条件及成因机制

南海北部5Ma以来，新构造活动强烈，其最为活跃地带为陆坡与陆架转换的坡折带，而泥底辟和泥火山也正是在这些区域集中发育，故其形成分布均受到所在区域构造断裂活动和中新世后期构造沉积充填演化的影响。南海区域上属于高热流地区，平均大地热流值高达78.3mW/m²，比中国大陆平均热流值（65.2mW/m²）高很多，且热流值从南海北部陆缘向南部的中央海盆具有逐渐升高的特点（龚再升，2004）。同时南海北部主要盆地与华南陆缘区相邻，主要接受海南岛及西北部红河和越南西南部等物源供给系统提供的沉积物，故盆地内普遍沉积充填了大量陆源碎屑物质，形成了新生代沉积巨厚的沉积盆地。由于南海北部盆地或凹陷沉降沉积充填速度快，压实流体排出与上覆沉积物压力不均衡，往往导致深部地层欠压实而形成高温超压环境且孕育了巨大高温超压潜能，进而为泥底辟/泥火山形成奠定了雄厚物质基础和底辟活动能量及动力。

一、莺歌海盆地泥底辟形成的动力学机制

莺歌海盆地泥底辟发育演化特征明显，泥底辟侵入上拱幅度可大可小，浅层泥底辟顶部伴生背斜构造倾角普遍小于5°，且部分泥底辟对围岩产生的影响轻微，地层的成层性好，横向可对比。在中央泥底辟带西南部昌南区、西北部东方区及东南部乐东区等局部地区地震剖面上，均可见明显牵引现象，地层上拱褶皱形成半背斜及背斜构造；在泥底辟活动区普遍存在高温超压地层系统，且泥底辟热流体上侵活动强烈，形成了展布规模达$2×10^4km^2$的中央泥底辟隆起构造带。同时在中央泥底辟带浅层及中深层的油气勘探中，均陆续发现了一些与泥底辟相关的大中型天然气田群。总之，莺歌海盆地泥底辟研究程度相对较高，尤其是泥底辟形成演化机制的分析研究相对比较深入。许多学者曾先后对该区泥底辟形成机制及控制因素等做过分析探讨。其主流观点为：何家雄等（1994b，2006b）、谢习农等（1999）、郝芳等（2001）、龚再升等（2004）、张敏强等（2004）提出的快速沉积充填欠压实引起的不均衡动力潜能导致底辟形成的观点。同时也存在构造应力作用等相关底辟诱导观点。Lei等（2011）指出莺歌海盆地泥底辟形成的主要原因是盆地的快速沉降和红河断裂右旋活动作用。基于前人有关泥底辟成因机制的认识及观点，本书在深入分析总结莺歌海盆地泥底辟发育演化及展布特征的基础之上，指出泥底辟形成演化机制及其展布规律，应主要受控于以下几大要素，并由此共同诱发和控制影响了泥底辟发育演化及其展布特点。

1. 巨厚欠压实泥岩及退覆沉积体系

莺歌海凹陷处于莺歌海盆地中部拗陷区，其总体构造特征表现为受北西走向和近南北走向边界断裂带控制的大型菱形以拗陷沉积为主的盆地结构，其形成的新近纪巨型海相拗陷接受来自红河、海南隆起及越南昆嵩隆起区物源供应，沉积充填了巨厚的新近系及第四系沉积物及其相关的退覆沉积体系。大量的陆源碎屑物质快速堆积与填充的结果，最终导

致在盆地中部莺歌海凹陷沉积了巨厚欠压实泥岩等细粒沉积物（新近系及第四系最厚超过 $1.7×10^4 m$），是该区形成泥底辟发生大规模塑性流动的雄厚物质基础；同时，在快速沉降和快速堆积的沉积背景下，形成的欠压实富含流体的巨厚泥源岩非常发育（存在中新统三亚–梅山组及上新统莺歌海二段多套泥源层），且由于与海平面升降影响所形成的退覆沉积体系的相互叠合，故构成了极有利于泥底辟形成的重要岩性组合。

2. 欠压实泥页岩孕育高温超压潜能

泥底辟形成必须具备一定的温压条件，温度和压力过高、过低都不利于泥岩产生塑性，中国海洋石油南海西部公司"九五"科技攻关研究中有关莺歌海盆地泥底辟的实验结果表明，莺歌海凹陷泥底辟形成对应的温度和压力分别为 50～150℃、10～25MPa 的温压范围，对应于地质条件下泥源岩的古顶、底深分别约为 1000m 和 3000m，与之相对应的时间分别约为 5.0Ma 和 0.5Ma。钻井证实，莺–琼盆地大部分钻井实测地温梯度超过 4.0℃/100m。莺歌海盆地新近系地温场分布特征表明（图5.1），莺歌海凹陷总体地温梯度较高，平均达 4.21～4.56℃/100m，而盆地边缘的莺东斜坡带地温梯度相对较低，平均为 3.7℃/100m。泥底辟上侵活动产生的超压对于泥底辟形成至关重要，研究表明莺歌海凹陷孔隙流体地层压力偏大，超压明显，越靠近底辟中心，超压越大，压力系数最高在 2.0 以上，而盆地边缘斜坡区则地层压力递减为正常压力（图5.2），很显然泥底辟孕育的这种异常高温超压潜能为泥底辟形成演化及其发育展布等提供了原动力。

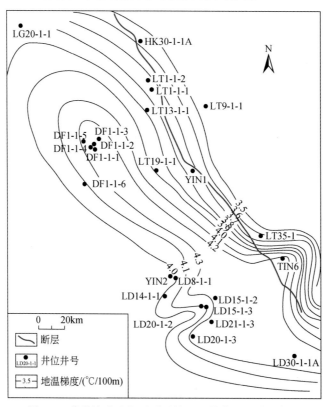

图 5.1　莺歌海盆地新近系平均地温梯度平面分布特征

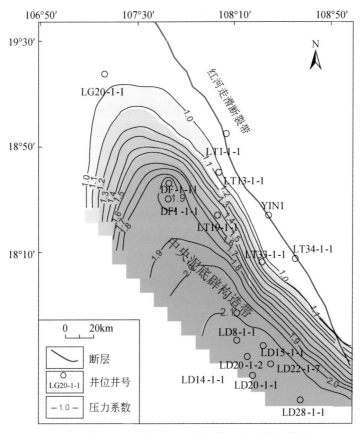

图 5.2　莺歌海盆地新近系不同区域地层压力分布特征

　　在莺歌海凹陷中央泥底辟隆起构造带，由于深部泥底辟热流体上侵活动导致局部地温场异常更加明显，如东方区泥底辟背斜构造上的地温梯度高达 4.32～5.21℃/100m。凹陷中存在的高温环境是高压产生的催化动力，温度的升高，可使流体膨胀，反过来又增加了孔隙流体压力，压力的升高加强了泥源物质的能量，进而促使泥源物质发生底辟上拱或刺穿。

3. 泥底辟生烃灶气源充足

　　油气勘探成果证实，莺歌海盆地底辟泥源层的巨厚泥页岩构成的生烃灶，能够提供充足的烃源。其巨厚欠压实泥页岩（中新统及部分上新统底部）本身就是烃源岩，且是该区浅层及中深层大中型气田形成的烃源物质基础即主要的烃源供给者 Freire et al.，2011。中新统三亚组和梅山组泥页岩及上新世底部莺歌海组下段海相泥岩是莺歌海盆地的主要烃源岩，这已被油气勘探成果及烃源对比所证实。中新统富含有机质泥页岩在热演化成熟阶段大量生烃，而有机质生烃作用则大大增加了泥岩孔隙压力，促使泥源层超压进一步积累和增大，为泥源物质上拱刺穿提供动力条件；同时有机质大量生烃减小了泥源层密度，增加了泥源物质的浮力，更有利于泥源物质向浅层侵入上拱。伴随有机质成熟生烃作用，地层温度升高，大量黏土物质发生脱水作用，产生的层间水无法迅速排出泥岩孔隙，进而导致流体孔隙压力增大形成异常超压，也有利于泥源物质的底辟上侵。此外，莺歌海凹陷高大地热流环境，也加速了有机质大量生烃形成大量烃类天然气及部分非烃气，且伴随泥底辟上侵活动，可在不同层位层段及区块形成一些气烟囱和含气陷阱。

4. 晚期剪张应力及走滑作用

莺歌海盆地晚渐新世陵水组（T70—T60）时期具有热沉降拗陷特点，中新世后地层热沉降拗陷沉积加剧。晚渐新世–早中新世期间，左旋走滑应力场明显地影响了盆地的热沉降沉积过程。其中莺歌海盆地西北部早期的沉降沉积中心在 T70—T50 期间发生了自北向南的反转隆起（如临高隆起），这种反转作用使莺歌海盆地的 T70—T50（30～15.5Ma）地层乃至 T50—T20（15.5～2.0Ma）地层沉积中心发生快速向南东方向迁移运动（图5.3）。因此，莺歌海盆地在 T70—T50 期间受到左旋走滑应力场的明显作用。中–晚中新世（T50—T30）（15.5～5.5Ma），盆地中深层（中新统）发育南北向的背斜和向斜。这些褶皱作用促使了盆地中央泥底辟构造开始发育。此外，伸展裂陷期形成的北西向断裂可能再活动，进一步左旋下掉，如1号断裂带中南段及其北段外侧的莺东断裂持续活动到 T30。故莺歌海盆地在中–晚中新世热沉降期间仍然受到了左旋剪切应力场作用的影响。不过，根据盆地构造变形特征和区域构造研究，这期左旋应力场已明显减弱。中新世晚期（T30）以后，莺歌海盆地构造沉积演化仍然以大规模热沉降拗陷为主，且沉降沉积速度明显加快。这可能是盆地之下岩石圈热衰减过程伴随了火山喷发，岩石圈冷却过程加快，从而导致盆地区域沉降加快，沉积面积扩大（龚再升，2004）。同时，5.5Ma（T30）之

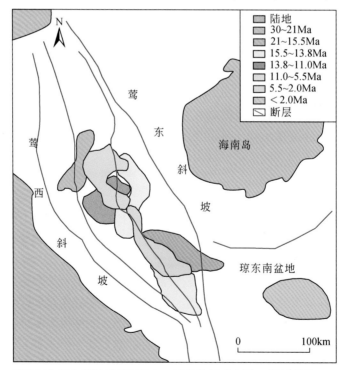

图5.3　莺歌海盆地中部新近系沉积中心迁移特征示意图（据吕明等，2010修改）

后，中新世晚期盆地右旋走滑作用更加大了快速沉降沉积中心向东南部转移，增大新近系及第四系沉积充填规模，促使大量细粒沉积物由西北部红河物源供给系统和越南西南部物源供给系统向莺歌海盆地东南部持续大规模快速输入，且具有高于在此时间之前数倍的沉积速率。由于细粒沉积物沉积形成的区域性盖层阻止了沉积物中的流体和天然气等物质的逸散，进而导致盆地深部高温超压系统孕育的高温超压潜能携带泥源物质及底辟热流体刺穿底辟围岩及上覆地层而发生底辟作用形成异常发育的不同类型泥底辟群。

根据南海北部区域板块构造背景，中新世以后，印支地块往南运动已停止，华南地块开始被印藏碰撞所挤出，莺歌海盆地处于右旋剪切应力场的作用下。这一作用导致盆地岩石圈应力状态的改变，如早期南北向断裂变为张性，进而造成深部压力释放和周边岩浆活动，最终诱发了泥底辟构造大规模形成（雷超，2012）。同时，盆地中新世晚期的右旋走滑运动，与古近系深大断裂和新构造运动的密切配合，使得在盆地中央形成了多个剪切断裂带，构成了非常典型的构造断裂薄弱带，也是泥底辟形成的重要外因之一。

因此，根据以上分析和阐述，可总结和建立莺歌海盆地泥底辟和气烟囱发育演化过程及形成模式，如图5.4所示，在晚中新世T30（5.5Ma）之前，莺歌海盆地以大规模拗陷沉积为主，沉积中心逐渐由西北向东南迁移，在莺歌海凹陷逐渐充填了巨厚的欠压实泥页岩，并逐渐形成高温超压环境；晚期T30（5.5Ma）之后，富含有机质的中新统三亚组和梅山组地层及上新统底部莺歌海组下段海相泥岩烃源岩，在盆地高温热演化作用下加速大量生烃，而有机质生烃作用增加了泥岩孔隙压力，促使泥源层超压进一步积累和增大，进而为泥源物质上拱刺穿提供动力条件；同时，有机质大量生烃减小了泥源层密度，增加了泥源物质的浮力。此外，含钙的碳酸盐岩也在热流体作用下逐渐分解产生大量的CO_2并逐渐混入天然气中，伴随泥源物质共同向浅层底辟和上拱，在晚期的右旋走滑活动的诱导下最终逐渐形成了莺歌海盆地现今规模宏大的中央泥底辟隆起构造带（龚再升等，2004）。

二、琼东南盆地疑似泥底辟/泥火山形成的动力学机制

琼东南盆地南部深水区中央拗陷带及南部拗陷带充填了较厚的古近系和新近系沉积物，且深部古近系—中新统地层系统大部分区域均存在高温超压，因此该区具备了泥底辟/泥火山形成所需要高温超压的地质环境和底辟泥源物质基础。同时，盆地古近纪构造断裂活动强烈，形成了南北分带、东西分块及凹凸相间的基本构造格局，为盆地疑似泥底辟/泥火山及气烟囱等地震地质异常体形成奠定了较好的构造地质基础。根据琼东南盆地不同类型疑似底辟分布与发育演化特征解剖和分析，同时对比邻区莺歌海盆地泥底辟发育演化成因机制，对于琼东南盆地疑似泥底辟/泥火山形成条件和成因机制可总结为以下几点。

1. 充足的泥源物质基础

琼东南盆地受北部海南岛隆起、西南部越南方向及南部隆起多物源的供给，新生代沉积充填了大量的陆源碎屑物质。尤其是盆地西南部深水区中央拗陷及南部拗陷规模大埋深大，且具有快速沉降及沉积充填的特点，导致盆地南部深水区沉积中心欠压实泥页岩等细粒沉积物非常发育，大部分凹陷深部均存在高温超压，进而为泥底辟上侵活动及其展布提

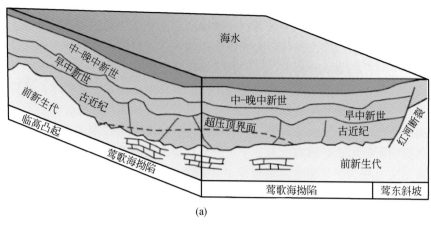

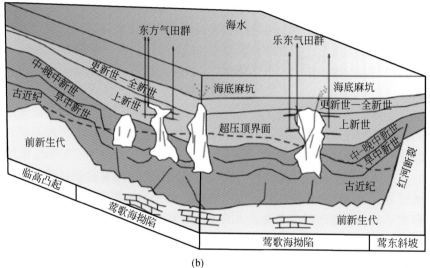

　基底断层　　碳酸盐岩　　气藏　　钻井　　泥底辟　　油气渗漏

图 5.4　莺歌海盆地泥底辟形成演化的立体模式（据雷超，2012 修改）

（a）5.5Ma 之前；（b）5.5～0Ma

供了物质基础及活动动能。通过大量地震剖面解释及地质综合分析，盆地南部深水区疑似泥底辟发育层位多为 T80-T60（渐新统），某些局部区域可能为 T50-T30（中新统），即渐新统陵水-崖城组和中新统梅山-黄流组。其中古近系渐新统崖城-陵水组地层系统，由于晚期（中新世中期梅山组及其以后）快速沉降沉积和高地温梯度促使了其烃源岩快速成熟、烃类生成及裂解，故形成了含大量流体具有高温超压潜能极易流动的塑性泥源层，在地层薄弱带及构造断裂破碎带即可发生底辟上拱和侵入刺穿形成泥底辟及泥火山。

2. 构造断裂及地层薄弱带发育

琼东南盆地经历了古近纪断陷和新近纪拗陷两大成盆构造演化阶段，形成了南北分带东西分块的断裂格架和凹凸相间的沉积格局，同时在南海北部边缘大陆坡折带的影响下，导致盆地南北构造和沉积差异明显，最为显著的是在盆地浅水区北部隆起带与南部深水区中央拗陷带的分界线形成了横贯盆地东西的 2 号断裂带系统，其主干断层大多向下切穿古近系地层，有的甚至向上切穿至海底，此外，在南部深水区也发育了几条新近纪仍在活动的深大断裂，这些深大断裂构成了盆地的主要断裂泄压带，也是盆地构造及地层薄弱带，深部泥源物质伴随天然气等流体极易沿着这些构造薄弱带向上侵入而发生底辟作用，这可能就是 2 号断裂带及南部低凸起区疑似泥底辟和气烟囱发育的原因之一（图 4.21）。另外，陆架坡折带处于陆架浅水区和陆坡深水区地貌和构造的转换带，其构造稳定性欠佳，上覆沉积物在外力影响下重力失稳易于发生滑塌等构造活动而导致流体泄漏和运移，也属于构造及地层薄弱带区域。

3. 高温超压异常明显

琼东南盆地是一个"热盆"，热流值普遍较高，从现今盆地热流值分布特征图来看（图 2.11），盆地南部深水区绝大部分区域热流值均在 $70mW/m^2$ 以上，地温梯度通常在 $4.0 \sim 4.4℃/100m$，受某些地区岩浆侵入影响，局部地区出现较高热异常，地温梯度更高，其热流值可达 $93 mW/m^2$ 以上（施小斌，2015；徐行，2011；唐晓音等，2014）。南部深水区中央拗陷带上中新统黄流组和上新统莺歌海组沉积厚且分布稳定的浅海-半深海相泥岩封盖层，为形成该区形成高温超压环境提供了非常好的封隔条件，故高温超压均主要形成于深部下伏中新统梅山组及其以下地层（图 5.5），异常超压均主要形成于古近系泥岩及中新统梅山组大套泥岩之中，压力系数达 $1.5 \sim 2.2$。很显然，异常高压是泥底辟形成的伴生产物及动力源基础。朱光辉等（2000）和肖军等（2007）指出琼东南盆地古近系和新近系超压均是晚期形成的，其中古近系超压是由于中新世中晚期梅山组及其以后的快速沉降和高地温梯度所引起的烃源岩成熟、生烃和烃类裂解所造成的。而新近系超压则主要是由于欠压实作用引起的。许多研究者对琼东南盆地超压分布特征进行了很多了研究，根据盆地异常地层压力的时空分布特征，通常将盆地分为强超压区（中央拗陷带范围内，主要包括乐东、陵水、松南和宝岛凹陷）、压力过渡带（崖城 YC21-1 低凸起）和常压带（崖城-松涛凸起及其以北的区域）（李纯泉，2000）。实际上，随着南部深水区油气勘探及研究的不断推进，发现南部低凸起带包括松南低凸起和陵南低凸起及其周缘地区也处于中央拗陷带异常超压带发育的过渡区范围，即处于常压和压力过渡带，也是乐东-陵水凹陷等深大凹陷深部超压的侧向泄压带，同时，也是中央拗陷带深部烃源岩生成的烃类气体侧向运移的必经之路和该区疑似泥底辟及气烟囱比较集中发育的重要区域之一。

4. 有机质生烃作用

琼东南盆地虽然目前油气勘探揭示的烃源岩有机质丰度不太高（可能受多种因素影响导致有机质丰度较低），但烃源对比及气源追踪均证实南部深水区中央拗陷带的乐东-陵水和松南-宝岛凹陷等是盆地大型的地堑和半地堑型富生烃凹陷。由于凹陷沉积充填了巨厚泥源层等生烃物质，有机质埋藏普遍较深，古近系始新统和渐新统烃源岩大多已进入成熟-高熟阶段，但生排烃时间较晚，大部分凹陷烃源岩迄今仍处于活跃的生排烃阶段，且生烃强度大。据李绪宣（2004）统计，中央拗陷带乐东陵水凹陷和松南-宝岛凹陷区烃源岩

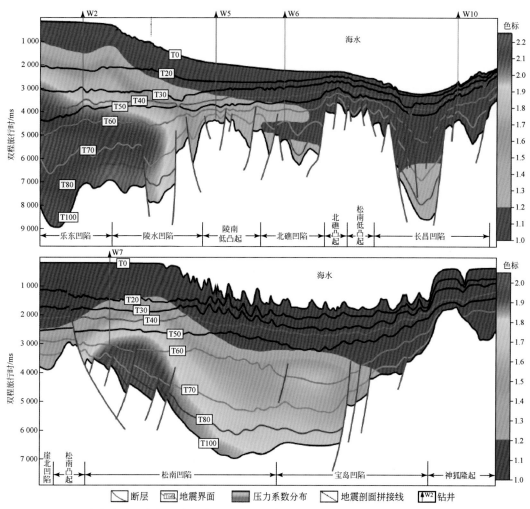

图 5.5　琼东南盆地南部深水区中央拗陷带异常压力剖面分布特征（据王子嵩等，2014）

生烃强度可达 $125.15 \times 10^8 \sim 168.53 \times 10^8 \, m^3/km^2$，其生气强度则在 $85.89 \times 10^8 \sim 121.10 \times 10^8$ m^3/km^2，具有巨大的生烃潜力。近年来，琼东南盆地南部深水陵南低凸起斜坡区 LS25-1 及 LS17-2 千亿方大中型中央水道砂圈闭天然气田的勘探发现，充分表明了盆地南部深水区中央拗陷带烃源岩有机质生成排出的大量烃类天然气，均已通过泥底辟及伴生断层裂隙和侧向砂体构成的运聚输导系统供给，而最终在斜坡凸起区中央峡谷水道砂圈闭中富集成藏。因此，在盆地高温超压背景下，欠压实泥页岩有机质生烃作用和压实与流体排出不均衡产生的异常高温超压潜能，即是该区泥底辟形成的主要动力源及驱动力。

三、珠江口盆地疑似泥底辟/泥火山形成的动力学机制

珠江口盆地珠二拗陷白云凹陷处于盆地南部陆坡深水区，具有形成泥底辟及气烟囱的构造与沉积条件。白云凹陷新生代沉积巨厚达万米以上，具备了形成泥底辟的雄厚物质基

础。对于该区泥底辟的研究资料相对较少，缺乏较系统深入的认识。石万忠等（2009）通过压力模拟分析了白云凹陷古近系和新近系压力演化特征，结果表明白云凹陷在盆地沉积演化的过程中，发育的最大超压仅为9.0MPa，这一超压较小，尚不足以驱动白云凹陷中泥岩物质或流体发生底辟作用，因此，泥底辟形成及其活动等可能主要是与构造活动有关，即构造成因是白云凹陷泥底辟活动的主要机制，但这仅仅只揭示了泥底辟成因及其形成演化的外界条件及环境，并没有搞清其本质即内因（泥源层的内在作用）。珠江口盆地新生代早期处于右旋张扭性环境背景，在白云凹陷内部发育了一系列呈北西西向展布的雁行状排列的断裂（图3.5），而这些断裂发育与活动对该凹陷泥底辟构造的形成分布产生了非常重要的影响（朱伟林等，2007；石万忠等，2009），但并不是主要原因。断裂系的形成和发育，加之其右旋张扭作用的影响，能够在其附近形成构造薄弱带，在凹陷内局部压力的驱动下，诱发深部泥质物质向上底辟，从而形成了众多底辟构造。这里深部泥质物质即泥源层形成及成因方是主导因素和根本所在。

根据白云凹陷疑似泥底辟及气烟囱分布特征及形成演化特点，对其成因机制及其形成条件可以总结为以下几点。

1. 细粒沉积物等泥源物质丰富

珠江口盆地南部深水区白云凹陷是一个分布面积达 $2 \times 10^4 km^2$ 的巨大深凹陷，其具有快速沉降沉积、碎屑物质迅速充填的发育演化过程，新生界最大沉积厚度达12km。巨厚快速沉积的泥页岩等细粒沉积物为泥底辟的形成提供了雄厚的底辟物质基础和基本的物质条件。白云凹陷位于珠江口盆地南部陆坡深水区，远离盆地北部陆缘古珠江口三角洲物源供给系统，其接受的沉积物由于长距离搬运，以大量细粒沉积充填物为主，古近系陆相及中新统海相沉积物均的较细，故该区主要以细粒沉积物为主，为泥底辟的形成构成了巨厚的泥源层。因此，白云凹陷始新世到渐新世断陷期沉积的始新统文昌组湖相泥岩和下渐新统恩平组海陆过渡相煤系，其巨厚细粒沉积物最大沉积厚度达5km以上，不仅是该区主要烃源岩，也是形成泥底辟的主要泥源层及其物质基础。从晚渐新世到早中新世，珠江口盆地由断陷阶段开始进入断陷向拗陷转化阶段，同时白云凹陷也发生大规模海侵，海水自南向北大规模侵入，使得该区逐渐由陆相沉积变为海相沉积，导致粗碎屑物质的供给也受到抑制，除在海平面大幅度下降时期形成了一些海底扇之外，白云凹陷基本上均充填浅海-深海相的细粒沉积物（王家豪等，2006；石万忠等，2009）。下-中中新世珠江组和韩江组大规模拗陷时期，白云凹陷开始沉积了一套较厚的细粒沉积物的泥源层，成为白云凹陷泥底辟形成的另一套可能的泥源层，该泥源层与莺歌海盆地泥底辟的中新统梅山组-三亚组泥源层同时期发育。

2. 张扭构造背景断层裂隙发育

白云凹陷新生代晚期处于右旋张扭性构造环境，在右旋张扭性区域构造作用下，凹陷内发育了一系列呈雁行状排列的北西西向及近东西向断裂（图3.5，图5.6），断裂的发育与活动对凹陷中底辟构造的形成和演化产生了重要影响，主要造成凹陷中某些沉积封盖层形成构造破裂薄弱带（乔少华等，2014），深部泥源物质可向这些构造软弱带底辟上拱刺穿，最终形成一系列不同类型泥底辟而构成泥底辟群。这一形成条件与莺歌海盆地中央泥底辟带新近纪受右旋走滑作用而形成雁行式泥底辟具有一定的相似性，莺歌海凹陷中部推测也存在深大断裂，在其右旋走滑作用环境下，也控制影响了泥底辟展布特征，最终形成了沿盆地北西长轴方向呈南北向雁行式排列的五列泥底辟构造群。

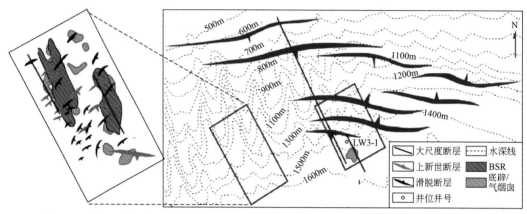

图 5.6　珠江口盆地白云凹陷中新世以来构造样式展布特征示意图（据乔少华等，2014）

3. 高热流区域背景

白云凹陷处于由陆壳向洋壳过渡减薄的构造位置，由于地幔隆升，岩石圈拉张减薄，导致地壳非常薄，并伴随多期次的热活动事件，导致白云凹陷大地热流值普遍偏高，平均为 77.8mW/m² （庞雄等，2008），最高达 86.8mW/m²，高热流值既加速了烃源岩有机质热演化，也产生有机质生烃增压作用，进而为泥底辟形成提供了强大的超压驱动力。

对于珠江口盆地东沙西南部深水区新近发现的疑似泥火山形成演化机制目前还不十分清楚。尤其是其形成泥火山的内因——主要泥源层的来源并不清楚，泥源层到底是来自新生界沉积还是来自中生界沉积的细粒沉积物，由于受钻井及地球物理探测资料的限制，目前尚难以定论。从该区泥火山南西西-北东东的展布特征看，其与白云凹陷中已识别出的北西西向展布的泥底辟有明显差异，这可能是其形成的构造地质动力学条件有所差异，也可能是该区泥火山并不受控于其断裂分布的控制影响，其成因可能有些特殊性。阎贫等（2014）研究认为，东沙西南部的泥火山与地中海、南里海等地区及台西南地区发育的泥火山特点基本类似，其成因可能具有一定的相似性。

四、台西南盆地泥底辟/泥火山形成的动力学机制

对于台西南盆地泥火山/泥底辟形成演化的动力学机制，海峡两岸地质专家开展了许多研究和深入分析探讨。台湾地质专家 Yang 等（2004）、Sun 等（2010）通过地质地球化学方法，系统分析了台西南盆地泥火山形成演化特点及其伴生天然气地球化学特征；Chen 等（2014）则通过地球物理资料，重点对泥火山形成演化机制及其成因和从泥底辟到泥火山的发育演变过程（泥火山的前世今生）开展了深入系统地研究。大陆地质专家何家雄等

（2010b；2012a）则通过分析对比莺歌海盆地泥底辟与台西南盆地泥火山的发育展布特征与伴生气地球化学特点，重点开展了莺歌海盆地与台西南盆地泥底辟/泥火山形成演化的成因机制与主控因素及分布规律的系统研究。研究表明，台西南盆地浅水陆架区分布的泥底辟主要与该区海岸平原带区域构造活动具有一定的成因联系。其中，海岸带及浅水区（水深<40m）发育的泥底辟多与台西南走滑断层及正断层的活动有关。而水深400～1000m的盆地南部深水区分布的泥底辟/泥火山则主要与快速沉积充填的巨厚欠压实泥页岩等细粒沉积物及其外部地球动力学环境（地层薄弱带、断裂破碎带发育展布等）密切相关。Huang（1995），Sun 和 Liu（1993）认为台西南许多泥底辟/泥火山都是沿着逆冲断层向上发育，且伴随泥底辟/泥火山上侵活动的逆冲断层与区域构造挤压力基本一致。Chen 等（2014）的研究认为，台西南盆地南部深水区高屏斜坡带发育的泥火山及泥底辟的形成受控于三大因素：高沉积速率造成沉积物层异常超压（底辟泥源层）、菲律宾海板块及欧亚板块汇聚挤压力（外部地球动力学环境）、含气流体造成泥岩物质密度的降低及浮力的增大（辅助影响因素）。

综上所述，根据台西南盆地东南部陆上泥火山及南部深水海域泥火山分布特征及其形成演化特点，可以对该区泥底辟/泥火山形成演化机制及发育展布特征的主要控制影响因素及具体地质条件总结和归纳为三点：挤压构造背景的外部地球动力学条件、快速沉积充填及成烃作用产生的异常超压、富含流体的巨厚泥源物质。

1. 挤压构造的外部地球动力学背景

台西南盆地处于欧亚板块、南海微板块及菲律宾海板块相互作用的叠合区，其中高屏斜坡受区域构造挤压作用的影响，新生代地层变形严重，形成了向东倾斜的叠瓦状逆冲断层带，在这一区域形成了大量泥火山/泥底辟构造（图4.37，图4.38）。早中新世开始，伴随菲律宾海板块向北西漂移，南海洋壳沿马尼拉海沟向东俯冲于菲律宾海板块之下；至晚中新世，欧亚板块与台湾-吕宋岛弧发生弧陆碰撞。一直持续至今的南海洋壳俯冲及弧陆碰撞作用，最终导致台湾增生楔的产生，并使增生楔（包括高屏斜坡与恒春海脊）长期处于构造挤压的应力环境，这种构造条件有利于深部流体物质沿逆冲断层等构造薄弱带运移至浅层地层，进而为泥底辟/泥火山形成及其发育展布等奠定了较好的构造条件及地球动力学基础（Chen et al.，2014）。

2. 快速沉积及成烃作用的异常超压

高沉积充填速率通常是地层形成超压异常的主要原因。高沉积充填速率主要由来自陆源输入的大量沉积物快速堆积所致。台西南盆地高屏斜坡带沉积速率高，超过10km/Ma。其一，台湾岛所在地区受热带风暴影响，台风过境次数多，导致台湾岛地区雨水冲刷量大，陆地侵蚀速率达到3～6mm/a，台湾岛西南部大量的陆源碎屑物质通过雨水冲刷搬运至台西南盆地东南部海域，其可能的沉积物数量达到约49Mt/a。其二，连接高屏海底峡谷的高屏河是该区主要的沉积物输送疏导之卸载系统，大部分高屏河输导的沉积物通过高屏海底峡谷最终沉积在台湾西南盆地。据统计，台湾造山带碰撞造成的前陆盆地沉积了厚达6000m的造山带沉积物（Yu et al.，1995）。如此大量的陆源碎屑沉积物及高沉积充填速率，造成该区中新统及上新统巨厚泥页岩等细粒沉积物，因快速沉积充填而欠压实（压实与流体排出不均衡），进而形成异常高温超压，同时，由于烃源岩有机质成熟生烃作用，产生了巨大的增压效果，与欠压实高温超压配合，共同构成了泥底辟/泥火山之高温超压潜能。该潜能既是泥底辟/泥火山形成演化及发育展布的主要动力源，也是油气等流体运聚及富集成藏的强大驱动力，为烃源岩热演化成烃等提供了重要的热力学条件。

3. 富含流体的巨厚泥源物质

台西南盆地上新世处于深海沉积环境，在更新世和第四纪弧陆碰撞后沉积环境则逐渐演化为浅海-半深海和近岸沉积。盆地东部台湾造山带的弧陆碰撞导致了前陆盆地的形成并沉积充填了巨厚的造山带沉积物。充注气体、富含气体的地层一般被认为是泥底辟形成的重要因素之一。由于泥底辟/泥火山上侵活动中巨厚的泥源物质含有大量流体（油气水），因此大大减小了泥岩密度而增加了浮力，极易导致在地层薄弱带及断裂破碎带发生底辟上拱形成泥底辟/泥火山。尤其是泥底辟/泥火山上侵活动中富含的 CH_4 气体，一般均具有强大的驱动力，能够在泥底辟/泥火山形成演化过程中起到重要作用。在台西南盆地海洋地质及油气地质调查中，很多专家均发现，在泥火山顶部水体中能够检测到高浓度的 CH_4。同时在该区域还发现了气体渗漏、气状羽、麻坑以及活动泥火山等地质地球化学异常现象。这些地质现象及天然气显示，均表明该区泥底辟/泥火山中充注或富含有大量天然气等流体，且在泥底辟/泥火山形成演化过程中起到非常重要的作用（chen et al.，2010）。

综上所述，根据 Sun 和 Liu（1993）提出的台西南盆地泥底辟活动形成机理和过程，以及 Sun 等（2010）总结和建立的台西南盆地泥底辟/泥火山形成演化模式（图5.7），可以对该区泥底辟/泥火山形成演化特点及其展布规律作出如下总结：台西南盆地泥底辟/泥

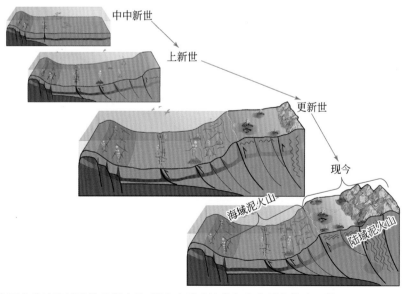

图5.7　台西南盆地海域及陆地泥底辟/泥火山形成演化与发育展布模式（据 Sun et al.，2010 修改）

火山形成演化可分为 3 个主要阶段。其中，中中新世为该区泥底辟/泥火山形成的初始阶段，该阶段处于台湾造山带弧–陆碰撞的挤压构造背景之中；上新世时期，由于台湾造山带弧–陆碰撞活动加剧，在台西南前陆盆地沉积充填了巨厚欠压实超压泥页岩等细粒沉积物，与来自台湾山脉的上覆上新世–更新世年轻砂岩沉积物构成了密度倒转易于产生底辟的重力系统；更新世至今，由于吕宋岛弧与欧亚大陆的碰撞，西部汇聚型的挤压断层活动导致上新世和更新世沉积层序强烈变形。同时，由于欠压实超压巨厚泥页岩等细粒沉积物与台湾造山带弧–陆碰撞的区域构造地质背景的密切配合，共同控制了台西南盆地泥底辟/泥火山形成演化及其发育展布特征（Yu and Lu，1995），进而形成了台西南盆地海域及陆地众多的泥底辟/泥火山群以及伴生天然气等流体物质。

第六章　南海北部泥底辟/泥火山伴生天然气地球化学特征及气源

南海北部大陆边缘莺歌海盆地、琼东南盆地、北部湾盆地和珠江口盆地等主要含油气盆地油气资源丰富，目前已在这些盆地中发现了一批大中型油气田及含油气构造。其中，西北部北部湾盆地和珠江口盆地北部浅水区多年来勘探发现的油气资源，主要以大中型油田为主，目前南海北部石油资源均主要产自这两个含油气盆地；而大中型气田等天然气资源则主要产自西北部莺歌海盆地、琼东南盆地北部浅水区崖南凹陷及深水区西南部乐东-陵水凹陷和珠江口盆地南部深水区白云凹陷。另外，南海北部非常规油气——天然气水合物资源，则主要赋存于珠江口盆地南部陆坡深水区和琼东南盆地南部陆坡深水区。上述这些地区除北部湾盆地和琼东南盆地北部浅水区及珠江口盆地北部浅水区外，其他盆地、区域泥底辟/泥火山及气烟囱均异常发育，且其伴生的天然气地球化学特征及气源构成特点也与泥底辟/泥火山形成演化过程密切相关。随着油气勘探研究程度的不断提高，泥底辟/泥火山伴生天然气地球化学特征逐渐被揭示。多年来许多学者主要从泥底辟/泥火山伴生天然气组成、天然气碳氢同位素、稀有气体氦氩同位素以及伴生凝析油-轻质油等方面，开展了系统深入的地球化学分析研究工作（何家雄等，1994b，1995，2010b，2012a；Huang et al.，2002；Yang et al.，2004；Sun et al.，2010）。

南海西北部莺歌海盆地中央泥底辟隆起构造带油气勘探及研究程度相对较高，油气地质地球物理资料较丰富。近二十多年来，先后在其西北部东方泥底辟区和东南部乐东泥底辟区，开展了二维地震勘探及三维地震详探，同时钻探了大量探井及部分评价井，取得了浅层常温常压天然气和中深层高温超压天然气勘探的重大突破和进展，获得了大量地质地球物理资料和油气水样品。很多学者对其泥底辟伴生天然气地球化学特征进行了较深入分析与探讨（何家雄等，1994a，2000，2003，2006b；谢玉洪等，2014；Huang et al.，2002）。与莺歌海盆地东部相邻的琼东南盆地，属准被动大陆边缘盆地，其烃源供给均来自断陷裂谷期形成的始新统湖相及渐新统煤系生源母质，且南部深水区泥底辟/泥火山的泥源层及其伴生天然气也来自该断陷期沉积充填体系。近年来在琼东南盆地南部深水区中央拗陷及南部拗陷带，尤其是西南部乐东-陵水凹陷陵南斜坡区中央峡谷深水水道砂圈闭，先后勘探发现了与疑似泥底辟纵向输导相关的LS17-2等大中型气田群，充分表明和证实了泥底辟纵向通道在该区天然气运聚成藏中的重要输导作用。同时，其疑似泥底辟伴生天然气地球化学特征分析表明（黄保家等，2014），具有典型的成熟-高熟煤型气地球化学特点，其烃源供给主要来自渐新统崖城组煤系烃源岩。

南海北部珠江口盆地南部珠二拗陷白云凹陷处于陆坡深水区，油气勘探及研究程度相对盆地北部浅水区珠一拗陷及珠三拗陷低得多。疑似泥底辟/泥火山及气烟囱等地震地质异常体（地震反射模糊带）主要集中分布在深水区白云凹陷中南部，而盆地北部浅水区和其他区域则未见泥底辟/泥火山出现。近二十年来，在白云凹陷及周缘区天然气勘探获得了重大突破和进展，先后勘探发现了番禺 FY30-1 等中小型气田群和荔湾 LW3-1 等大中型气田群。根据油气成藏地质条件分析，很多专家均认为，这些大中型气田群形成及其分布富集规律，可能与白云凹陷东南部疑似泥底辟/泥火山及气烟囱分布存在密切的成因联系，而且很多学者依据气藏天然气及凝析油–轻质油地球化学特征及其烃源追踪对比（朱俊章等，2010，2012；李友川等，2012），综合判识确定了其油气源主要来自古近系始新统湖相和渐新统煤系烃源岩（以渐新统煤系烃源供给为主），油气成因类型也属成熟–高熟煤型气伴生少量凝析油–轻质油，而烃源供给输导则主要由泥底辟/泥火山及气烟囱与断层裂隙构成的纵向优势运聚系统所完成。因此，从该区天然气成藏机理及控制因素的重要意义上讲，也可将该区煤型天然气称之为泥底辟/泥火山伴生天然气，以下均同。

南海东北部台西南盆地（海域及陆上）泥底辟/泥火山异常发育，其伴生气分布普遍，但由于海洋地质调查及油气勘探与研究程度低，海域采集天然气样品受多种因素限制，故本书主要以台西南盆地东南部陆上区域调查所采集到的泥底辟/泥火山伴生天然气（含温泉气和地火气）等为代表，开展泥底辟/泥火山伴生气地球化学分析，综合判识确定其烃源。台湾学者 Yang 等（2004）曾系统采集了台湾陆上西南部触口断裂带、古亭坑背斜构造带、旗山断裂带、海岸平原构造带及南部海岸构造脊泥火山发育区的泥火山伴生天然气，深入分析研究了泥火山伴生气中烃类气及稀有气体地球化学特征及其组成与成因特点，并通过监测仪器检测计算了泥火山伴生气排放量。其后台湾学者 Sun 等（2010）也从陆上 17 个泥火山喷口采集到泥火山伴生气及沉积物样品，且系统分析了泥火山伴生气地球化学特征，综合判识确定了其天然气成因类型及气源。与此同时，何家雄等自 2008 年起先后三次赴台调查采集了台湾西南部陆上泥火山发育区的大量泥火山伴生气、温泉伴生气及地火气样品，并进行了系统地球化学分析检测。重点分析研究了泥火山伴生天然气组成及碳氢同位素和稀有气体同位素特征（何家雄等，2009b，2010b，2012b），在此基础上，进一步综合剖析确定了天然气成因类型，并开展了气源的追踪对比。

总之，为全面系统地分析南海北部泥底辟/泥火山发育区伴生天然气地球化学特征，笔者重点选取了莺歌海盆地中央泥底辟带泥底辟区东方气田群和乐东气田群气藏天然气、琼东南盆地北部浅水区崖城气田群及松南–宝岛含气构造和南部深水区陵南斜坡中央峡谷水道砂圈闭气田群天然气、珠江口盆地白云凹陷荔湾–流花气田群及番禺–流花气田群天然气、台西南盆地陆上泥火山伴生气和部分温泉气与地火气等作为重点研究对象，开展深入系统的地质地球化学综合分析研究工作。以下将根据莺歌海盆地、琼东南盆地和珠江口盆地油气藏地质特征及钻井所获泥底辟伴生天然气，以及台西南盆地东南部陆上泥火山发育区采集的伴生天然气（含温泉气及地火气）分析结果，结合具体的地质条件及前人分析研究成果，深入分析研究泥底辟/泥火山伴生天然气地球化学特征及其成因类型与气源构成特点，综合判识追踪泥底辟伴生天然气的气源，阐明南海北部不同地区泥底辟/泥火山伴生天然气地球化学特征及其烃源供给输导系统的特点。

第一节　莺歌海盆地泥底辟伴生天然气地球化学特征

莺歌海盆地油气勘探活动主要集中于中部拗陷中央泥底辟隆起构造带，目前油气勘探发现的大中型气田群均主要分布在泥底辟及其伴生构造之上。其中，在中央泥底辟带西北部东方区 DF1-1 大型泥底辟构造及其周缘已勘探发现 DF1-1 等浅层常温常压大中型气田群和 DF13-1/DF13-2 等中深层高温超压大中型天然气田；在中央泥底辟带东南部乐东区大型泥底辟构造及周缘，则先后勘探发现了 LD15-1 及 LD22-1 等浅层常温常压中型气田群。因此，区域上构成了盆地西北部东方气田群与东南部乐东气田群两大天然气产区。目前东南部乐东气田群属浅层常温常压气藏，该区中深层高温超压气藏尚未获得勘探突破。

一、莺歌海盆地泥底辟伴生天然气组成特征

莺歌海盆地泥底辟伴生天然气组成，多以烃类气组分为主，且以 CH_4 居绝对优势，C_2H_6 等重烃和非烃气含量较低，但部分区块及层段非烃气也比较富集。根据中央泥底辟带西北部东方区 DF1-1 泥底辟构造浅层和 DF13-2 泥底辟构造中深层及 DF29-1 泥底辟构造浅层伴生天然气分析结果（表6.1），其天然气组成中主要以 CH_4 为主，C_2 及以上重烃含量较低，但部分层段及区块 CO_2 或 N_2 含量较高，即具有局部富集非烃气的特点。天然气组成中 CH_4 含量多在 40.40% ~ 89.84%，平均值为 75.02%，绝大部分气藏天然气组成中 CH_4 含量都在 60% 以上；C_2 及以上重烃含量在 0.60% ~ 14.80%，平均值为 2.55%，且大部分气藏中 C_2 及以上重烃含量均在 3.0% 以下；大部分气藏中 CO_2 和 N_2 非烃气体含量较低，其中 CO_2 含量介于 0.17% ~ 49.52%，平均值为 3.47%，除 8 井 DST3 层 CO_2 含量异常高（49.52%）之外，绝大部分气藏产层天然气中 CO_2 含量均在 1.0% 之下。该区 N_2 含量变化较大，其含量为 0 ~ 53.62%，平均值为 18.85%，在非烃气含量中占较高比例。

中央泥底辟带东南部乐东区 LD8-1 及 LD22-1 等泥底辟构造浅层伴生天然气分析结果由表6.2所示，可以看出，其与西北部东方区泥底辟伴生天然气组成特征基本相同，烃类气也以 CH_4 为主，C_2 及以上重烃含量相对较少；非烃气 CO_2 及 N_2 在部分区块及层段含量较高。天然气组成中，烃类气中 CH_4 含量变化较大，为 8.82% ~ 96.02%，平均值为 75.20%，除 9 井天然气组成中 CH_4 含量异常低之外，绝大部分气藏产层中 CH_4 含量均超过 70%；烃类气中 C_2 及以上重烃含量低一般为 0.11% ~ 2.52%，平均值为 1.75%，表明天然气偏干而成熟度偏高；非烃气 CO_2 和 N_2 在天然气组成中占有一定比例，但总体上偏低。其中 CO_2 含量在 0 ~ 4.52% 变化，平均值为 0.29%，而 N_2 含量变化较大，为 0.84% ~ 74.32%，平均值为 21.95%，且在部分区块及层段的天然气组成中占较大比例。

二、莺歌海盆地泥底辟伴生天然气碳同位素特点

莺歌海盆地泥底辟伴生天然气 CH_4 及同系物碳同位素分布，具有明显的成熟-高熟煤型气特征（表6.1、表6.2）。其泥底辟伴生天然气 CH_4 碳同位素明显偏重，具有成熟-高熟的碳同位素特点，一般多大于-37‰，而 CH_4 同系物碳同位素则具有典型煤型气的碳同位素特征，一般均大于-28‰，充分表明和证实了该区泥底辟伴生天然气属于成熟-高熟所致过熟煤型气。其中，中央泥底辟带西北部东方区 DF1-1 泥底辟构造浅层气藏和 DF13-2

表 6.1　莺歌海盆地中央泥底辟带东方泥底辟区（DF1-1、29-1 和 DF13-2）伴生天然气地球化学特征

井号	层位	样品类型	天然气组成/%				碳同位素 δ13C/(PDB‰)					氦同位素		C1/ΣCn	Rc/%		成熟度与成因类型	数据来源
			CO2	N2	CH4	C2及以上重烃	C1	C2	C3	C4	CO2	3He/4He/(×10⁻⁷)	R/Ra		A*	B**		
1	Y2o	FET	0.32	12.75	85.21	1.71	-40.20	-24.40	-24.80	-22.40				0.98	0.74	0.86		
2	Y2II下	DST4	0.94	19.75	76.60	2.70	-36.13	-25.70	-26.67	-23.90	-15.03		0.07	0.97	1.13	1.01		中海石油研究中心、南海西部研究院内部资料
3	Y2I	DST3	0.69	15.55	81.77	2.02						0.98		0.98				
4	Y2o	DST4	0.65	18.82	78.82	1.71	-38.70	-26.60	-26.00	-24.90	-16.20	1.45	0.1	0.98	0.88	0.91	成熟煤型气	
	Y2I	DST3	1.03	28.73	68.90	1.34	-38.00	-25.40	-23.70	-22.30	-19.90	1.66	0.12	0.98	0.95	0.94		
	Y2II上	DST2	0.17	27.23	70.68	1.66	-35.50	-24.90	-24.00	-21.60	-20.70	1.77	0.13	0.98	1.19	1.03		
	Y2II下	DST1	0.18	27.55	70.73	1.54	-36.50	-24.90	-24.60	-22.80		3.47	0.25	0.98	1.09	0.99		
5	Y2I	DST3	0.17	27.15	71.27	1.41	-35.60	-25.00	-24.50	-22.40	-16.90	6.79	0.48	0.98	1.18	1.03		
	Y2II上	DST3	0.21	31.21	67.32	1.26	-36.28	-23.55	-22.21	-20.04	-12.52	2.50	0.18	0.98	1.11	1.06		
6	Y2II上	DST3	0.35	18.63	79.64	1.38	-54.09	-26.86	-26.92	-24.42	-18.35	1.14	0.08	0.98		0.51	生物低熟气	
	Y2II下	DST2	0.35	18.62	77.77	2.02	-50.32	-25.90	-25.76		-14.59	1.05	0.08	0.97		0.58		
7	Y2I	DST4	0.20	23.40	74.50	1.90	-51.04	-26.26	-26.70	-23.69		1.53	0.11	0.98		0.57		
	Y2II上	DST3	0.32	35.17	62.27	2.06	-38.89	-25.18	-23.52	-22.73	-12.10			0.97	0.86	0.90	成熟煤型气	
	Y2II下	DST2	0.40	18.20	80.80	0.60	-40.45	-21.77			-18.60	1.91	0.14	0.99	0.71	0.85		
8	Nh	DST3	49.52	5.24	43.11	2.13	-30.08	-23.76	-24.62	-25.08	-0.65	0.44	0.03	0.97	1.71	1.27		
	Nm	DST2	2.81	9.82	82.33	5.04	-31.33	-24.68	-24.34	-23.74	-9.37			0.95	1.59	1.21		
	Nm	DST1A	7.23	0.00	86.94	5.83	-30.34	-24.39	-24.41	-25.18	-5.94	1.13	0.08	0.94	1.69	1.25		
	Nm	DST1	6.80	0.00	78.40	14.80	-30.69	-28.79	-28.62	-28.14	-5.17	0.90	0.06	0.85	1.65	1.24		
9	Y2VI	DST4	1.13	11.07	84.55	3.22	-34.14	-24.81			-19.24	2.22	0.16	0.96	1.32	1.08	成熟-高熟煤型气	
	Y2VII	DST3	3.71	12.86	80.68	2.75	-32.29	-24.25	-23.48	-23.00	-8.19	0.39	0.03	0.97	1.50	1.16		
	Y2IX	DST2	1.19	11.76	84.73	2.32	-34.99	-22.85	-23.50	-23.52	-7.84	0.53	0.04	0.97	1.24	1.05		
10	Ny2	DST4	5.30	53.62	40.40	0.68								0.98				
11	Y2II	DST6	9.04	23.69	65.76	1.44	-35.56	-23.61	-22.02	-20.36	-12.00	1.85	0.13	0.98	1.18	1.03		
12	Y2II	FET	0.40	36.76	61.74	1.10	-37.58	-23.95			-22.69			0.98	0.99	0.95		
	Y2IV	MDT	1.18	38.81	58.92	1.09	-32.08	-24.44	-23.54		-11.27			0.98	1.52	1.17		

* A 为 9.5 蒋助生方程：δ¹³C₁（‰）=10.39Rc−47.86；** B 为沈平方程：δ¹³C₁（‰）=60.21logRc−36.24。

续表

井号	层位	样品类型	天然气组成/%				碳同位素 $\delta^{13}C$/ (PDB‰)					氦同位素		$C_1/\sum Cn$	R_c/%		成熟度/成因类型	数据来源
			CO_2	N_2	CH_4	C_2及以上重烃	C_1	C_2	C_3	C_4	CO_2	$^3He/^4He$ /(×10⁻⁷)	R/R_a		A*	B**		
DF13-2-1	Nh_1	MDT	3.42	8.69	84.96	2.91	-33.77	-26.26	-25.53	-26.66	-8.17			0.97			高熟煤型气	谢玉洪等（2014）
		MDT	2.48	12.40	81.48	2.67	-35.74	-26.22	-25.89	-26.66	-8.77			0.97				
		MDT	3.18	8.48	83.96	4.38	-34.97	-26.70	-26.10	-27.35	-9.05			0.95				
		MDT	1.48	7.04	89.84	1.63	-35.53	-26.76	-25.51	-22.76	-17.35			0.98				
DF13-2-2	Nh1	MDT	2.27	10.71	84.21	2.80	-30.41	-26.02	-25.35	-27.25	-10.70			0.97				
DF13-2-3	Nh1	MDT	2.17	13.93	81.26	2.24	-35.41	-25.19	-25.27	-26.71	-7.16			0.97				
		MDT	1.65	15.50	81.04	1.14	-35.53	-25.26	-24.90	-26.19	-15.11			0.99				

表 6.2　莺歌海盆地中央泥底辟带东南部乐东泥底辟区（LD8-1 和 22-1）伴生天然气地球化学特征

井号	层位	样品类型	天然气组成/% CO₂	N₂	CH₄	C₂及以上重烃径	碳同位素 $\delta^{13}C$/（PDB‰） C₁	C₂	C₃	C₄	CO₂	氦同位素 $^3He/^4He$/（×10⁻⁷）	R/R_a	$C_1/\sum C_n$	R_c/% A*	B**	成熟度/成因类型	数据来源
1	Q	DST2	4.52	1.66	91.73	2.09	-42.00	-26.7	-30.00	-36.30	-8.70	8.35	0.60	0.98	0.59	0.81	成熟油型气	中海石油研究中心南海西部研究院内部资料
1	Q	DST3	1.00	56.80	40.20	1.70	-41.75	-23.99	-23.80	-22.30	-8.49			0.96		0.64		
2	Q	DST2	1.34	29.10	68.40	0.80	-43.10	-24.11	-23.77			4.33	0.31	0.99	0.46	0.77	高熟气	
2	Ny₁	DST1	0.01	0.84	96.00	2.52	-30.80				-10.59	2.31	0.16	0.97	1.74	1.23	煤型气	
3	Q	DST5	0.16	19.60	77.68	1.04	-54.30	-24.40	-19.90	-22.20	-14.00	0.97	0.07	0.99	0.92	0.50	低熟气、生物气	
3	Q	DST4	0.09	22.40	73.33	1.94	-38.29	-23.08	-21.43	-20.55	-12.73	0.98	0.07	0.97	1.14	0.93		
3	Q	DST3	0.11	23.71	73.46	2.12	-36.04	-22.80	-21.07	-20.53	-10.44	0.89	0.06	0.97	1.44	1.01		
3	Q	DST2	0.31	33.48	63.82	1.90	-32.93	-21.91	-18.96	-20.85	-8.99	0.89	0.06	0.97	0.68	1.13		
3	Q	DST6	0.10	18.20	81.10	0.60	-40.80	-28.40			-12.40	0.60	0.04	0.99	1.11	0.85	成熟煤型气	
3	Q	DST5	0.10	18.70	80.10	1.10	-36.36	-19.77				0.56	0.04	0.99	0.98	1.00		
3	Q	DST4	0.00	18.50	80.10	1.40	-37.64	-20.63				0.60	0.04	0.98	1.33	0.95		
4	Q	DST3	0.10	18.70	79.00	2.20	-34.01	-23.36	-21.36	-21.55		0.56	0.04	0.97	1.32	1.09		
4	Q	DST2	0.10	18.50	79.20	2.20	-34.14	-23.30	-21.32	-21.19		0.79	0.06	0.97		1.08		
5	Q	DST5	0.73	11.48	87.09	0.70	-62.50	-38.90			-18.80	0.62	0.04	0.99	0.74	0.36	生物气	
5	Q	DST4	0.07	16.64	81.93	1.33	-40.15	-21.41				0.62	0.04	0.98	0.80	0.86	成熟煤型气	
5	Q	DST3	0.07	21.64	75.81	2.48	-39.56	-23.72	-21.86	-21.31		0.72	0.05	0.97	1.16	0.88		
5	Q	DST2	0.27	17.76	79.55	2.42	-35.82	-23.06	-21.18	-21.62		0.63	0.04	0.97		1.02		
6	Q	DST4	0.08	9.70	88.14	2.08	-55.72	-22.29		-20.92				0.98	1.20	0.47	成熟煤型气	
6	Q	DST2	0.09	16.76	81.01	2.14	-35.39	-23.16	-21.56					0.97	1.33	1.03		
6	Q	DST1	0.12	18.79	79.12	1.98	-34.09	-23.35	-21.81	-21.70		0.73	0.05	0.98		1.09		
7	Q	DST3	0.71	13.30	84.27	1.70	-49.30	-23.52	-21.68	-20.77				0.98	1.48	0.54	低熟气	
7	Q	DST2	0.10	20.07	77.80	2.06	-32.50	-23.18	-21.48	-21.23		0.57	0.04	0.97	1.84	1.15		
7	Ny₁	DST1	0.11	16.57	81.00	2.32	-28.78	-21.72	-20.21	-20.51		0.43	0.03	0.97		1.33	生物气	

续表

井号	层位	样品类型	天然气组成/%				碳同位素 δ13C/（PDB‰）					氦同位素			R_c/%		成熟度/成因类型	数据来源
			CO_2	N_2	CH_4	C_2及以上重烃	C_1	C_2	C_3	C_4	CO_2	$^3He/^4He$/（×10^{-7}）	R/R_a	$C_1/\sum Cn$	A*	B**		
8	Q	DST4	0.20	19.24	79.31	1.25	−36.28	−20.29				0.68	0.05	0.98	1.12	1.00	成熟−高熟煤型气	中海石油研究中心
	Q	DST3	0.12	19.67	78.67	1.58	−35.99	−23.10	−14.64	−20.61				0.98	1.14	1.01		
	Ny_1	DST1	0.19	16.82	80.95	2.04	−28.59	−21.90	−20.33	−21.42		0.20	0.01	0.97	1.86	1.34		
	Ny_1	MDT	1.72	39.66	53.65	4.97	−33.90	−23.08	−21.13	−21.01	−13.74			0.95	1.34	1.09		
9	Nm	槽面气	0.05	74.32	8.82	0.11	−34.13							0.99	1.32	1.08	成熟煤型气	南海西部研究院
10	Q	DST2	0.01	3.63	96.02	0.34	−65.57					2.21	0.16	0.99		0.33	生物气	

* A 为 9.5 蒋助生方程：δ13C_1（‰）= 10.39R_c−47.86；＊＊B 为沈平方程：δ13C_1（‰）= 60.21logR_c−36.24。

泥底辟构造中深层气藏及 DF29-1 泥底辟构造浅层气藏，其 CH_4 等烃类气含量居绝对优势，CH_4 碳同位素值 $\delta^{13}C_1$ 一般为 $-54.09‰ \sim -30.08‰$，平均值为 $-36.74‰$。C_2H_6 碳同位素值 $\delta^{13}C_2$ 为 $-28.79‰ \sim -21.77‰$，平均值为 $-25.15‰$。C_3H_8 碳同位素值 $\delta^{13}C_3$ 为 $-28.62‰ \sim -25.76‰$，平均值为 $-23.00‰$。C_4H_{10} 碳同位素值 $\delta^{13}C_4$ 为 $-28.14‰ \sim -20.04‰$，平均值为 $-24.15‰$，具有典型的成熟-高熟煤型气碳同位素特征。非烃气 CO_2 含量一般较低（局部区块及层段 CO_2 含量高），CO_2 碳同位素值 $\delta^{13}C_{CO2}$ 为 $-22.69‰ \sim -0.65‰$，平均值为 $-12.72‰$，具有有机成因的特点。而且这些泥底辟伴生天然气的烃类气组成中 C_2 以上重烃含量极低，故其天然气干燥系数（$C_1/\sum C_n$）偏高，为 $0.85 \sim 0.99$，平均高达 0.97，属于典型的干气。中央泥底辟带东南部乐东区 LD8-1、LD22-1 等泥底辟构造浅层气藏与东方区泥底辟伴生气藏天然气组成及 CH_4 同系物碳同位素特征基本相似，均以 CH_4 等烃类气居绝对优势，天然气干燥系数（$C_1/\sum C_n$）为 $0.95 \sim 0.99$，平均值 0.98，属于典型干气特征。其 CH_4 碳同位素值 $\delta^{13}C_1$ 为 $-65.57‰ \sim -28.59‰$，平均值为 $-39.95‰$。C_2H_6 碳同位素值 $\delta^{13}C_2$ 为 $-38.9‰ \sim -19.77‰$，平均值为 $-23.66‰$。C_3H_8 碳同位素值 $\delta^{13}C_3$ 为 $-14.64‰ \sim -30.00‰$，平均值为 $-21.45‰$。C_4H_{10} 碳同位素值 $\delta^{13}C_4$ 为 $-20.51‰ \sim -36.30‰$，平均值为 $-22.03‰$，也具有成熟-高熟典型煤型气特点。非烃气 CO_2 碳同位素值 $\delta^{13}C_{CO2}$ 为 $-8.49‰ \sim -18.80‰$，平均值为 $-11.89‰$，属于与烃类气伴生的有机成因 CO_2。

三、莺歌海盆地泥底辟伴生天然气成因类型及气源特点

根据天然气地球化学基本原理及准则，依据天然气组成及 CH_4 同系物碳氢同位素特征，结合稀有气体氦氩同位素数据及具体的地质条件，可以综合判识确定天然气成因类型及其气源构成特点。一般根据 CH_4 碳同位素值 $\delta^{13}C_1$ 大于或小于 $-30‰$ 可判识烃类气属无机成因还是有机成因，$\delta^{13}C_1 < -30‰$ 的烃类气属于有机成因。有机成因天然气依据 CH_4 碳同位素值 $\delta^{13}C_1$ 尚可进一步划分为生物气、生物-低熟过渡带气（亚生物气）、成熟热解气和高熟-过熟热解气。其中，生物气是指在生物化学作用带之低温（$<75℃$）还原环境下，沉积有机质通过厌氧细菌的生物化学作用所形成的富含 CH_4 的烃类天然气，其 CH_4 含量高于 98%，C_2 及以上重烃气含量一般在 0.5% 以下，生物 CH_4 碳同位素值 $\delta^{13}C_1 < -55‰$，其干燥系数与成熟-高熟（或过熟）热成因气一样均在 0.98 以上，属典型的干气（戴金星，1998；何家雄等，2003）。油气勘探实践及研究表明，生物气多分布于浅层或超浅层非热力作用带，即适宜于微生物大量生长繁殖以及各种生物化学反应非常活跃的生物化学作用带。

亚生物气，或者称为生物-低熟过渡带气（徐永昌等，1990；刘文汇等，1997），即指生物气与低熟热解气之间的一种过渡成因类型的天然气，其通常与少量低熟油伴生，因而其湿度和 CH_4 碳同位素 $\delta^{13}C_1$ 值均介于生物气与成熟热解气之间，但更偏向于生物气，其 CH_4 碳同位素 $\delta^{13}C_1$ 值一般在 $-48‰ \sim -55‰$，故也称亚生物气或准生物气。与生物气相比，亚生物气 C_2 及以上重烃含量有所增加，CH_4 碳同位素 $\delta^{13}C_1$ 值也相对偏重。但该类气仍然以生物气为主，其中 CH_4 占 $60\% \sim 95\%$，也有早期低温热催化作用所生成的低熟气混入而

形成的一种混合气，或低熟阶段（R^o 为 0.3% ~ 0.7%）即热催化作用尚未达大量成油阶段，由有机质缩合、有机酸脱羧及黏土矿物等催化所形成的烃类气。

对于热成因气即热降解气或热解气，其 CH_4 碳同位素 $\delta^{13}C_1$ 值一般在 -30‰ ~ -48‰，以 CH_4 居绝对优势，C_2 及以上重烃含量甚低。根据 CH_4 碳同位素 $\delta^{13}C_1$ 值可以进一步划分为成熟热解气、高熟热解气及高熟热解气，而依据 C_2H_6 碳同位素 $\delta^{13}C_2$ 值，结合具体地质条件及烃源对比结果，可进一步将其划分为油型气和煤型气以及混合气等成因类型。国内外学者一般均依据天然气中 C_2H_6（C_2H_6）碳同位素值 $\delta^{13}C_2$ 为 -28‰ 或 -29‰ 作为划分和判识油型气和煤型气基本准则和标准（戴金星、陈英，1993；徐永昌，1999）。本书统一采用 $\delta^{13}C_2$ 值 -28‰ 作为划分煤型气和油型气的分类界限，$\delta^{13}C_2 > -28‰$ 即为煤型气，而 $\delta^{13}C_2 \leqslant -28‰$ 则属于油型气。在此基础上，根据泥底辟/泥火山伴生天然气成因类型，结合具体地质条件及烃源追踪对比的结果，再进一步分析气源构成特点及供给运聚通道，综合判识确定其气体来源。

根据莺歌海盆地泥底辟伴生天然气组成及干燥系数与 CH_4 及同系物碳同位素特征，在天然气成因类型划分判识图版上（图 6.1），可以明显看出，西北部东方泥底辟区浅层常温常压气田群和中深层高温超压气田群天然气均以成熟-高熟热解气为主，并伴生少量生物气-低熟过渡带气（亚生物气）。东南部乐东泥底辟区浅层常温常压气田群天然气成因类型也主要以成熟-高熟热解气为主，伴生一定量生物气和生物气-低熟过渡带气。东方泥底辟区中深层上中新统黄流组勘探发现的 DF13-2 高温超压气藏天然气均属于成熟-高熟热解气成因类型，天然气成熟度明显偏高。

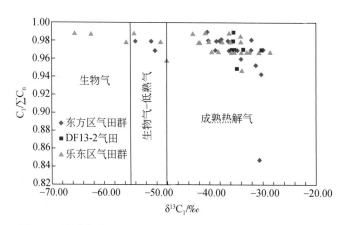

图 6.1　莺歌海盆地不同泥底辟区伴生天然气成因类型判识一

根据戴金星和陈英（1993）提出的天然气成因类型鉴别指标及判识标准，应用 CH_4 和 C_2H_6 碳同位素特征（图 6.2），可进一步分析判识天然气成因及其生源母质类型，据此可以将莺歌海盆地泥底辟伴生天然气成因类型及气源进一步判识划分为成熟煤型气及其煤系烃源供给的生源母质类型。依据图 6.2 所示，可以看出，莺歌海盆地中央泥底辟带无论是西北部东方泥底辟区浅层气田群和中深层气田群，还是东南部乐东泥底辟区气田群，其天然气 CH_4 及 C_2H_6 碳同位素均明显偏重，均属于成熟-高熟的煤型热解气，极少生物气及生物-低熟过渡带气和油型气，据此，可以综合判识确定莺歌海盆地泥底辟伴生天然气的烃源供给，主要来自富含腐殖型煤系生源母质的烃源岩，结合盆地新近纪沉积充填特征与其他地质条件综合分析，可以推定和确定这种偏腐殖型生源母质的天然气气源，应主要来自中新统三亚-梅山组成熟-高成熟煤系烃源岩，而该烃源岩系也正是莺歌海盆地泥底辟形成的物质基础——巨厚的欠压实细粒泥源层（何家雄等，1994b，2008a；Huang et al.，2002；谢玉洪等，2014）。

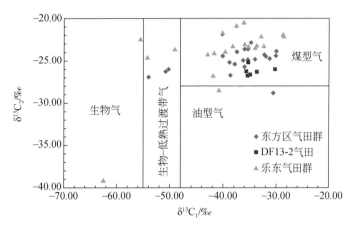

图 6.2　莺歌海盆地不同泥底辟区伴生天然气成因类型判识二

第二节　琼东南盆地疑似泥底辟伴生天然气地球化学特征及气源

　　琼东南盆地多年来油气勘探活动主要集中于北部浅水区，迄今已在北部崖南凹陷及其周缘勘探发现 YC13-1 及 YC13-4 中小型气田，在浅水区松南-宝岛凹陷北坡（2 号断裂带东部）虽未获得商业性油气突破，但在 BD19-2、BD13-3、BD15-3 等多个构造钻井获得较好的油气显示。近年来在琼东南盆地南部深水区也开展了油气勘探活动，油气勘探主战场也由北部浅水区逐渐向南部深水区转移和拓展，通过深水油气勘探的大胆探索与实践，先后勘探发现了与疑似泥底辟/泥火山和断层裂隙有成因联系的 LS17-2 和 LS25-1 及 LS22-1 等中央峡谷水道砂圈闭大中型气田，开创了南海北部深水油气勘探的新局面。上述这些深水大中型气田的天然气均属于富烃优质天然气，天然气组成中以 CH_4 居绝对优势，CH_4 含量大于91%以上，C_2 及以上重烃含量低，均小于2%，非烃气 CO_2 和氮气含量甚微，均小于1.5%。琼东南盆地目前油气勘探程度尚低，在北部浅水区西部虽然勘探发现了 YC13-1 等大中型气田，勘探程度相对较高，但在其东部油气勘探程度很低，尚未获得商业性油气勘探的突破；而广阔的南部深水区油气勘探程度则更低，目前虽然在西南部深水区获得了油气勘探的重大突破，勘探发现了 LS17-2 等一系列中小型气田，但在其东部深水区目前尚未获得油气勘探的突破，且油气勘探程度甚低，油气地质条件复杂，有待于进一步探索与加大勘探力度敢于实践。

一、琼东南盆地疑似泥底辟伴生天然气组成特征

前已论及，琼东南盆地油气勘探程度较低，大中型天然气田及气藏主要分布于北部浅水区西南部和南部深水区西南部等区域，浅水区东北部及深水区东部，目前油气勘探尚未获得商业性的重大突破。根据该区天然气地球化学分析结果（表 6.3），盆地北部浅水区不同区带天然气与南部深水区西南部疑似泥底辟伴生天然气组成虽然基本相似，但存在的差异也较明显。其中北部浅水区西南部环崖南凹陷及其周缘大中型气田的天然气主要以烃类气为主，CH_4 含量为 71.46% ~ 88.95%，平均值 84.96%，C_2 及以上重烃含量较高，为 1.01% ~ 10.94%，平均值 5.72%。天然气干燥系数（$C_1/\sum C_n$）为 0.89 ~ 0.99，总体表现为干气特征。非烃气 CO_2 和 N_2 含量变化大，尤其是 CO_2 含量变化较大，一般在 0.07% ~ 24.12% 变化，平均值为 8.05%。N_2 含量较低，约为 0 ~ 8.69%。北部浅水区东北部松东-崖北地区天然气组成中也以烃类气含量居优势，但 CH_4 含量相对西南部环崖南凹陷及周缘区低，为 60.44% ~ 65.72%，C_2 及以上重烃含量较高，为 27.93% ~ 32.37%，天然气干燥系数（$C_1/\sum C_n$）为 0.67 ~ 0.83，表现出湿气特征。非烃气含量较低，CO_2 和 N_2 含量分别为 0.93% ~ 9.67% 和 0.99% ~ 3.74%。北部浅水区 2 号断裂带东部天然气组成则以富集非烃气为主，CO_2 和 N_2 含量高，其中 CO_2 含量为 81.56% ~ 98.32%，而 CH_4 含量仅为 1.32% ~ 16.06%，C_2 以上重烃含量则更少。天然气干燥系数（$C_1/\sum C_n$）为 0.93 ~ 1.00，属于干气。盆地南部深水区与疑似泥底辟有成因联系的大中型气田的天然气组成，则主要烃类气为主，CH_4 含量高达 91% 以上，C_2 及以上重烃和非烃气含量均甚低，属于非常好的优质天然气。天然气地球化学分析表明，盆地西南部深水区乐东-陵水凹陷陵南斜坡中央峡谷水道天然气藏天然气组成中，烃类气占绝对优势，CH_4 含量高达 91.12% ~ 93.25%，C_2 及以上重烃含量仅为 0.83% ~ 1.13%，非烃气含量甚微，CO_2 含量与 N_2 含量分别为 0.21% ~ 0.76% 和 0.31% ~ 0.68%。而且，天然气干燥系数（$C_1/\sum C_n$）偏高，为 0.92 ~ 0.97，属于干气。其气源应该主要来自深部成熟-高熟热解气的烃源岩。

二、琼东南盆地疑似泥底辟伴生天然气碳同位素特征

琼东南盆地北部浅水区与南部深水区即疑似泥底辟发育区不同构造带天然气 CH_4 及同系物碳同位素组成特征基本相似，均具有明显的成熟-高熟热解气特征，一般 CH_4 碳同位素 $\delta^{13}C_1$ 多大于 -36‰，而 C_2H_6 碳同位素 $\delta^{13}C_2$ 则多大于 -28‰以上，属于典型的煤型气成因类型。根据天然气 CH_4 及同系物碳同位素分析结果（参见表 6.3），其中，北部浅水区环崖南凹陷及其周缘天然气 CH_4 碳同位素 $\delta^{13}C_1$ 为 -52.70‰ ~ -34.75‰，C_2H_6 碳同位素 $\delta^{13}C_2$ 为 -27.40‰ ~ -18.74‰，C_3H_8 碳同位素 $\delta^{13}C_3$ 为 -27.70‰ ~ -13.32‰，C_4H_{10} 碳同位素 $\delta^{13}C_4$ 为 -26.90‰ ~ -22.84‰，属于典型成熟-高熟煤型气特征。非烃气 CO_2 碳同位素 $\delta^{13}C_{CO_2}$ 总体上偏重，分布范围为 -11.60‰ ~ -3.30‰，大部分大于 -8.33‰，属于无机成因 CO_2；北部浅水区松南凹陷及 2 号断裂带东部天然气 CH_4 碳同位素 $\delta^{13}C_1$ 为 -51.70‰ ~ -38.8‰，

表6.3　琼东南盆地北部浅水区与南部深水疑似泥底辟发育区不同区带天然气地球化学特征

区带	井号	层位	天然气组成/%					碳同位素 δ13C/（PDB‰）					氦氩同位素			成熟度/成因类型	数据来源
			CO_2	N_2	CH_4	C_2及以上重烃	干燥系数	CO_2	C_1	C_2	C_3	C_4	$^3He/^4He$ /(×10^-7)	R/R_a	$^{40}Ar/^{36}Ar$		
崖南凹陷及周缘区	1	Nh	0.07	2.49	86.50	10.94	0.89		-52.70							生物-低熟气	何家雄等(2008a)
		EL	9.60	0.72	85.03	4.65	0.95	-4.90	-35.80	-25.20	-24.20						
		EL	10.79	1.04	84.18	3.99	0.96		-35.50								
	2	EL	10.80	0.59	85.90	2.59	0.97	-4.70	-35.60	-25.30	-24.50						
	3	EL	8.00	0.00	88.95	2.92	0.97	-5.10	-35.02	-24.37	-22.94	-22.84					
		EL	10.10	0.30	88.52	1.01	0.99		-34.75	-24.57			10.60	0.76			
	4	Ns	6.94	1.34	83.94	7.78	0.92	-3.70	-37.32	-25.53	-24.30	-23.74				成熟-高熟煤型气	
	5	Ns	6.53	0.25	86.32	6.94	0.93										
		EL	6.70	1.23	85.71	6.36	0.93	-8.31	-37.40	-26.00	-24.50	-24.70					
		EL	8.73	1.76	84.58	4.93	0.94	-7.70	-37.10	-26.30	-27.70	-24.80					
		EL	9.70	1.10	84.10	5.10	0.95	-6.09	-36.89	-26.29	-25.16						
	6	EL	8.54	1.04	83.22	7.23	0.92	-7.68	-39.36	-26.47	-25.01	-26.90	4.82	0.34			
	7	EL	7.71	1.17	82.20	9.03	0.92	-11.60	-40.50	-25.30	-23.20	-26.20					
	8	EL	8.33	0.26	82.96	8.45	0.91	-8.33	-39.99	-24.88	-23.72	-23.84					
	9	Ey	24.12	0.67	71.46	3.67	0.95										
		EL	0.32	8.69	88.11	2.77	0.97	-3.30	-40.64	-18.74	-13.32						
	10	Ns	5.21	0.57	87.43	6.79	0.94	-7.80	-37.30	-27.40	-25.80		7.65	0.55	311.10		
	11	Ns	6.13	0.00	87.43	6.42	0.93	-5.90	-37.10	-26.70	-25.50		7.11	0.51	375.00		
	12	Ns	6.14	0.87	86.52	6.47	0.94	-5.30	-36.50	-26.80	-24.80		7.26	0.52	302.20		
		Ns	6.54	0.92	86.12	6.42	0.94		-36.90	-25.80	-25.40		7.52	0.54	300.20		
	13	Ns							-50.80				14.70	1.05		低熟气	
松东-崖北	14	EL	9.67	3.74	60.44	27.93	0.83									油型伴生气	
	15	Ns	0.93	0.99	65.72	32.37	0.67										

续表

区带	井号	层位	天然气组成/%					碳同位素 δ¹³C/（PDB‰）					氦氩同位素			成熟度/成因类型	数据来源
			CO_2	N_2	CH_4	C_2及以上	干燥系数	CO_2	C_1	C_2	C_3	C_4	$^3He/^4He$/（×10⁻⁷）	R/R_a	$^{40}Ar/^{36}Ar$		
松南凹陷及2号断裂带东部	16	EL	6.98	0.17	88.24	4.62	0.95	-4.40	-43.40	-28.00	-24.50	-27.40	41.40	2.96	318.7	成熟煤型气	何家雄等（2008a）
		EL	0.00	13.72	83.50	2.78	0.97		-43.40	-26.50	-23.20		42.10	3.15	304.5		
	17	Nm	3.15	74.71	15.14	7.00	0.96		-51.70							低熟气	
	18	EL	81.56	1.52	16.06	0.00	1.00	-6.90	-39.30				87.50	6.25	310.20	成熟-高熟煤型气	
		EL	87.92	1.50	9.84	0.74	0.93	-7.50	-38.8	-28.70			59.50	4.25	327.80		
	19	EL	98.32	0.28	1.32	0.00	1.00	-4.49	-42.30		-16.30	-28.60	72.10	5.15	298.1		
		EL	97.64	0.48	1.80	0.00	1.00	-4.56	-42.70		-14.20	-27.10	64.10	4.58	295.3		
南部深水区	LS22-1	Nh	0.76	0.31	92.87	1.07	0.94	-9.60	-39.20	-26.00	-24.10					成熟-高熟煤型气	黄保家等（2014）
			0.32	0.55	91.53	0.87	0.93	-9.20	-39.00	-25.90	-23.80						
			0.30	0.54	91.70	0.84	0.93		-39.40	-26.20	-24.30						
			0.31	0.56	91.12	0.87	0.92		-39.20	-26.20	-23.80						
			0.31	0.55	91.16	0.86	0.92	-8.50	-38.80	-26.00	-23.70						
			0.32	0.57	91.37	0.89	0.93										
	LS17-2	Nh	0.45	0.68	92.51	1.13	0.94	-12.60	-43.60	-25.60	-23.80	-23.40					
			0.21	0.62	93.25	0.83	0.94	-15.70	-39.20	-26.20	-24.60	-24.10					
			0.46	0.63	92.69	1.09	0.94	-19.70	-37.55	-24.09	-22.96	-22.16					
			0.52	0.61	92.56	1.13	0.97	-18.00	-43.60	-25.60	-23.80	-24.30					

C_2H_6 碳同位素 $\delta^{13}C_2$ 为 $-28.70‰\sim-26.50‰$，C_3H_8 碳同位素 $\delta^{13}C_3$ 为 $-24.50‰\sim-14.20‰$，C_4H_{10} 碳同位素 $\delta^{13}C_4$ 为 $-28.60‰\sim-27.10‰$，该区带总体上看起来 CH_4 及同系物碳同位素相对偏轻一些，具有某些成熟-高熟油型气的特点。但伴生的非烃气 CO_2 则属于典型无机 CO_2，其 CO_2 碳同位素偏重，$\delta^{13}C_{CO_2}$ 为 $-7.50‰\sim-4.40‰$，属于典型无机成因 CO_2；南部深水区疑似泥底辟发育区陵南斜坡中央峡谷水道砂体圈闭天然气 CH_4 及同系物碳同位素组成特征与北部浅水区环崖南凹陷及周缘及天然气基本相似，均具有典型的成熟-高熟热解气特点，属于主要来自渐新统崖城组煤系及浅海相泥岩的煤型气。天然气 CH_4 及同系物碳同位素分析表明，其碳同位素组成明显偏重。其中，CH_4 碳同位素 $\delta^{13}C_1$ 为 $-39.40‰\sim-38.80‰$，C_2H_6 碳同位素 $\delta^{13}C_2$ 为 $-26.20‰\sim-25.90‰$，C_3H_8 碳同位素 $\delta^{13}C_3$ 为 $-24.10‰\sim-23.70‰$，具有典型成熟-高熟煤型气的 CH_4 同系物碳同位素组成的基本特点。伴生少量 CO_2 碳同位素也偏重，其 $\delta^{13}C_{CO_2}$ 为 $-9.60‰\sim-8.50‰$，属于有机-无机混合成因的 CO_2。

综上所述，根据琼东南盆地北部浅水区环崖南凹陷及周缘区天然气 CH_4 同系物碳同位素组成特征与南部深水区疑似泥底辟具有成因联系的伴生天然气 CH_4 同系物碳同位素特征的分析对比，可以综合判识确定两者的成因类型相似，均属于典型成熟-高熟煤型气；两者的烃源供给及气源相同，均来自渐新统崖城组成熟-高熟煤系烃源岩的贡献。

三、琼东南盆地疑似泥底辟伴生天然气成因类型及气源特点

根据琼东南盆地北部浅水区与南部深水疑似泥底辟发育区天然气组成及碳同位素特征，依据天然气成因分类图版（图6.3），可以明显看出，北部浅水区崖南凹陷及周缘区与南部深水疑似泥底辟发育区天然气 CH_4 碳同位素值均处在成熟-高熟热解气区域，且北部浅水区崖南凹陷及周缘区天然气成熟度偏高，其 $\delta^{13}C_1$ 为 $-39.9‰\sim-33‰$，主要以成熟-高成熟热解气为主，部分气藏浅层也伴有生物-低熟过渡带气分布。而南部深水疑似泥底辟发育区天然气成熟度总体上相对低一些，$\delta^{13}C_1$ 一般为 $-38.9‰\sim-37.8‰$，属于成熟-高熟热解气。北部浅水区东部松南凹陷及2号断裂带东部天然气成熟度更低一些，其 $\delta^{13}C_1$ 一般多为 $45.2‰\sim-39.9‰$，属于成熟热解气。上述 CH_4 碳同位素特征表明琼东南盆地不同区域天然气成熟度存在一定的差异。根据天然气 CH_4 与 C_2H_6 碳同位素组成特征，可进一步将琼东南盆地北部浅水非泥底辟发育区与南部深水疑似泥底辟发育区天然气成因类型进行综合判识与划分。根据图6.4所示天然气成因类型划分图版，以 C_2H_6 碳同位素 $\delta^{13}C_2=-28‰$ 作为煤型气与油型气分界和标准，可以明显看出，图中除北部浅水区松南凹陷及2号断裂带东部少部分天然气 C_2H_6 碳同位素 $\delta^{13}C_2$ 偏轻，小于 $-28‰$，属于油型气外，其他区域包括北部浅水区崖南凹陷及周缘区和南部深水疑似泥底辟发育区的天然气 C_2H_6 碳同位素 $\delta^{13}C_2$ 为 $-28.70‰\sim-18.74‰$，且绝大部分天然气 C_2H_6 碳同位素值 $\delta^{13}C_2$ 均大于 $-28‰$，很显然，其天然气成因类型属于典型煤型气。总之，根据天然气 CH_4 同系物碳同位素组成特征，结合琼东南盆地古近系烃源岩发育特征及具体成藏地质条件分析，可以综合判识与确定盆地北部浅水区煤型气与南部深水疑似泥底辟发育区煤型气，属于成

熟-高熟热解气,其烃源供给及主要气源均来自成熟-高熟的渐新统崖城组煤系烃源岩,也有少量来自始新统湖相烃源岩的贡献(朱伟林等,2007)。

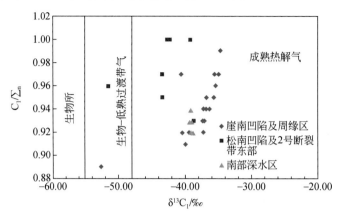

图 6.3　琼东南盆地北部浅水区与南部深水泥底辟发育区天然气成因类型判识一

第三节　珠江口盆地疑似泥底辟伴生天然气地球化学特征

一、珠江口盆地疑似泥底辟伴生天然气组成特征

珠江口盆地天然气勘探主要集中于南部深水区珠二拗陷白云凹陷,目前已勘探发现两个天然气富集区即西北部番禺-流花气田群和荔湾-流花气田群(东南部疑似泥底辟区),且疑似泥底辟及气烟囱也主要展布于白云凹陷中南部、东南部区域。根据白云凹陷天然气富集区西北部番禺-流花气田群和东南部疑似泥底辟区荔湾-流花气田群天然气分析结果,该区天然气组成主要以烃类气为主,CH_4 居绝对优势,重烃含量较低,非烃气含量低,干燥系数高,且伴有少量凝析油-轻质油,属于成熟-高熟煤型气或油型气或者为煤型-油型混合气。从番禺-流花气田群(白云凹陷北坡-番禺低隆起)天然气地球化学分析结果可以看出(表6.4),该区天然气组成中以烃类气为主,非烃气 CO_2 和 N_2 含量较低。其中 CH_4 含量 CH_4 为 5.29%~99.20%,平均值为76.54%,除个别探井局部层段天然气中 CH_4 含量较低之外,大部分探井天然气中 CH_4 含量均极高,其 CH_4 含量达到90%或90%以上。C_2 及以上重烃即 C_2H_6 等高碳数重烃含量甚低,一般在 0.08%~2.92% 变化,平均值为1.72%。天然气干燥系数($C_1/\sum C_n$)为 0.84~0.99,绝大部分天然气干燥系数均在0.92以上,总体属于干气偏湿类型。天然气组成中非烃气含量较低。其中 N_2 含量介于0.46%~91.70%,平均值为9.23%,除个别井 N_2 含量异常高之外,其余探井 N_2 含量较低,均在5%以下;CO_2 含量总体上也较低。但含量差异变化较大,多在0.13%~82.7%变化,平均值为14.75%,除个别井 CO_2 含量异常高之外,大部分探井 CO_2 含量均较低。总之,番禺-流花气田群天然气属于成熟-高熟煤型气或油型气或两者的混合气,天然气组成以烃类气为主,伴有少量凝析油-轻质油且非烃气含量较低,其烃源可能主要来自成熟-高熟渐新统煤系和始新统湖相烃源岩构成的烃源供给系统。

表6.4　珠江口盆地南部深水区珠二坳陷白云凹陷天然气地球化学特征

区带	井号	样品类型	层位	天然气组成/%					干燥系数	碳同位素 $\delta^{13}C$/（PDB‰）					R_c/%	成因类型	数据来源
				CH_4	C_2H_6	C_2以上重烃	N_2	CO_2		C_1	C_2	C_3	C_4	CO_2			
白云凹陷北坡-番禺低隆起	1	罐顶样	Nyh	91.50	2.83				0.97	-61.00					0.39	生物气、亚生物气	
	2		Q	98.60	0.01				0.99	-68.20					0.29		
	3		Nhj	99.20	0.01				0.99	-59.70					0.41		
	4		Nhj	96.50	2.60				0.97	-49.90					0.59		
			Nhj	93.50	5.60				0.94	-51.80					0.55		
	5	DST3	Nyh	89.50	4.75	2.29	2.26	0.43	0.93	-43.50	-28.00	-25.50	-24.50	-17.10	0.76	成熟油型气为主混有成熟-高熟煤型气伴生少量凝析油	中海石油研究中心南海西部研究院内部资料
		DST2	Nyh	93.30	3.57	1.19	1.40	0.13	0.95	-39.20	-28.60	-26.60	-25.50	-17.40	0.89		
	6	FET	Nhj	92.57	3.67	2.56	0.63	0.57	0.94	-41.40	-29.10	-27.50	-27.20	-5.90	0.82		
		FET	Nhj	87.80	3.89	2.35	1.65	4.31	0.93	-33.60	-28.30	-27.70	-27.70	-6.60	1.11		
		FET	Nhj	88.12	4.05	2.92	0.56	4.35	0.93	-34.30	-28.10	-27.60	-27.30	-6.50	1.08		
	7	MDT	Nzhj	61.50	2.07	0.61	21.78	14.00	0.95	-39.56	-29.86	-27.00		-13.60	0.88		
		MDT	Nzhj	5.29	0.20	0.08	91.70	2.69	0.95	-34.44	-28.71	-30.06		-6.94	1.07		
	8	FET	Nzhj	9.08	0.69	0.43	7.72	73.73	0.89	-37.26	-27.47			-3.84	0.96		
		FET	Nzhj	5.68	0.63	0.42	9.02	82.70	0.84	-41.35	-25.53	-27.47		-3.92	0.82		
	9	FET	Nzhj	89.81	4.21	2.11		3.86	0.93	-36.20	-28.50	-27.60	-27.10	-5.90	1.00		
	10	DST1	Nzhj	89.13	4.18	2.11	0.46	3.94	0.93	-36.90	-28.80	-27.70	-27.50	-5.40	0.98		
		DST2	Nzhj	88.58	4.23	2.19	0.57	4.10	0.93	-35.50	-28.80	-27.20	-26.70	-4.50	1.03		
	11	FET	Nhj	89.91	4.01	1.77		4.41	0.94	-38.10	-29.20	-27.90	-27.60	-6.30	0.93		
		FET	Nhj	85.60	3.96	1.97		8.47	0.94	-36.80	-29.30	-28.20	-27.50	-6.20	0.98		
		FET	Nzhj	89.39	4.23	2.29		4.10	0.93	-36.60	-29.30	-28.30	-28.10	-6.50	0.99		
	12	PUMP	Nhj	87.70	4.09	2.02	4.33	1.57	0.93	-36.09	-25.61	-26.33	-26.73	-8.21	1.01		
		PUMP	Nzhj	85.20	4.56	2.71	3.44	3.79	0.92	-36.40	-29.28	-28.73	-31.07	-4.95	0.99		
	13	DST3	Nzhj	79.36	3.70	1.92	2.89	11.77	0.93	-34.60	-27.70	-27.00	-27.20	-2.50	1.06		
		FMT	Nzhj	81.30	3.77	1.55	2.51	8.46	0.94	-35.70	-28.90	-27.80	-25.60	-4.60	1.02		
	14	DST2	Nzhj	78.80	4.14	2.19	0.61	13.80	0.93	-36.80	-28.60	-27.40	-25.30	-4.70	0.98		
		DST1	Nzhj	33.10	1.25	0.38	5.38	58.50	0.95	-35.30	-28.70	-27.80		-9.70	1.05		
	15	FET	Nzhj							-35.90	-29.10		-27.10	-5.00	1.01		

续表

区带	井号	样品类型	层位	天然气组成/%					干燥系数	碳同位素 δ13C/ (PDB‰)					Rc/%	成熟度成因类型	数据来源
				CH4	C2H6	C2以上重烃	N2	CO2		C1	C2	C3	C4	CO2			
白云凹陷东南部疑似泥底辟区	LW3-1Sa		Nzhj	86.54	5.29	2.69	0.09	3.26	0.92	-37.10	-29.00	-27.20	-27.10	-5.70	0.64	成熟煤型气伴生少量凝析油	戴金星 (2014)
				86.09	5.19	2.59	0.09	3.12	0.92	-36.80	-28.90	-27.50	-27.20	-5.70	0.68		
	LW3-1-1		Nzhj	86.29	5.18	2.60	0.10	3.07	0.92	-36.60	-29.10	-27.40	-26.90	-6.10	0.70		
				85.60	5.32	3.94	0.27	2.23	0.90	-36.60	-29.60	-29.10	-28.20	-7.80	0.70		
	LW3-1-2		Nzhj	87.41	5.67	2.18	1.41	3.13	0.92	-38.00	-29.00	-28.60	-29.50	-3.90	0.56		
				87.79	5.54	2.11	1.36	2.91	0.92	-37.90	-28.60	-27.40	-26.80	-3.40	0.56		
				88.00	5.25	2.12	1.56	2.84	0.92	-37.80	-28.70	-26.90	-27.20	-2.70	0.57		
	LW3-1-3		Nzhj	88.61	5.32	1.84	1.39	2.59	0.93	-37.50	-28.60	-26.70	-26.10	-5.20	0.60		
				88.48	5.31	1.91	1.44	2.54	0.93	-37.30	-28.40	-27.80	-26.60	-5.00	0.62		
				88.69	5.32	1.89	1.25	2.08	0.93	-37.40	-28.40	-26.60	-26.30	-5.40	0.61		

注：天然气成熟度根据沈平等 (1998) 建立的南海北部煤型气成熟度变更方程：$\delta^{13}C_1 = 60.21 \log R_c - 36.24$ 计算；白云凹陷北坡-番禺低隆起白云凹陷东南部疑似沉底辟区天然气成熟度根据戴金星 (1992) 建立的煤成气成熟度回归公式：$\delta^{13}C_1 = 14.12 \log R_c - 34.39$ 计算。

东南部疑似泥底辟区荔湾-流花气田群以 LW3-1 气田天然气最具代表性，其天然气分析数据及地质资料相对较多，根据其天然气地球化学分析结果（表6.4），其天然气组成中以烃类气居绝对优势（CH_4 含量为 85.60%~88.69%，平均值为 87.35%），C_2 以上重烃含量甚低（1.84%~3.94%，平均值为 2.39%），天然气干燥系数（$C_1/\sum C_n$）为 0.90%~0.93%，同时，也伴有少量凝析油-轻质油，但仍属于干气范畴。非烃气 N_2（0.09%~1.56%，平均值为 0.90%）和 CO_2（2.08%~3.26%，平均值为 2.78%）较少，且 CO_2 含量高于 N_2 含量。总之依据荔湾-流花气田群天然气组成特征，推测和判识其天然气成因类型属于成熟-高熟热解气，其烃源可能主要来自渐新统及始新统成熟-高熟烃源岩构成的烃源供给系统。

二、珠江口盆地疑似泥底辟伴生天然气碳同位素特征

珠江口盆地南部深水区珠二拗陷白云凹陷西北部番禺-流花和东南部疑似泥底辟区荔湾-流花两大气田群天然气碳同位素特征基本一致，均具有成熟-高熟热解气的碳同位素组成特点，其 CH_4 碳同位素偏重，$\delta^{13}C_1$ 多大于 -40‰，一般在 -40‰~-34‰。干燥系数偏高，一般多大于 0.93。而 C_2H_6 碳同位素明显较轻，其 $\delta^{13}C_2$ 多小于 -28‰，因此具有油型气或油型气与煤型气两者的混合气特征。其中，西北部番禺-流花气田群天然气 CH_4 及同系物碳同位素组成，具有油型气特点，其天然气 CH_4 碳同位素 $\delta^{13}C_1$ 为 -43.50‰~-33.60‰，平均值为 -40.97‰；C_2H_6 碳同位素 $\delta^{13}C_2$ 为 -29.86‰~-25.53‰，平均值为 -28.43‰；C_3H_8 碳同位素 $\delta^{13}C_3$ 为 -30.06‰~-25.50‰，平均值为 -27.57‰；C_4H_{10} 碳同位素 $\delta^{13}C_4$ 为 -31.07‰~-24.50‰，平均值为 -27.04‰；CO_2 碳同位素 $\delta^{13}C_{co_2}$ 为 -17.40‰~-2.50‰，平均值为 -7.10‰（参见表6.4）。根据该区 CH_4 及同系物碳同位素组成特征及干燥系数和天然气及凝析油产出特点，可以综合判识其天然气成因类型应属于油型气或以油型气为主的混合气。

白云凹陷东南部疑似泥底辟区荔湾-流花气田群天然气 CH_4 及同系物碳同位素组成及分布特点也具有明显的油型气特征，但可能混有煤型气，且干燥系数比番禺-流花气田群天然气相对低一些。荔湾-流花气田群天然气 CH_4 碳同位素 $\delta^{13}C_1$ 为 -38.00‰~-36.60‰，平均值为 -37.30‰；C_2H_6 碳同位素 $\delta^{13}C_2$ 为 -29.60‰~-28.40‰，平均值为 -28.83‰；C_3H_8 碳同位素 $\delta^{13}C_3$ 为 -29.10‰~-26.60‰，平均值为 -27.52‰；C_4H_{10} 碳同位素 $\delta^{13}C_4$ 为 -29.50‰~-26.10‰，平均值为 -27.19‰；CO_2 碳同位素 $\delta^{13}C_{co_2}$ 为 -7.80‰~-2.70‰，平均值为 -5.09‰。天然气干燥系数为 0.92，且伴有少量凝析油。因此，根据该区 CH_4 及同系物碳同位素组成特征及天然气干燥系数综合判识，其天然气成因类型属于以油型气为主的混合气或油型气，主要来自渐新统及始新统湖相及煤系烃源岩。

三、珠江口盆地疑似泥底辟伴生天然气成因类型及气源特点

根据白云凹陷西北部番禺-流花气田群和东南部疑似泥底辟区荔湾-流花气田群天然气组成特点及碳同位素特征，可以综合判识与确定该区天然气成因类型。依据天然气成因类

型判识图版（图6.4），可以明显看出，白云凹陷西北部番禺-流花气田群天然气主要为成熟-高熟阶段的天然气，伴生一定量的生物-低熟过渡带气及生物气，天然气 CH_4 碳同位素分布范围较宽（具有典型生物气-成熟热解气碳同位素特征）（Ershov et al.，2011），但仍以成熟热解气（成熟-高熟天然气）为主，绝大部分天然气 CH_4 碳同位素点群均分布于 $\delta^{13}C_1$ 为-48‰~-34‰的成熟热解气范围，结合天然气组成特点，干燥系数偏高，很显然属于典型成熟-高熟热成因天然气。白云凹陷东南部荔湾-流花气田群天然气 CH_4 碳同位素分布比较集中，均主要处在成熟热解气区域，其 CH_4 碳同位素 $\delta^{13}C_1$ 为-38‰~-36‰，且干燥系数偏高，均大于0.92，也属于典型成熟-高熟热成因天然气。

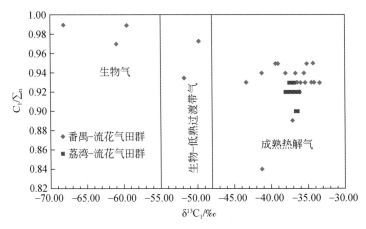

图6.4　珠江口盆地南部深水区珠二坳陷白云凹陷天然气成因类型判识一

　　通常根据天然气 CH_4 及同系物碳同位素特征，可以判识天然气成因类型并追踪其生源母质及其气源构成特点，因此，可依据白云凹陷天然气 CH_4 与 C_2H_6 碳同位素特征分析判识烃类气成因及其生源母质类型。从图6.5所示不难看出，白云凹陷西北部番禺-流花气田群天然气 C_2H_6 碳同位素值 $\delta^{13}C_2$ 一般为-29.86‰~-25.53‰，平均值为-28.43‰，其中有部分 C_2H_6 碳同位素点群分布于煤型气区域，但也有大部分 C_2H_6 碳同位素点群集中在油型气区域，显然具有煤成气式油型气特点或两者混源的特征；白云凹陷东南部泥底辟发育区荔湾-流花气田群天然气 C_2H_6 碳同位素 $\delta^{13}C_2$ 一般为-29.60‰~-28.40‰，平均值为-28.83‰，总体上明显偏轻，因此其 C_2H_6 碳同位素点群均集中于油型气区域，显然属于油型气成因类型。结合白云凹陷古近系烃源岩形成演化特点及其生烃运聚过程与烃源供给系统分析，大部分专家均认为（朱伟林等，2007；戴金星，2014），白云凹陷高成熟热解气应当主要来源于弱氧化条件下陆源有机质输入明显的渐新统恩平组三角洲相和浅湖-沼泽相煤系烃源岩与始新统文昌组湖相烃源岩的共同贡献，可能在某些地区以煤型气气源为主而有些区域则以油型气气源为主导，故导致其天然气成因类型既具有煤型气特点更具有油型气特征或两者兼有，进而构成了油型气与煤型气的混合气或以油型气为主导的气源供给系统。

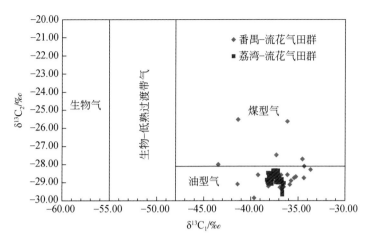

图 6.5 珠江口盆地南部深水区珠二拗陷白云凹陷天然气成因类型判识二

第四节 台西南盆地泥火山伴生天然气地球化学特征

台西南盆地（陆域）泥火山活动过程中向大气中喷出、渗漏一定量的天然气，这种伴生气受到许多学者的关注，台湾学者 Yang 等（2004），Sun 等（2010）对台西南盆地（陆域）泥火山伴生气地球化学特征及其成因等做过深入分析研究，何家雄等（2010a，2012a）对台西南盆地（陆域）泥火山发育区泥火山伴生气、温泉气、地火气等，进行了系统采集并在实验室开展了天然气组成及碳氢同位素与稀有气体同位素等分析研究工作，进而全面揭示了台西南盆地（陆域）泥火山伴生天然气地球化学特征及其成因类型与气源构成特点。以下拟通过综合分析台湾学者有关泥火山伴生天然气的研究成果及资料和笔者先后多次赴台所采集的泥火山伴生天然气分析结果，重点开展台西南盆地（陆域）泥火山伴生天然气地质地球化学分析研究，进一步搞清楚泥火山伴生天然气成因类型及其气源构成特点与烃源供给系统特征。台西南盆地海域泥火山伴生气，由于勘探研究程度低，迄今尚未采集到海域泥火山伴生天然气样品，因此，台西南盆地泥火山伴生天然气地球化学特征及气源构成分析与烃源追踪判识等，均以台西南盆地陆上泥火山伴生天然气为代表，开展深入系统的地球化学分析，综合判识与确定天然气成因类型，剖析追踪其烃源供给系统及烃源岩。

一、台西南盆地泥火山伴生天然气组成特征

相对于南海北部其他主要含油气盆地泥底辟发育区气田群的泥底辟伴生天然气而言，台西南盆地陆上泥火山发育区的泥火山伴生天然气地球化学特征较复杂，尤其是在天然气组成中，不同地区不同区块中其烃类组分与非烃气含量变化较大。根据不同专家不同时期分析检测结果表明（Sun et al.，2010；何家雄等，2012；戴金星，2014），台西南盆地陆上泥火山发育区的泥火山伴生天然气组成不仅复杂，而且烃类气和非烃气含量变化大，规律性不强，不同地区及区块差异明显。另外，泥火山伴生天然气产出方式及形式多样，一

般多以与泥火山及断层裂隙相关的地火气、与泥火山具成因联系的温泉气和与泥火山上侵活动的泥质流体伴生的天然气等几种主要产出形式出现。根据 Sun 等（2010）系统采集的台西南盆地陆上泥火山伴生天然气和笔者 2012 年补充采集的部分泥火山伴生天然气样品地球化学分析结果，均充分证实和表明了该区泥火山伴生天然气组成的复杂性及差异性，但总体上仍然主要以烃类天然气为主，非烃气在某些局部区域个别层段较富集。由表 6.5 所示，可以明显看出，泥火山伴生天然气组成中，CH_4 含量变化较大，其 CH_4 含量一般为 0.45%~98.15%，平均值为 71.94%，且大部分泥火山伴生天然气中 CH_4 含量均超过 90%，只有少量泥火山伴生气的 CH_4 含量低于 10%；C_2H_6 含量在泥火山伴生气中相对较少，多在 0.01%~2.83% 变化，平均值为 0.38%；C_3H_8 含量则更少，约为 0.01%~0.84%，平均值约为 0.13%；C_4H_{10} 含量甚微，为 0~0.34%，平均值约为 0.18%。泥火山伴生天然气组成中 CO_2 含量变化范围较大，多在 0.08%~83.16% 变化，平均值约为 17.15%。根据泥火山伴生天然气组成特征，计算其气体干燥系数 [C_1/C_2+C_3] 值为 24.59~9401.00，平均值约为 1439.86，属于典型的干气，几乎不含或含微量重烃。

从表 6.5 中可以看出，在乌山顶、关子岭和恒春半岛等泥火山群所在区域采集的泥火山伴生天然气组成中（气体采集过程中混有空气，文中数据为气体去除 N_2、O_2 和 Ar 组分后的归一化数据），其烃类气含量较高，其中 CH_4 含量在 41.67%~96.55% 变化，平均值为 51.69%；C_2H_6 含量为 0~2.72%，平均值为 0.83%；C_3H_8 含量为 0~0.70%，平均值为 0.24%；C_4H_{10} 含量甚微，为 0~0.18%，平均值约为 0.06%。非烃气 CO_2 含量在 0.27%~58.33% 变化，平均值约为 47.18%。天然气干燥系数（C_1/C_{2-3}）为 28.25~127.04，平均值约为 56.66，大大低于其他地区泥火山伴生天然气，表明该区泥火山伴生天然气湿度相对大一些，C_2 及以上重烃含量较高，这该区泥火山喷口中见到大量油花显示特点基本吻合。

二、台西南盆地泥火山伴生天然气碳同位素特征

台西南盆地陆上泥火山伴生天然气碳同位素组成特征变化较大，不同地区不同区块泥火山伴生天然气碳同位素差异较大。但总体上仍然以成熟-高熟煤型气或油型气或两者的混合气之碳同位素特征为主。

根据 Sun 等（2010）系统采集的台西南盆地陆上泥火山伴生天然气地球化学分析结果（表 6.5），其天然气 CH_4 碳同位素 $\delta^{13}C_1$ 值一般为 -58.00‰~-21.30‰，平均值约为 -38.88‰。其中，触口断裂带泥火山伴生天然气 CH_4 碳同位素 $\delta^{13}C_1$ 值在 -34.60‰~-26.50‰变化，平均值为 -32.13‰，CH_4 碳同位素相对偏重。表明其成熟度偏高，属于高熟-过熟热解气；旗山断裂带泥火山伴生天然气 CH_4 碳同位素 $\delta^{13}C_1$ 值为 -35.10‰~-29.90‰，平均值为 -31.93‰，也属成熟度偏高的热解气；古亭坑背斜带泥火山带伴生天然气 CH_4 碳同位素 $\delta^{13}C_1$ 值在 -58.00‰~-46.30‰变化，平均值为 -52.83‰，CH_4 碳同位素总体上偏负，属于低熟-成熟热解气；海岸脊泥火山带伴生天然气 CH_4 碳同位素 $\delta^{13}C_1$ 值在 -49.00‰~-33.50‰变化，平均值为 -38.9‰，也属于成熟-高熟热解气。

表6.5　台西南盆地陆上主要泥火山发育区泥火山伴生天然气地球化学特征

构造带	泥火山	天然气组成/%					干燥系数 (C_1/C_{2-3})	碳同位素 $\delta^{13}C$/(PDB‰)				R/R_a	$^{40}Ar/^{36}Ar$	数据来源
		CH_4	C_2H_6	C_3H_8	C_4H_{10}	CO_2		C_1	C_2	C_3	CO_2			
触口断裂带	Chunlun Bridge	26.25	0.57	0.09	0.02	64.43	39.77	-26.50	-25.30	-24.50	0.90			
		33.60	0.46	<0.01	<0.02	33.01	71.49	-33.00	-24.10	-24.80	-5.40			
	Choshuitan	11.93	0.23	<0.01		55.55	49.71	-33.20	-23.20	-24.10	-6.40			
		9.98	0.08	0.02		83.16	99.80	-34.50	-27.70	-19.20	-0.10			
		5.33	0.06	0.01		70.41	76.14	-33.00	-24.50	-20.80	-2.00			
	Siaochoshuitan	6.68	0.14	0.02		69.74	41.75	-29.30	-25.50	-24.20	-2.80			
		11.10	0.22			54.84	50.45	-34.60	-24.70		-4.30			
	Kuantzuling	90.43	2.24	0.44	0.25	1.43	33.74	-32.90	-23.50	-23.90	-8.20			
	Yannuhu	90.24	2.83	0.84	0.34	2.82	24.59	-31.30	-27.70	-24.30				Sun 等 (2010)
旗山断裂带	Shinyannyuhu	93.70	0.13	0.02		3.81	624.67	-32.30	-26.80	-24.90	-3.80			
	Wushanding	94.71	0.31	0.07	0.05	1.48	249.24	-31.60	-25.90	-25.20	-10.00			
		95.68	0.25	0.02	<0.02	0.97	354.37	-30.30	-26.30	-22.30	-0.60			
	Yanchao	94.01	0.01			0.75	9401.00	-33.00						
	Liyushan	94.38	0.17			1.17	555.18	-35.10	-24.70		0.50			
	Yenshuikeng	44.85	0.83	0.17	0.09	3.40	44.85	-29.90	-24.30	-26.70	-18.60			
		87.02	0.19	<0.01		<0.01	435.10	-50.40	-33.60	-26.90	-17.30			
	Lungchuanwo	89.57	0.03	0.01		4.11	2239.25	-47.60	-31.80		-12.80			
	K. Siaokunshui	95.49	0.07			1.61	1364.14	-51.30	-39.30		-15.30			
		96.95	0.02			0.88	4847.50	-56.30			-14.70			
古亭坑背斜带	N. Siaokunshui	98.15	0.03			1.20	3271.67	-46.30	-32.10		-15.20			
		97.53	0.02			1.23	4876.50	-52.80	-35.70		-19.40			
	Kunshuiping	93.03	0.27	0.03	0.30	3.23	310.10	-51.00	-36.00	-30.20				
		95.68	0.49	<0.01		1.64	191.36	-57.70	-34.10	-35.90	-6.10			
	Tadishan	92.51	0.18	<0.01		0.90	486.89	-56.90	-44.30	-33.20	-14.40			
		95.82	0.21	<0.01	<0.01	1.00	435.55	-58.00	-44.10	-33.30				

续表

构造带	泥火山	天然气组成/%					干燥系数 (C_1/C_{2-3})	碳同位素 $\delta^{13}C/(PDB‰)$				R/R_a	$^{40}Ar/^{36}Ar$	数据来源
		CH_4	C_2H_6	C_3H_8	C_4H_{10}	CO_2		C_1	C_2	C_3	CO_2			
海岸脊	Leigonghuo	95.16	0.60			0.13	158.60	-49.00	-30.30					Sun 等 (2010)
	Luoshan	82.30	0.03	0.01		0.08	2057.50	-33.50	-25.20					
		92.14	0.01			0.20	9214.00	-34.20	-25.70					
	乌山顶	96.55	0.38	0.38	0.00	2.68	127.04	-31.70			-11.50	1.14	319.90	本研究实测
		41.67	0.00	0.00	0.00	58.33					-1.39	0.21	304.60	
旗山断层	新养女湖	14.29	0.00	0.00	0.00	85.71					-12.40	1.03	314.30	
		22.22	0.00	0.00	0.00	77.78					-11.60	1.07	318.00	
		2.20	0.00	0.00	0.00	97.80					2.60	1.34	311.60	
海岸平原	滚水坪	0.45	0.00	0.00	0.00	99.55		-35.90			-1.20			
	溧底山													
触口断层	关子岭温泉气	95.66	1.71	0.61	0.18	1.82	41.23	-32.90	-23.40	-22.90	-10.00	0.82	305.50	
		96.37	2.72	0.48	0.16	0.27	30.12					1.32	330.00	
恒春半岛	地火气	95.76	2.69	0.70	0.17	0.66	28.25	-21.30	-22.10	-20.90	1.96	0.90	307.50	

笔者 2012 年采集的乌山顶泥火山伴生天然气 CH_4 碳同位素 $\delta^{13}C_1$ 值为 -31.70‰、滚水坪泥火山伴生天然气 CH_4 碳同位素 $\delta^{13}C_1$ 值为 -35.90‰、关子岭（与泥火山伴生）温泉气 CH_4 碳同位素 $\delta^{13}C_1$ 值为 -32.90‰，也具 CH_4 碳同位素偏重的特点，因此这些地区泥火山伴生天然气也属于成熟-高熟热解气。台西南盆地陆上最南部的恒春半岛（与泥火山及断层裂隙相关）地火气 CH_4 碳同位素 $\delta^{13}C_1$ 值为 -21.30‰，明显比其他地区泥火山伴生天然气 CH_4 碳同位素偏重，表明其气源构成及其天然气成因类型可能与其他地区差异颇大。台西南盆地陆上泥火山伴生天然气 C_2H_6 碳同位素总体上也偏重。其 C_2H_6 碳同位素 $\delta^{13}C_2$ 值一般为 -44.30‰~ -22.10‰，平均值为 -29.00‰。其中，触口断裂带泥火山伴生天然气 C_2H_6 碳同位素 $\delta^{13}C_2$ 值在 -27.70‰~ -23.20‰变化，平均值为 -24.81‰；旗山断裂带泥火山伴生天然气 C_2H_6 碳同位素 $\delta^{13}C_2$ 值在 -27.70‰~ -24.30‰变化，平均值为 -25.95‰。很显然这两个地区泥火山伴生天然气成熟度偏高，属于成熟-高熟煤型气；古亭坑背斜带泥火山带伴生天然气 C_2H_6 碳同位素 $\delta^{13}C_2$ 值在 -44.30‰~ -31.80‰变化，平均值为 -36.78‰，相对偏轻，可能与油型气的低等生物成分的混入相关；海岸脊泥火山带伴生天然气 C_2H_6 碳同位素 $\delta^{13}C_2$ 值为 -30.30‰~ -25.20‰，平均值为 -27.07‰，也明显偏重，属于成熟度偏高的煤型热解气。另外，关子岭与泥火山伴生温泉气 C_2H_6 碳同位素 $\delta^{13}C_2$ 值为 -23.40‰，恒春半岛与泥火山及断层裂隙伴生地火气 C_2H_6 碳同位素 $\delta^{13}C_2$ 值为 -22.10‰，两者均属于成熟度偏高且可能主要来自煤系烃源的气源供给。该区泥火山伴生天然气中 C_3H_8 碳同位素 $\delta^{13}C_3$ 值一般为 -35.90‰~ -19.20‰，平均值为 -25.69‰，也属于高熟热解气碳同位素特征。其中，触口断裂带泥火山伴生天然气 C_3H_8 同位素 $\delta^{13}C_3$ 值在 -24.80‰~ -19.20‰变化，平均值为 -23.07‰；旗山断裂带泥火山伴生天然气 C_3H_8 同位素 $\delta^{13}C_3$ 值在 -26.70‰~ -22.30‰变化，平均值为 -24.68‰；古亭坑背斜带泥火山带天然气 C_3H_8 同位素 $\delta^{13}C_3$ 值在 -35.90‰~ -26.90‰变化，平均值为 -31.90‰，也明显比其他地区 C_3H_8 碳同位素偏轻，可能与腐泥型生源母质有关。笔者采集的台西南盆地陆上泥火山发育区泥火山伴生天然气 C_3H_8 碳同位素特征也具有成熟-高熟热解气特点（表6.5），其中，关子岭温泉气 C_3H_8 碳同位素 $\delta^{13}C_3$ 值为 -22.90‰，恒春半岛地火气 C_3H_8 碳同位素 $\delta^{13}C_3$ 值为 -20.90‰。前已论及，台西南盆地陆上泥火山伴生天然气组成中非烃气含量变化较大，CO_2 碳同位素亦差异颇大。其 CO_2 碳同位素 $\delta^{13}C_{co_2}$ 值一般为 -19.40‰~ -1.96‰，平均为 -7.88‰，基本上属于无机成因 CO_2。其中，触口断裂带泥火山伴生天然气 CO_2 碳同位素 $\delta^{13}C_{co_2}$ 值在 -8.20‰~ -0.90‰变化，平均值为 -3.54‰，属于典型无机成因 CO_2；旗山断裂带天然气 CO_2 碳同位素 $\delta^{13}C_{co_2}$ 值在 -18.60‰~ -0.50‰变化，平均值为 -6.50‰，也属于无机 CO_2；古亭坑背斜带泥火山带天然气 CO_2 碳同位素 $\delta^{13}C_{co_2}$ 值在 -19.40‰~ -6.10‰变化，平均值为 -14.40‰，具有有机成因 CO_2 碳同位素特征，属于有机成因 CO_2；乌山顶泥火山伴生气 CO_2 碳同位素 $\delta^{13}C_{co_2}$ 值为 -11.50‰~ -1.39‰、新养女湖泥火山伴生气 CO_2 碳同位素 $\delta^{13}C_{co_2}$ 值为 -12.40‰~ -2.60‰、滚水坪泥火山伴生气 CO_2 碳同位素 $\delta^{13}C_{co_2}$ 值为 -1.20‰，上述这些地区产出的 CO_2 均属无机成因 CO_2。关子岭温泉气 CO_2 碳同位素 $\delta^{13}C_{co_2}$ 值为 -10.00‰，可能属于有机-无机混合成因 CO_2；而恒春半岛地火气 CO_2 碳同位素 $\delta^{13}C_{co_2}$ 值为 -1.96‰，则属于典型的无机 CO_2。总之，台西南盆地泥火

山伴生天然气 CO_2 碳同位素总体上偏重（除古亭坑 CO_2 偏轻，属于有机成因外），且 CO_2 含量变化虽然较大，但根据其碳同位素特征判识其仍然以无机成因 CO_2 为主。

三、台西南盆地泥火山伴生天然气成因类型及气源特点

根据台西南盆地陆上泥火山伴生天然气 CH_4 及同系物碳同位素特征及烃类气组成特点可以综合判识与确定天然气成因类型，分析追踪其气源构成特点及其主要烃源岩。早在 20 世纪 70 年代 Bernard 等（1977）就提出，可以利用天然气中烃类气 CH_4 与（C_2H_6 和 C_3H_8）比值 R（即轻重比，类似干燥系数），即以 $C_1/$（C_2+C_3）与 CH_4 碳同位素值 $\delta^{13}C_1$ 作为纵横坐标参数的分类划分图版，进而分析判识天然气成因类型，当 $C_1/$（C_2+C_3）比值 R>1000，同时 $CH_4\delta^{13}C_1$ 值在-90‰~-55‰时，即天然气气体组成以 CH_4 含量占绝对优势，且 $\delta^{13}C_1$<-55‰时为典型的微生物化学作用形成的生物成因气；当 $C_1/$（C_2+C_3）比值 R<100，且 $CH_4\delta^{13}C_1$>-55‰时（通常>-48‰时），则天然气属于热解成熟成因天然气；当 $C_1/$（C_2+C_3）比值 R 及 $CH_4\delta^{13}C_1$ 介于上述二者之间时，则为混合成因天然气，即生物气与热解成熟气形成的混合成因气。根据这一天然气成因分析判识的基本原则，将台西南盆地陆上泥火山伴生天然气组成分析数据与 CH_4 碳同位素数据，投在 Bernard 天然气成因分类图版上（图6.6），即可分析判识与确定该区不同构造断裂带泥火山发育区天然气成因类型。从该图中可以看出台西南盆地陆上泥火山发育区泥火山伴生天然气成因类型较复杂，生物气、热解气、生物气与热解气混合形成的混合成因气三种主要成因类型均有，且以混合成因天然气和热解成因天然气为主，也有少量生物气。其中，触口断裂带泥火山带伴生天然气主要为热解气；旗山断裂带泥火山伴生天然气主要以混合成因烃类气为主，部分为热解成因天然气；古亭坑背斜带泥火山伴生天然气主要以为混合成因天然气为主，伴有少量生物成因天然气；海岸脊泥火山伴生天然气均为生物气-热解气形成的混合成因天然气。乌山顶泥火山伴生天然气也为生物气-热解气混合形成的混合成因天然气；关子岭（与泥火山相关）温泉气则为热解成因烃类气。台湾岛最南端（台西南盆地东南部）的恒春半岛（与泥火山及断层裂隙相关）地火气则为热解成因高熟-过熟裂解天然气。

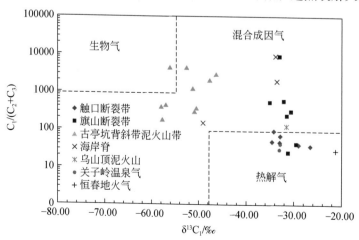

图6.6 台西南盆地陆上主要泥火山发育区泥火山伴生天然气成因类型判识一

　　根据台西南盆地泥火山伴生天然气 CH$_4$ 及同系物碳同位素特征，也可进一步综合判识与确定天然气成因类型及气源构成特点并分析追踪其烃源供给及其主要烃源岩。由图 6.7 所示的 CH$_4$ 和 C$_2$H$_6$ 碳同位素分类判识图版，可以明显看出，触口断裂带泥火山伴生天然气和旗山断裂带泥火山伴生天然气均属于成熟–高熟煤型气成因类型，表明这种天然气的生源母质主要为富含腐殖质的偏腐殖型干酪根或含煤岩系烃源岩，即主要来自煤系沉积及海陆过渡相沉积烃源岩。这与台西南盆地海域泥火山发育区油气（凝析油）地球化学分析结果一致。台西南盆地海域油气地球化学分析表明，目前勘探发现的油气藏其主要烃源供给来自于渐新统–中新统的煤系地层及泥岩（Dzou and Hughes，1993）。古亭坑背斜带泥火山伴生天然气 CH$_4$ 及 C$_2$H$_6$ 碳同位素总体上明显偏轻，属于生物气–低熟过渡带天然气成因类型，而且还伴生部分生物气，表明其有机质成熟度偏低，生源母质类型属于偏腐泥型的沉积物，其气源及烃源供给主要来自中新统及上新统海相泥页岩。

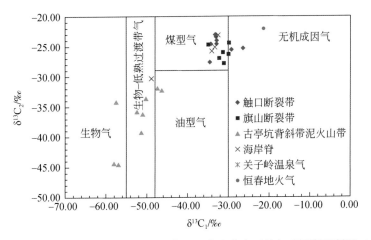

图 6.7　台西南盆地陆上泥火山发育区泥火山伴生天然气成因类型判识二

　　综上所述，根据台西南盆地海域泥火山和陆地泥火山形成演化条件，结合泥火山伴生天然气组成与 CH$_4$ 及同系物碳同位素特征，综合判识确定该区泥火山伴生天然气成因类型，主要属成熟–高熟煤型气和生物与低熟热解气形成的混合气，伴有部分生物气和油型气。其气源构成及烃源供给主要来自渐新统–中新统煤系烃源岩和浅海相–海陆过渡相烃源岩。泥火山伴生气中非烃气 CO$_2$ 成因类型，依据 CO$_2$ 碳同位素及伴生稀有气体氦同位素特征综合判识，其主要属于壳源型岩石化学成因的 CO$_2$（何家雄等，2012a），而气源构成及供给则主要来自异常强烈的泥火山热流体上侵活动与中新统及上新统含钙海相砂泥岩的物理化学综合作用的结果，即该区强烈的泥火山上侵活动不仅控制了伴生烃类天然气形成及产出，同时影响了非烃气 CO$_2$ 形成与分布。因此，泥火山形成演化及展布特征控制制约了该区天然气资源形成及其分布富集规律。

第七章 泥底辟/泥火山伴生天然气运聚成藏规律及主控因素

泥底辟/泥火山及其伴生构造形成演化对油气运聚成藏具有重要控制和影响作用，在深入系统分析了南海北部主要盆地泥底辟/泥火山伴生气地质地球化学特征与泥底辟发育演化特点及其相关性的基础上，以下重点剖析泥底辟/泥火山形成演化过程及其与伴生天然气运聚成藏之间的时空耦合关系，深入分析泥底辟/泥火山作为深部气源向浅层运移的运聚通道系统及其他输导通道系统对油气成藏的控制作用，阐明泥底辟/泥火山伴生油气成因成藏机制及运聚动力学模式，进而为建立泥底辟/泥火山伴生油气运聚成藏模式及其实际应用等提供参考借鉴，也为勘探评价泥底辟型油气资源提供指导及参考。

第一节 莺歌海盆地天然气运聚成藏规律及主控因素

目前，莺歌海盆地已勘探发现的天然气藏均位于中央泥底辟带，无论是浅层西北部东方气田群、东南部乐东气田群，还是西北部东方区中深层高温超压气田均是发育在大型泥底辟构造顶部或侧翼附近。根据莺歌海盆地中央泥底辟带天然气藏的分布深度，一般可将泥底辟伴生气藏分为浅层常压气藏和中深层高温超压气藏两大类。浅层常压泥底辟伴生气藏是指分布深度为 350～2500m 的上新统莺歌海组–第四系天然气气藏，其气藏压力系数在 1～1.5。目前勘探发现的 DF1-1、LD15-1 及 LD22-1 这 3 个天然气气田和多个含气构造均属浅层泥底辟伴生构造圈闭气藏类型。而天然气气藏分布深度在 2800～4000m 的上中新统黄流组高温超压气藏，则属于中深层高温超压泥底辟伴生构造圈闭（构造型及构造–岩性复合型）气藏类型，多处在深部高温超压地层系统之中，其气藏压力系数一般在 1.5～2.2，属于典型的高压气藏。近年来莺歌海盆地已在中深层勘探发现了 DF13-1 及 DF13-2 几个大型高温超压气田（谢玉洪等，2015），此外，盆地中尚有 9 个有待进一步勘探开发的大型中深层高温超压泥底辟伴生构造圈闭，其面积均在 100km² 以上，具有非常大的油气勘探潜力及前景。

一、中央泥底辟带圈闭展布与天然气分布规律

莺歌海盆地发现和落实的中央泥底辟构造带圈闭，多位于重磁力资料显示的深大断裂附近，表明泥底辟形成及空间发育展布特点与盆地深部深大断裂分布存在一定的成因联系。前已述及，泥底辟形成演化尤其是展布规律及特点，可能主要与盆地由早期左旋应力场转变成晚期右旋应力场后，其深部高能热流体与巨厚大套泥底辟塑性软泥沿深大断裂上侵挤入和拱起喷溢密切相关。正是由于盆地深部深大断裂的空间展布特点，最终控制和影响了泥底辟及其伴生构造圈闭的空间分布规律，导致泥底辟及其伴生构造圈闭均沿盆地北

西长轴走向自北向南呈五排雁行式排列，即自西而东、自北而南由东方 DF1-1—东方 DF29-1、东方 DF30-1—昌南 CN12-1—昌南 CN18-1、乐东 LD8-1—乐东 LD14-1—乐东 LD13-1、乐东 LD15-1—乐东 LD20-1 和乐东 LD22-1—乐东 LD28-1 等泥底辟及伴生构造圈闭所组成（图 3.3）。该区 DF1-1、LD15-1、LD22-1、DF13-1/2 等天然气气藏空间分布规律，则基本上受上述泥底辟伴生构造圈闭展布格局的影响和控制，故形成了不同类型的泥底辟伴生天然气气田群。只是不同类型泥底辟伴生天然气气田中其天然气组成成分差异较大。

二、泥底辟气源输导运聚通道系统特点

莺歌海盆地油气运聚分布规律及成藏地质条件分析与油气勘探实践表明，该区油气运聚成藏过程中流体运移输导条件优越，发育了多种类型油气运移通道，主要由泥底辟上侵活动通道及断层裂隙、骨架运载砂体及不整合面等构成（图 7.1）。其中，中央泥底辟带天然气富集区的油气运移输导系统，主要由泥底辟上侵活动通道及伴生刺穿（穿层）断层裂隙和底辟拱张断裂以及层间微裂缝所构成 ［图 7.2（a）］；而其邻区东北部莺东斜坡带油气运聚输导系统，则主要由断层裂隙（1 号断裂及莺东断裂）、骨架运载砂体及不整合（T40、T60 等）等输导通道所构成；盆地西北部临高凸起区油气运移输导系统 ［图 7.2（b）］，则主要由骨架运载砂体和不整合所构成；此外，发育的少量正断层也可作为该区油气运移输导通道。总之，泥底辟及热流体多期大规模的强烈上侵活动，是该区颇具特色

图 7.1　莺歌海盆地中央泥底辟带部分泥底辟及伴生断层裂隙运聚输导系统特征

且对油气运聚成藏具有重要控制影响作用的重大地质事件，其中泥底辟上侵活动通道及其伴生断层裂隙构成了天然气运聚成藏非常好的运移输导系统，尤其是在泥底辟强烈活动的核心区及其影响波及区，其泥底辟上侵活动产生的大量伴生断层裂隙与侧向运载砂体等组成运移输导网络系统，构成了天然气运聚富集的高速运移通道和沟通烃源供给与圈闭连接的桥梁。通过这种泥底辟伴生的天然气运移输导网络系统的纵向输导作用和底辟幕式泄压排烃过程，其深部生烃灶的天然气均可在泥底辟高温超压潜能驱动下，不断地从深层沿底辟通道和垂向断层裂隙向上分期幕式充注运移，最终在具备良好储盖组合与圈闭条件的浅层和中深层圈闭系统中富集成藏（Huang et al.，2002；黄保家，2007；何家雄等，2008，2010）。

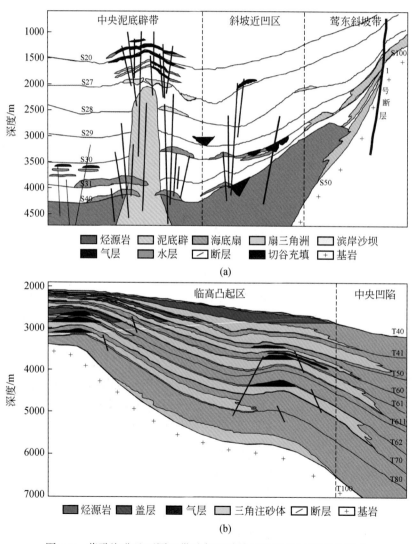

图7.2 莺歌海盆地不同区带油气运移输导系统及运聚成藏模式

三、泥底辟伴生天然气运聚成藏系统及主控因素

莺歌海盆地油气运聚成藏系统可划分为中央泥底辟带天然气成藏子系统、临高凸起油气成藏子系统及莺东斜坡带油气成藏子系统，主要由泥底辟高温超压潜能的油气运聚动力和运移输导格架与不同类型圈闭所构成。新近纪强烈的泥底辟及热流体上侵活动是莺歌海盆地非常独特的地质过程和重要的油气地质现象，其发育演化过程及其展布特点均与天然气运聚成藏密切相关。油气勘探及研究表明，中央泥底辟带天然气运聚成藏过程可分为两个主要阶段（龚再升，2004；何家雄等，2008a）。第一阶段，即泥底辟上侵活动及其运聚成藏过程。由于快速沉降沉积的中新统及上新统下部巨厚海相欠压实泥页岩等细粒沉积物导致压实与流体排出极不均衡，在区域大地热流场背景下发生生烃作用及水热增压作用而产生巨大高温超压潜能并形成高压囊。在构造（断裂裂隙）及上覆地层薄弱带处，由于巨厚欠压实海相泥页岩孕育的高温超压潜能的大量释放和强烈排出，导致富含流体的中新统及上新统海相塑性泥页岩强烈上拱侵入发生大规模底辟作用而形成大量中深层（2800m以下）泥底辟伴生构造。而当地层压力积聚过程中逐渐达到围岩及上覆地层破裂强度时，则可产生高角度断层裂隙并沿此刺穿上覆地层，发生强烈的能量释放和大量流体喷溢和排出，中新统有效烃源岩及泥底辟生烃灶供给的天然气即可运聚富集至泥底辟两侧的伴生构造圈闭中形成中深层高温超压气藏，此即初次（原生）天然气运聚成藏过程［图7.3（a）］，该阶段形成了中深层原地近源运聚成藏的天然气田。

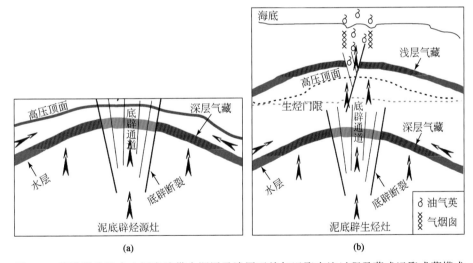

图7.3　莺歌海盆地中央泥底辟带中深层及浅层天然气运聚充注过程及幕式运聚成藏模式

其后，由于泥底辟高温超压能量的再次积聚和进一步的逐渐叠加作用，导致其进入第二阶段的泥底辟活动演化及天然气运聚成藏过程，即第二阶段（浅层及超浅层）泥底辟上侵活动与浅层天然气运聚成藏的充注活动幕。该阶段由于再次积聚叠加的泥底辟高温超压潜能大大达到甚至超过了刺穿围岩及上覆地层岩石的破裂强度极限，导致深部泥底辟热流体及高温超压潜能再次向上覆地层薄弱带发生侵入上拱和强烈底辟刺穿作用，造成中新统

及上新统巨厚海相塑性泥岩被强烈上隆拱起，且在盆地中部埋藏最深、沉积最厚处形成了中央泥底辟隆起构造带及其不同类型泥底辟群。在该阶段泥底辟形成演化过程中，泥底辟活动能量最强、规模最大，泥底辟隆起及拱升幅度高，有的甚至刺穿浅部地层甚至海底形成一些大型塌陷麻坑。同时，该阶段泥底辟活动过程中形成了大量的浅层泥底辟伴生构造和部分高角度断层裂隙，而中新统有效烃源岩及泥底辟生烃灶的大量深部天然气气源，则通过泥底辟及伴生断层裂隙和运载砂体等纵向运聚通道，源源不断地将深部烃源输送到浅层泥底辟伴生构造圈闭中聚集，形成浅层气藏或超浅层气藏［图7.3（b）］，当然也会发生一些天然气渗漏现象，形成气烟囱及气苗。在形成大量浅层烃类天然气藏的同时，中新统海相含钙砂泥岩在泥底辟热流体作用下往往也会发生高温热解反应，形成大量壳源型无机 CO_2，且在高压作用下沿断层裂隙在邻近泥底辟活动中心处富集成藏。但 CO_2 运聚成藏时间较晚，约 $0.3 \sim 1.2Ma$ 左右，比烃类天然气运聚成藏时间要晚很多（何家雄等，2000）。该区晚期 CO_2 运聚过程中对泥底辟附近以及有断裂与其连通的烃类气藏，具有一定的破坏和改造作用，故往往能够导致部分烃类天然气藏受 CO_2 混入影响较严重，形成富含或含 CO_2 的烃类气藏，而没有受到晚期 CO_2 混入破坏和改造影响的烃类气藏，则仍然以富烃天然气为主的气藏存在，这已被该区浅层天然气勘探实践所充分证实。

总之，中央泥底辟带浅层及中深层天然气运聚成藏系统，除了主要与泥底辟发育演化及生烃灶供烃、底辟通道及伴生断层裂隙等运移输导格架和伴生底辟构造圈闭等密切相关外，其运聚成藏时间晚、泥底辟活动孕育的高温超压潜能的运聚动力强和中新统海相陆源烃源岩及生烃灶产烃率高、烃源供给充足，且天然气运聚成藏之聚集量远大于其运聚散失损耗量，并始终保持天然气运聚动平衡成藏状态等，则是控制影响和制约该区天然气运聚与富集成藏的关键因素（何家雄等，1994a，1994b，2010；黄保家，2007）。

盆地东北部莺东斜坡带油气运聚成藏系统，其油气源主要来自中央拗陷带中新统海相有效烃源岩及莺东斜坡带附近1号断裂带较深部位成熟烃源岩的供给，其运聚通道及方式主要通过不整合面及连续性侧向砂体向斜坡带运移聚集，最终在斜坡带上具有较好储盖组合的圈闭聚集场所中富集成藏［图7.2（a）右侧］。因此，该区油气成藏系统主要由中新统有效烃源岩及泥底辟生烃灶形成的生烃运聚动力、不整合及侧向运载砂体与斜坡带上不同类型圈闭所构成。油气勘探实践及研究表明，莺东斜坡带烃源供给及运聚通道系统均不成问题，而圈闭有效性则是导致能否形成商业性油气藏的关键，该区百年来的大量油气苗显示和迄今尚未获得商业性油气勘探的突破，就是证据（何家雄等，2008a，2008b）。盆地西北部紧邻中央泥底辟带的临高凸起区油气运聚成藏系统，其烃源供给既可来自临高凸起两侧较深部位渐新统成熟烃源岩，也可来自莺歌海凹陷西北部中新统海相烃源岩，也主要通过不整合面、连续性运载砂体及断层构成的输导体系所组成，其在具备有利储盖组合的不同类型构造及复合圈闭中即可聚集成藏［参见图7.2（b）］。该区目前已见较好油气显示但因砂岩储层物性较差，迄今尚未获得商业性油气发现。

第二节　琼东南盆地天然气运聚成藏规律及主控因素

琼东南盆地四十多年的油气勘探，尤其是对外合作油气勘探以来，勘探及研究重点均主要集中在盆地西北部环崖南凹陷及其周缘，先后勘探发现了崖城 YC13-1 大气田和崖城 YC13-4 气田及崖城 YC7-4、崖城 YC14-1、崖城 YC21-1 和崖城 YC13-6 等含油气构造；而盆地东北部及东部油气勘探程度较低，虽然也发现了松南 SN 32-2、松南 SN 24-1 及宝岛 BD19-2、宝岛 BD15-3 等含油气构造，但目前尚未获得商业性油气勘探的重大突破（何家雄等，2006）；在盆地南部深水区则油气勘探与研究程度更低，迄今部署的探井主要集中在西南部深水区，近年来已在陵水凹陷南部的陵南斜坡中央峡谷水道砂圈闭中获得商业性油气的重大发现，先后勘探发现了陵水 LS17-2 及陵水 LS25-1 等大中型天然气田，表明盆地南部深水区中央拗陷及周缘区域，虽然油气勘探与研究程度尚低，属于研究薄弱区和勘探新区，但其油气资源潜力及油气勘探前景广阔，应是琼东南盆地油气勘探战略接替和转移的新区、新领域，也是比较现实的油气资源及油气储量新的增长区域。琼东南盆地自20世纪 80 年代在崖南凹陷发现崖城 YC13-1 大气田后，油气勘探长期徘徊和停滞不前。近期在盆地西南部深水区陵南斜坡，通过对外合作勘探发现了陵水 LS22-1 中小气田，同时通过自营勘探在陵南斜坡段深水区中央峡谷水道发现了陵水 LS17-2 大气田和陵水 LS25-1 中型气田，取得了里程碑式的重大突破，但目前该区油气勘探程度仍然较低，其天然气及天然气水合物资源潜力尚有待进一步勘探（谢泰俊，2000）。

一、疑似泥底辟圈闭展布与天然气分布特征

琼东南盆地疑似泥底辟及其伴生构造主要发育展布于构造转换带及凹陷中心位置附近，在北部浅水陆坡转折带（2 号断裂带）发育了较多气烟囱，而在中央拗陷带凹陷中心及南部斜坡带则存在或发育了较大规模疑似泥底辟/泥火山伴生底辟构造及气烟囱。2 号断裂带位于中央拗陷带乐东、陵水及松南凹陷的北坡，且近东西向分布横穿盆地，将盆地北部隆起带和中央拗陷带分隔。2 号断裂带构造活动活跃，断鼻及断背斜等构造圈闭发育。同时，2 号断裂带处于盆地北部斜坡南侧断坡位置，又靠近北部物源，因此，岩性圈闭也较发育，以陵水凹陷北坡为例，该区发育以陵水 LS19-1、陵水 LS9-2、陵水 LS 9-1 等圈闭为代表的众多构造或岩性圈闭，这些圈闭面积较大且成群成带分布，勘探目的层埋深浅，且具有较好的运聚成藏条件。2 号断裂带及附近的疑似泥底辟及气烟囱均是该区油气运聚非常好的纵向运聚输导通道，能够将深部油气源输送供给到浅层圈闭中富集成藏。

深水区南部隆起带低凸起区域也是琼东南盆地油气运聚成藏及天然气水合物形成与富集的有利区带，近年来已勘探发现 LS22-1 中小型气田及 LS17-2 大型天然气田等气田群，且海洋地质调查也发现有广泛的天然气水合物 BSR 展布（赵汗青，2006；孔敏，2010；李胜利等，2013；张伟等，2015），因此该区应是深水油气及天然气水合物勘探的重要靶区。南部隆起带主要由松南低凸起及陵南低凸起等次级构造单元组成。松南低凸起区构造圈闭规模较小，但岩性圈闭规模较大数量较多，主要包括背斜、断鼻、断块、岩性和构造–岩性等圈闭类型。大部分构造圈闭形成多与断层活动和披覆作用相关，形成时间大都在晚中新世之前，当其与深部泥底辟及气烟囱和断层裂隙纵向运聚通道沟通时即可形成深水油气藏及天然气水合物矿藏。陵南低凸起区局部构造圈闭多为在大型古隆起上长期继承

性发育的背斜、断背斜构造以及构造-岩性圈闭，形成了多层不同类型圈闭（T100、T60和T50及T30），垂向叠置好，且在一些局部区域常常与振幅异常体相配合构成不同类型的复合叠置圈闭成群成带分布，在这些不同类型圈闭之下及附近往往存在泥底辟及气烟囱和断层裂隙等纵向运聚输导系统与之相互沟通和连接，故具有较大的油气勘探潜力及前景。地震烃类检测表明，在陵南低凸起区可见多个层系大面积地震振幅异常与局部构造复合叠置分布。地震剖面上可看到在第四系乐东组及中中新统梅山组振幅异常的同时，其吸收剖面也可见到明显吸收异常。而且下中新统三亚组及上渐新统陵水组也普遍见振幅异常的油气显示特征（张功成等，2010；游君君等，2012）。在三维地震剖面上，中央峡谷水道内及水道上部岩性圈闭也能见到清晰的振幅异常。总之，深水区南部隆起带陵南-松南低凸起区不同层位层段不同类型圈闭发育，且其与深部断层裂隙及疑似泥底辟和气烟囱存在较为密切的成因联系，即存在断层裂隙和泥底辟及气烟囱构成的流体纵向运聚输导通道系统与浅层不同类型局部构造及圈闭相互连通或沟通的桥梁，故能够形成深水油气藏及深水海底浅层天然气水合物矿藏。

　　受限于油气勘探程度，目前琼东南盆地深水区油气勘探钻井均主要局限在上新统莺歌海-上中新统黄流组水道砂储层之中，且已获得深水油气勘探的重大突破，但这种类型水道砂储层下部中新统三亚-梅山组及古近纪地层均尚未揭示，其他不同类型圈闭目标也未勘探，尤其是那些与泥底辟及气烟囱和断层裂隙等纵向运聚通道有成因联系的底辟伴生构造及其他不同类型圈闭，更应具有油气勘探潜力及资源前景，借鉴莺歌海盆地中央泥底辟带天然气勘探的成功经验与实例，可以预测琼东南盆地深水区与疑似泥底辟/泥火山及伴生构造具有成因联系的区域区带，应是深水油气及深水海底浅层天然气水合物勘探的有利富集区，是能够获得深水油气及天然气水合物勘探突破的主要领域与最佳战略选区。

二、疑似泥底辟气源输导运聚通道系统特点

　　琼东南盆地油气勘探研究表明，其油气运移输导系统主要由断层裂隙、疑似泥底辟及气烟囱和不整合及侧向砂体等构成［图7.4（a）～（d）］。从图7.4（a）～（c）可以看出，该区古近纪断陷发育期，早期生长断层比较发育，浅水区北部拗陷带崖南、松东凹陷及南部深水区中央拗陷带松南-宝岛凹陷表现尤为突出。生长断层下降盘一般发育有近源扇三角洲沉积，当其与这些扇三角洲砂体配置较好时即可构成良好的油气运移输导通道。不整合及侧向砂体与断层构成的油气运移输导系统，在盆地北部浅水区大部分凹陷均较为典型（李绪宣，2004；何家雄等，2008a；谢玉洪、童传新，2011；张伟等，2015）。其中图7.4（a）所示崖南凹陷及周缘区崖城YC13-1气藏及崖城YC13-4等气藏，即是通过由断层及不整合和侧向运载砂体共同构成的油气运移输导的纵横向网络系统，将其凹陷深部下渐新统崖城组煤系生烃灶之天然气源源不断地输送到上覆上渐新统陵水组扇三角洲砂岩及中新统三亚组砂岩-碳酸盐岩储层中富集成藏的典型实例。在琼东南盆地南部深水油气运移输导系统中，则主要由断层裂隙和疑似泥底辟及气烟囱所构成的纵向运聚通道系统［图7.4（d），图7.5］，严格控制了油气纵向运聚富集及其时空分布，该区深水油气藏形成及分布乃至深水海底浅层天然气水合物分布与富集等，均与其断层裂隙纵向分布和疑似

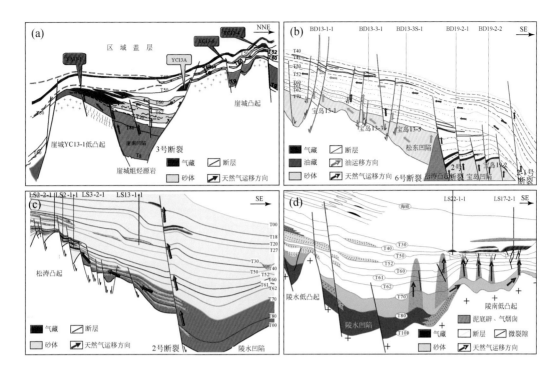

图 7.4　琼东南盆地不同区域区带油气运移输导系统及其运聚成藏模式（据何家雄等，2016a）

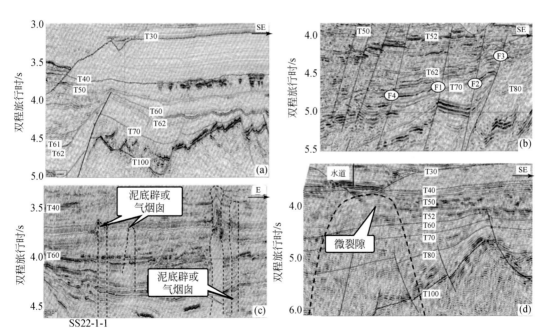

图 7.5　琼东南盆地西南部深水区陵南低凸起及其周缘天然气运移输导系统发育展布特征

（a）不整合面；（b）疑似泥底辟及气烟囱；（c）断层；（d）微裂隙

泥底辟及气烟囱发育展布等密切相关。典型的实例如西南部深水区陵水凹陷北坡浅层气藏（陵水 LS13-1）和陵水凹陷南部陵南低凸起 LS17-2、LS22-1 大中型气田、气藏，前者主要通过 2 号断裂将深部下渐新统崖城组煤系生烃灶的油气输送到浅层中新统及上新统储层中富集成藏；后者则主要是通过疑似泥底辟及气烟囱尤其是断层微裂隙通道，将其深部崖城组煤系生烃灶的天然气，源源不断地输送到 LS17-2 及 LS22-1 圈闭上中新统黄流组一段中央水道砂西段储层中富集成藏（黄保家等，2014；杨金海等，2014）。总之，由于琼东南盆地无论浅水区还是深水区，其有效烃源岩及生烃灶均主要为断陷期深部的下渐新统煤系及浅海相泥岩，即其烃气源主要来自深部渐新统崖城组-陵水组煤系及浅海相烃源岩（中新统海相泥页岩属潜在烃源岩，生烃潜力有限），因此，其油气藏形成与分布富集，均主要受控于流体纵向运移输导通道系统与不同类型圈闭及其储盖组合的时空耦合配置。换言之，该区纵向断层裂隙、疑似泥底辟及气烟囱等垂向输导通道所构成的油气运移输导系统，严格控制和制约了油气运聚成藏及其分布富集规律。

三、疑似泥底辟伴生天然气运聚成藏系统特点及主控因素

琼东南盆地油气运聚成藏系统可分为北部浅水区油气运聚子系统、南部深水区中央拗陷天然气运聚成藏子系统和南部深水区（南部拗陷及南部隆起）天然气运聚成藏子系统。其主要由烃源岩相对超压高流体势的油气运聚动力及其连通烃源岩的不同类型运聚输导格架与处在低势区的油气运聚成藏场所（不同类型圈闭）相互沟通配合所构成。其中，北部浅水含油气系统中油气成藏子系统，其烃源供给主要来自下渐新统崖城组煤系，当其与断裂及运载砂体等输导运移格架及其圈闭耦合配置较好时即构成了有利油气运聚成藏富集区带，即油气运聚成藏子系统（李绪宣，2004；谢玉洪，2011）。如崖城低凸起构造带天然气富集区［参见图 7.4（a）］，其下渐新统崖城组煤系烃源岩生成的天然气，通过 3 号断裂沿陡坡带垂向运移到下中新统三亚组砂岩中，再经上渐新统陵水组和下中新统三亚组不整合面及砂体侧向运移，在崖城凸起 YC13-6 构造圈闭三亚组砂岩储层中聚集成藏。同时，崖南凹陷崖城组生成的油气则沿西南部缓坡带断裂及不整合和凹陷内次级断裂垂向向上运移，在 YC13-1 断块构造陵水组砂体储层中聚集成藏，形成 YC13-1 大型气田。浅水区东部宝岛凹陷北坡也与其类似。其天然气运聚成藏过程中，2 号断裂带起到了很重要的沟源作用［参见图 7.4（b）］，来自于深水区中央拗陷带宝岛凹陷生成的天然气，通过 2 号断裂垂向运移，再向宝岛凹陷北坡沿砂体和不整合面侧向在浅层圈闭中运聚成藏；南部深水区中央拗陷含油气系统的油气运聚成藏子系统，其烃源供给也主要来自始新统湖相烃源岩及下渐新统崖城组煤系烃源岩。该油气成藏子系统的运移输导格架（泥底辟及气烟囱、断层裂隙及不整合和运载砂体），主要以垂向运移输导为主（李绪宣，2004；朱伟林等，2007；何家雄等，2008b），如盆地西南部乐东-陵水凹陷及周缘区油气运聚成藏［参见图 7.4（c）］，则主要是通过泥底辟及气烟囱和断层裂隙垂向向上运移后，再进入中新统海相砂岩储层及圈闭中富集成藏，最浅油气分布层位可达第四系乐东组。另外，盆地东区松南-宝岛凹陷天然气运聚成藏过程中，2 号断裂带也起到了很重要的纵向沟源作用，来自于中央拗陷带的宝岛凹陷崖城组煤系生成的天然气，均通过 2 号断裂带垂向运移输

导，再沿宝岛凹陷北坡砂体和不整合面侧向运聚而富集成藏。

南部深水区（南部拗陷及隆起）含油气系统的油气运聚成藏子系统中，由于具备疑似泥底辟及气烟囱和断层裂隙等较好的纵向运移输导网络，油气纵向运聚通道较发育且畅通，可以构成沟通深部始新统及渐新统烃源而又连接上覆浅层不同类型圈闭之间的"桥梁"，即形成了一种油气运聚的高速输导体系，进而促使深部始新统湖相及渐新统煤系生成的油气不断向上运聚富集，当其深部古近系烃源与断层裂隙及疑似泥底辟通道和上覆不同类型圈闭时空耦合配置较好时，即可形成下生上储、古生新储、陆生海储型油气藏（张功成等，2010；黄保家等，2014）。盆地西南部陵水凹陷陵南斜坡段（陵南低凸起）中央峡谷水道 LS22-1 及 LS17-2 上中新统黄流组砂岩圈闭高产气藏即为其典型实例 [图 7.4 (d)]，这些大中型气田、气藏的气源供给主要来自陵水凹陷深部渐新统崖城组煤系烃源岩。中央峡谷上中新统黄流组水道砂气田群的气源供给，则主要是通过伸入到凹陷深部的连续性砂体和不整合面等输送到南部低凸起区位置，然后再通过疑似底辟及气烟囱和微裂缝构成的垂向输导通道向上运聚至目前中央峡谷水道砂圈闭中富集成藏（杨金海等，2014；张伟等，2015）。

第三节　珠江口盆地白云凹陷天然气运聚成藏规律及主控因素

长期以来，珠江口盆地东部油气勘探，主要围绕珠一拗陷浅水区进行，这里也一直是珠江口盆地油气勘探主战场及油气主产区，而南部深水区珠二拗陷白云凹陷和南部隆起带，油气勘探及研究程度较低，属油气勘探及研究的薄弱区。目前仅在邻近深水区的白云凹陷北坡–番禺低隆起勘探发现几个中小气田群和通过对外合作在珠二拗陷白云凹陷中南部、东部深水区勘探发现了 LW3-1 等大中型天然气田及油气田群，但目前天然气勘探程度仍然很低。珠江口盆地南部深水区珠二拗陷和南部隆起及周缘，主要包括顺德–开平凹陷、白云凹陷和潮汕拗陷以及南部隆起上的荔湾凹陷等区域。珠二拗陷白云凹陷深水区和南部隆起带深水区，属于油气勘探及研究的薄弱区，虽然在白云凹陷北坡天然气勘探已获重大突破，发现了 2 个中小型气田及 5 个含气构造，但在深水区油气勘探程度极低，迄今仅在南部拗陷带及南部隆起深水区勘探发现了 LW3-1、LH34-2 及 LH29-1 等天然气藏和东北部边缘 LH16-2 和 LH20-2 油藏，其中 LW3-1 获得了重大天然气发现（天然气地质储量为 $560 \times 10^8 \text{m}^3$），构成了以天然气为主的富集区带，但也具石油资源及天然气水合物资源潜力的深水油气富集区。

一、疑似泥底辟圈闭展布与天然气分布规律

断陷盆地凹陷中圈闭类型及油气藏分布主要受断裂构造带控制，一般沿较大断裂形成油气聚集带。珠江口盆地北部浅水区断裂较发育，从断裂分布及储盖组合条件与构造脊砂体的配置分析，可知其对中新统珠江组油气运聚成藏具有明显控制和影响作用（图 7.6），该区惠州、文昌 A、文昌 B 等凹陷油气运聚输导系统及运聚成藏模式均为其典型实例。另外，凹陷之间的凸起和隆起一般受基岩隆起带控制，珠江口盆地西部琼海凸起、神狐隆起

及珠江口盆地东部惠陆低凸起和东沙隆起等区域，均以基岩隆起构造活动为背景形成了规模较大富集砂岩运载体的构造脊，且一端伸入生烃凹陷另一端则向隆起及斜坡低势区伸展 [图7.6（a）]，因此，油气往往沿这些砂岩构造脊低势区大规模运移聚集而形成成群成带分布的油气田群。如东沙隆起上流花 LH11-1 及流花 LH4-1 生物礁油田群和神狐隆起文昌 WC15-1、文昌 WC21-1 等砂岩油气藏，均是通过构造脊砂岩长距离侧向运聚于不同类型圈闭中富集成藏的。

　　珠江口盆地南部深水区珠二拗陷白云凹陷番禺-流花气田群与荔湾-流花气田群中天然气运聚输导系统及运聚成藏过程 [图7.6（b）] 与北部浅水区存在较大差异。油气运聚成藏及分布富集均主要集中于与疑似泥底辟及断层裂隙运聚输导系统具有成因联系的局部区域，如果没有断裂及底辟活动所形成活跃的天然气运聚供给系统，其深部烃源及气源供给往往是无法完成向上覆地层及浅层不同类型圈闭输送供烃而富集成藏的。

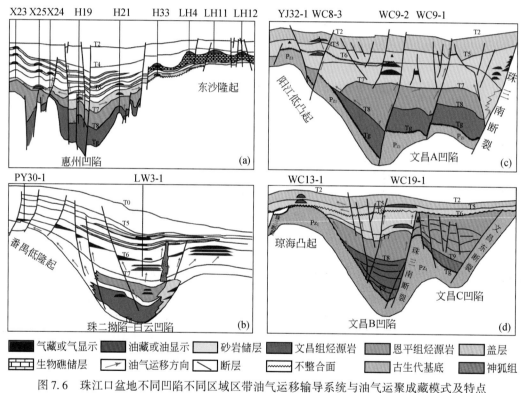

图7.6　珠江口盆地不同凹陷不同区域区带油气运移输导系统与油气运聚成藏模式及特点

　　南部深水区白云凹陷北坡番禺-流花含油气系统中的含天然气圈闭类型，主要为"构造型"和"构造-岩性型"两种类型，前者为反向断层控制的翘倾半背斜圈闭，主要分布在中深层（大于3000m，如 PY35-2）；后者为具有构造背景的砂体岩性圈闭，多分布于浅层。众所周知，含天然气圈闭，由于所含流体——天然气密度小，轻质低碳烃组分多，流动性极强，易渗漏散失，故其与含石油圈闭相比其圈闭封盖保存条件要求非常严格。如番禺-流花天然气富集区，目前勘探发现的天然气藏全部位于上覆封盖层含砂率小于20%的圈闭分布区。其中，分布普遍连续性好、厚度大的下中新统珠江组上部海相泥岩区域封盖层所构成的储盖组合及其不同类型圈闭，是该区天然气富集成藏的重要场所。正是由于该海相厚层泥岩提供了良好的纵向封盖保存条件，使得该区圈闭中天然气藏充满程度普遍高，形成了高充满度及高丰度的天然气藏。另外，该区含天然气圈闭即天然气藏空间展布具有沿北东向构造脊展布的特点，剖面上则具有下生（古近系烃源岩提供烃源）上储上盖（上覆下中新统珠江组浅海相及三角洲砂泥岩构成储盖组合）的成藏组合特征。

南部深水区中南部、东部荔湾-流花含油气系统展布及其含油气圈闭特征与番禺-流花含油气系统基本相似。但古近系湖相及煤系烃源岩主要通过疑似泥底辟及断层裂隙构成的流体运聚输导系统与其上覆中新统珠江组储盖层及局部构造圈闭的有效沟通与紧密结合，最终形成了由不同类型油气田群组成的荔湾-流花油气富集区。根据该区储盖组合和圈闭类型特点［图7.6（b）］，可将含油气圈闭及其油气藏类型划分为5种主要类型（朱伟林等，2007）：①富砂型浊积水道复合体储层圈闭及油气藏（LH29-1、LH34-3）；②富泥型水道复合体储层岩性圈闭及油气藏（LW3-3）；③深水扇水道化朵叶体砂岩构造圈闭及油气藏（LW3-1Sand1、LH34-2）；④深海等深流岩丘混积岩复合圈闭及油气藏（LW9-1、LW4-1）；⑤反向翘倾半背斜构造圈闭及油藏（LH16-2），总之，荔湾-流花油气富集区总体上以构造-岩性复合圈闭类型为主。

二、疑似泥底辟气源输导运聚通道系统特点

油气勘探研究表明，珠江口盆地南部深水区珠二坳陷白云凹陷油气运移输导系统主要由断层裂隙、侧向运载砂体、不整合面与疑似泥底辟及气烟囱所构成。其中白云凹陷北坡-番禺低隆起区天然气运移输导系统，主要由断裂及不整合和侧向运载砂体所构成［图7.6（b）］。一般具有以下重要特点（施和生等，2007，2009，2014）：①在下中新统珠江组下部（T50）之下发育一套连续稳定、区域分布的浅海相砂体，为油气的横向输导及长距离运移提供了基本地质条件。同时，珠江组底部的不整合面也是重要的侧向长距离运聚通道，其与区域稳定分布的浅海相砂体共同构成了该区油气侧向运聚网络之运移输导体系；②白云凹陷北坡-番禺低隆起区处于陆架坡折带，中-晚中新世以来，新构造运动频繁，断裂活动强烈，纵向上由深至浅切穿地层层位多，有的切穿至浅层中中新统韩江组顶部T20（距今10.5Ma）甚至海底，形成了沟通深部古近系断陷陆相及海陆过渡相煤系烃源与上覆上渐新统珠海组及下中新统珠江组海相砂岩储层之间的油气纵向运聚通道，深部烃源可以源源不断地向浅层圈闭中储层运聚而富集成藏；③番禺低隆起上的构造脊，是盆地隆起向凹陷延伸的鼻状高部位，构造脊一端向凹陷倾没，另一端则成为隆起低势区。白云生烃凹陷下渐新统恩平组煤系烃源岩及生烃灶的油气源，则可通过邻近断层、砂体、不整合面等运聚通道进入区域性油气运载层珠江组下段、珠海组浅海相砂体后，继续向番禺低隆起上的低势区运聚，沿着构造等高线的法线方向即构造脊低势区域汇聚富集，形成逐渐爬高式的油气藏；④该区地震剖面上识别出大量含气地震模糊带，尤其是在断块、断背斜两侧及顶部均见到明显的地震反射层亮点或振幅异常（图7.7），通过钻井证实均与气层密切相关，其气源均主要来自深部的始新统文昌组及下渐新统恩平组煤系烃源岩。总

之，地震模糊带及其地震亮点显示，属于气侵及气烟囱或断层裂隙等在其地震剖面上的地球物理表征，也表明该区天然气垂向运移系统畅通，能够沟通埋藏较深的始新统文昌组湖相、渐新统恩平组煤系烃源岩与上覆上渐新统珠海组及上中新统珠江组含气圈闭，促使深部油气源不断向上运移并通过侧向运载砂体进一步向番禺低隆起上不同类型圈闭群低势区运聚而富集成藏。

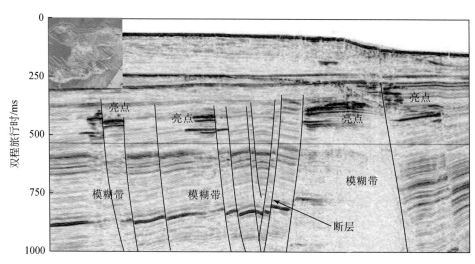

图 7.7　白云凹陷深水区含气地震模糊带及断裂附近亮点显示典型地震剖面（据施和生等，2009）

　　白云凹陷东部、中南部深水区荔湾–流花油气运移输导系统，主要由断层裂隙及砂体、不整合和疑似泥底辟及气烟囱所构成（施和生等，2009）。深大断裂、疑似泥底辟及气烟囱等多种垂向输导通道与 MFS18.5 界面下的广覆式连片砂体和不整合面组成的侧向运移通道相互耦合配置构成了该区天然气运聚的快速通道系统。该区疑似泥底辟区及气烟囱构成的纵向运聚通道系统（图 7.8），由于其纵向分布延伸范围颇大，最深可达 6000m（地震时间 5.2s 左右），最浅也可至 1600m 浅层，因此，对于白云凹陷深部古近系烃源及气源供给与上覆中浅层含油气圈闭的沟通至关重要。同时，由于白云凹陷自西向东、自南向北，其新构造运动晚期断裂活动逐渐增强，故断裂活动时期及强度也对天然气运聚成藏具有明显的控制影响作用。即该区新构造运动晚期断裂活动构建了一个沟通深部断陷始新统湖相、下渐新统煤系烃源与上覆上渐新统、中新统海相砂岩储层圈闭之间较好的天然气运聚输导系统 ［图 7.6（b）中 LW3-1 气藏］，进而最终形成了陆生海储、下生上储为主的富集高产的大中型天然气气田、气藏。

三、疑似泥底辟伴生天然气运聚成藏系统特点及主控因素

　　珠江口盆地油气运聚成藏系统主要由烃源岩相对超压高流体势的油气运聚动力及其连通烃源岩不同类型输导格架与处在低势区的油气运聚成藏场所（不同类型圈闭）相互沟通所构成。其中盆地南部深水区珠二拗陷白云凹陷油气成藏系统，主要由古近系湖相及煤系相对高压高流体势的运聚动力与断层裂隙及运载砂体和疑似泥底辟及气烟囱等输导格架与

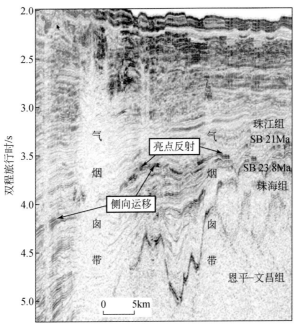

图 7.8　白云凹陷深水区气烟囱及含气亮点典型地震剖面特征

不同类型圈闭所构成 [图 7.6（b）]。其油气运聚成藏模式可划分为三种基本类型（朱伟林，2007；施和生等，2007，2009，2014；何家雄等，2008a）：①上渐新统珠海组陆架边缘浅水三角洲砂岩外源型天然气运聚成藏模式，即以古近纪陆相断陷沉积的巨厚始新统湖相泥岩及下渐新统恩平组三角洲煤系为烃源岩，其生成的油气通过直接切割古近系大套陆相烃源岩的纵向断层裂隙、底辟垂向通道及侧向砂体和不整合面进行运移，在有利构造区带低势区的不同类型构造-岩性复合圈闭和浅水三角洲砂岩圈闭中运聚成藏，并具有下生上储、陆生海储之典型特点；②中新统珠江组深水扇系统混源型天然气运聚成藏模式，其烃源供给不仅主要有来自深部的始新统文昌组湖相及下渐新统恩平组煤系烃源岩，还有来自其浅部的上渐新统珠海组海相烃源岩一定的贡献，通过泥底辟及断裂运聚通道系统（断裂、不整合、底辟及砂体）输送上来，在上覆中新统珠江组及韩江组海相泥岩封盖层之下，构成了下生上储、陆生海储及海生海储的成藏储盖组合类型。以古近系烃源为主的混合气源供给与泥底辟及纵向断裂和砂体等构成的运聚输导系统以及不同类型深水扇的岩性圈闭的相互配置与良好时空耦合，是这种混源型油气运聚成藏模式的主控因素；③古近系半地堑洼陷自源型油气成藏模式，这种油气运聚成藏模式具有自生自储近源近距离运聚成藏特征，油气运聚分布主要局限于半地堑洼陷范围及其附近，储集层及其储盖组合类型多属扇三角洲类型的储盖组合，且多分布于半地堑洼陷一侧构成的自生自储型成藏组合之中。其成藏主控因素主要取决于半地堑洼陷生烃灶的烃源供给与扇三角洲型储盖组合配置以及扇三角洲储集层储集物性的优劣。由于盆地南部深水区古近系地层普遍埋藏深，砂岩储集层成岩程度高，储层的储集物性是这种类型油气藏富集高产及其商业性的关键所在。

第四节　台西南盆地天然气运聚成藏规律及主控因素

一、泥火山圈闭展布与天然气分布规律

　　油气地质研究及勘探实践表明，台西盆地及台西南盆地中小型油气藏及其分布主要具有如下特点（中国科学院南海海洋研究所、福建海洋研究所，1989）：第一，油气藏主要为小型背斜油气藏，其次为断块油气藏及岩性油气藏。第二，含油气层系多，储层物性变化大。目前已在白垩系和渐新统、中新统及上新统等10余个层位层段获得油气流；储集岩类型既有河湖相砂岩，也有浅海及滨海相砂岩。油气层厚度由几米至几十米不等，油气层深度为 $300 \sim 5000m$（多为 $2000 \sim 3000m$）。储层储集物性不同层位层段变化较大，中新统和上新统海相砂岩储集物性较好，而渐新统及白垩系砂岩储层储集物性偏差。第三，以凝析气藏为主，气藏驱动类型以弹性驱动居多、水驱较少。台西盆地青草湖气田、竹东气田、铁砧山气田、长康气田均属凝析气藏；而崎顶气田、锦水气田仅部分气藏为凝析气藏。第四，台西盆地主要产油气层的油气性质及组成变化较大，各油气田差异明显。大多数油气田的原油以低密度、低含硫为主。天然气田及油田伴生天然气组成主要存在三种类型，一是以 CH_4 为主的天然气田，如铁砧山气田、锦水气田及竹东气田，其天然气组成中 CH_4 含量为 $83\% \sim 96\%$，其他成分较少；二是富含 CO_2 天然气的油田及气田，如出磺坑油田伴生天然气中，CO_2 含量为 $27\% \sim 44\%$。崎顶气田天然气中 CO_2 含量高达 63.7%；三是较富含 H_2S 天然气的含油气构造，如长胜含油气构造（CBS）的天然气中 H_2S 含量高达 44%。台西南盆地油气勘探程度甚低，缺少油气地质及实践油气勘探资料，尤其是泥底辟/泥火山发育的南部深水区油气勘探及研究程度更低，故对其泥火山圈闭展布特征及其天然气分布规律，此处暂不予阐述。

二、泥火山气源输导运聚通道系统特点

　　台西南盆地中新世的断裂活动较活跃，且纵向上切割层位层段多，北部拗陷浅水区断层裂隙一般可延伸至浅层甚至海底（图7.9左侧，图7.10），故对该区成烃门限以上的构造及非构造圈闭的油气运聚与富集成藏等均具有重要的运聚输导作用（杜德莉，1991，1994；何家雄等，2006a），处于断裂发育区的凹陷中隆起部位则是有利的油气成藏富集区带。前已论及台南盆地中央隆起带南、北两侧邻近生烃凹陷，南、北两个拗陷或凹陷生成的油气均可向夹持其间的中央隆起带低势区运移，因此，处于中央隆起带上且在油气运移途径位置的不同层位不同类型圈闭，均极易捕获油气而富集成藏。台西南盆地中央隆起构造带以南的南部深水区（南部拗陷）油气运移主要以不整合面与侧向输导砂体与泥火山/泥底辟构成的输导系统作为运聚通道，由此构成了相互衔接连通的空间展布格局，进而形成了该区油气运聚成藏的有效输导系统与运聚网络体系（何家雄等，2010）。众所周知，台西南盆地泥底辟及泥火山构造主要发育在南部拗陷深水区，而该区缺少作为油气等流体

运聚的纵向深大断裂（图7.9右侧），因此，其泥底辟/泥火山及其伴生构造等构成的纵向运聚输导系统，则是南部深水区拗陷或凹陷中烃源岩及其气源供给向北部中央隆起带运移输导的主要运聚通道，即南部拗陷或凹陷中下渐新统-中新统海相泥岩烃源岩生成的成熟-高熟油气，主要通过泥底辟/泥火山及伴生断层裂隙等构成的纵向运聚输导系统，以及与不整合面及侧向连续性砂体等横向运聚输导通道共同构成的复合输导体系，方可向北部中央隆起带上不同类型圈闭群输送油气而最终富集成藏。该区中央隆起构造带上20世纪80年代初勘探发现的中小型气田群，其烃源及气源供给主要来自深水区南部拗陷或凹陷就是其典型实例。

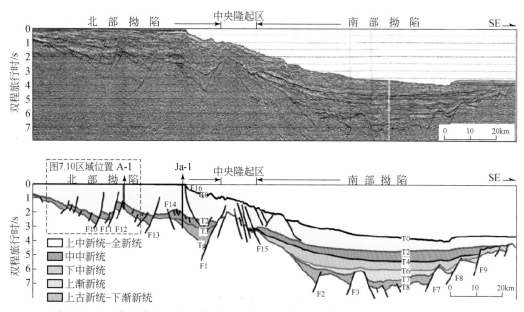

图7.9 通过台西南盆地主要拗陷区地震及地质解释综合剖面（据易海，2007修改）

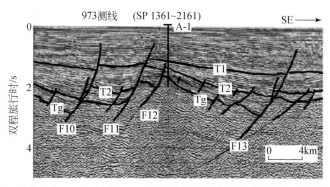

图7.10 台西南盆地北部拗陷浅水区断裂发育展布特征典型地震剖面（据易海，2007修改）

台西南盆地很多浅层声学探测剖面上均可观察识别出大量空白模糊反射异常，属于泥底辟/泥火山及气烟囱在浅层探测剖面上的声学异常显示。同时，在其空白模糊反射、弱反射等声学异常体两侧还可观察到代表气藏亮点的强振幅反射，且在空白反射或弱反射顶部也能观察到连续性较好、反射较强的天然气水合物 BSR 标志层，这些都无疑表明该区泥底辟/泥火山及气烟囱等为盆地深部气源供给的天然气向浅层圈闭和深水海底浅层天然气水合物稳定域运移输导的主要运聚通道，进而对其油气和天然气水合物运聚成藏等起到了非常重要的控制作用。台西南盆地东部陆上泥火山伴生气运聚成藏条件研究也充分证实了这种泥火山及气烟囱构成的运聚输导通道系统对其运聚成藏的重要控制作用（Sun et al.，2010）。

三、泥火山伴生天然气运聚成藏系统特点及主控因素

台西南盆地勘探发现的油气藏主要集中于中央隆起带中南部，中生界–古近系砂岩储层为该区油气藏的主要储集层。如在建丰构造上的 CGF-1 井白垩系砂岩裂隙中勘探发现的日产 $25 \times 10^4 m^3$ 天然气，在致昌构造上的 CFC-9 和 CFC-10 号井渐新统砂岩中勘探获得分别日产 $76 \times 10^4 m^3$ 和 $50 \times 10^4 m^3$ 天然气等。20 世纪 80 年代初以来，中央隆起构造带先后勘探发现了几个中小型气田群，表明该区具有天然气勘探潜力及资源前景（杜德莉，1994）。

台西南盆地由于断陷裂谷阶段及后期岩浆侵入作用的影响，其大地热流较高，高热流值导致盆地烃源岩有机质成熟演化的生油门限比一般盆地偏浅。而盆地深部沉积充填的中中生界–古近系地层系统偏深，普遍在 5000m 以下，故导致白垩系–古近系烃源岩大部分已达到高熟–过熟生气演化阶段，加之其有机质生源母质类型属偏腐殖型，因此，其油气产物均以产大量天然气为主伴生少量凝析油。如 CJF-1、CJF-4、CGA-1 等探井钻遇的白垩系烃源岩有机质丰度达到了良好级别，其生源母质类型属Ⅲ偏腐殖型干酪根，且处于成熟–过熟阶段，故其均以产高熟–过熟天然气为主。另外，台西南盆地中新统海相地层虽然时代较新，但由于该区热流场较高，部分凹陷深部中新统海相烃源岩也达到了成熟生油门限，具有一定的的生烃潜力。如 CFC-1 井钻遇中新统海相页岩有机质丰度为 0.4%～0.6%，最高达 0.91%，且已成熟生烃，产烃率较高具有较大生烃潜力。总之，台西南盆地与其西部邻区珠江口盆地类似，自下而上发育几套烃源岩，且主要分布在长期继承性的深凹陷之中，具有较大的生烃潜力及勘探前景。盆地北部浅水区北部拗陷及中央隆起构造带部分区域，新构造运动活跃，断层裂隙非常发育，与南部深水区南部拗陷及部分中央隆起构造带区域相比，其天然气运聚成藏系统及主控因素差异明显。前者由于构造运动强烈、断层裂隙非常发育，故其构成了以断层裂隙为主的运聚输导网络系统，而油气运聚成藏与分布富集规律均主要受控于充足的气源供给与断层裂隙纵向展布和空间组合及其分布特征以及与不同类型圈闭的有效配置与紧密结合（图 7.9，图 7.10）。如中央隆起构造带中南部部分中小型气田群。后者即南部深水拗陷区虽然构造断裂活动较弱，断层裂隙不甚发育，但该区泥底辟/泥火山异常发育，故构成了以泥底辟/泥火山为主导的运聚输导系统，其油气运聚成藏及其分布富集规律，均主要受控于泥底辟/泥火山运聚通道的发育展布及其空间分布特点。再者，由于南部深水区具备高压低温条件，故也是天然气水合物形成与赋存的有利区域。根据天然气水合物形成条件，结合该区具体的油气地质条件，遵循含油气系统从烃源供给到圈闭中运聚成藏的基本原则，可以综合判识确定该区天然气水合物分布富集，也主要受控于气源供给及泥底辟/泥火山运聚输导通道系统与深水海底浅层

高压低温稳定带（相当于圈闭）的时空耦合配置。

总之，台西南盆地油气勘探及研究程度均较低，油气勘探成果及油气地质资料甚少，因此，目前获得的很多油气地质研究成果及认识均比较肤浅，期望随着今后油气勘探的推进和油气勘探步伐的加快，能够获取更多油气地质及钻探资料，进而不断增加和补充新资料、新的油气勘探及研究成果，以期进一步完善提高和加深对盆地油气地质特征与油气分布规律及主控因素的认识。

第八章 泥底辟/泥火山形成演化与油气及水合物运聚成藏

前已论及，泥底辟/泥火山形成演化与油气资源及水合物矿藏的关系颇受国内外专家学者们的广泛关注和重视。泥底辟/泥火山及气烟囱等构造活动及其伴生产物与常规油气运聚成藏及天然气水合物成矿成藏关系密切。世界上泥火山/泥底辟发育区或者与其存在一定成因联系的区域，实际上也是油气资源和其他矿产资源比较富集的地区，如地中海海脊泥火山发育区、阿塞拜疆泥底辟发育区、尼日尔泥底辟发育区、东南亚泥火山/泥底辟发育区，以及我国南海北部莺歌海盆地、琼东南盆地、珠江口盆地、台西南盆地泥底辟/泥火山及气烟囱发育区等区域，均不同程度地勘探发现了油气资源和天然气水合物矿藏。目前在南海北部大陆边缘盆地，除西北部浅水区莺歌海盆地（水深小于80m）外的其他深水盆地泥底辟/泥火山发育区都或多或少发现了天然气水合物 BSR 存在的现象及证据，尤其是在珠江口盆地南部和琼东南盆地南部深水区均已勘查或钻获天然气水合物实物样品，并在神狐调查区成功地开展了天然气水合物试采工作。以下在南海北部不同盆地油气运聚成藏规律及主控因素分析的基础之上，通过泥底辟发育区典型油气藏解剖及主控因素分析，典型天然气水合物赋存区地质地球物理及地球化学特征的综合分析研究，进一步深入分析阐明泥底辟/泥火山发育演化与油气运聚成藏之间的成因联系，以期能够阐明泥底辟/泥火山发育演化过程及其伴生构造活动控制和制约油气生-运-聚的成藏过程，分析总结泥底辟/泥火山形成演化特点以及与油气运聚成藏和天然气水合物成矿成藏之间的时空耦合关系等重要科学问题。

第一节 泥底辟/泥火山形成演化与油气运聚成藏

一、泥底辟活动影响区典型气田成藏要素及特点

1. 莺歌海盆地浅–中深层气田群

1）东方 DF1-1 泥底辟浅层常温常压气田群

东方 DF1-1 泥底辟浅层常温常压气田群，处于莺歌海盆地中央拗陷中央泥底辟带西北部东方区，是该盆地迄今勘探发现的最大商业性浅层常温常压天然气田区。构造地理位置属于莺歌海盆地中央泥底辟隆起构造带西北部（参见图2.13）。DF1-1 浅层常温常压气田区水深约75m，处在陆架浅水区。主要天然气产层为上新统莺歌海组，迄今已钻探三十余口探井及评价井，探明浅层气藏含气面积为 287.7km^2，获得探明天然气地质储量达 1296.38×10^{8}m^3（截至2011年年底），其中纯烃类气体为 612×10^{8}m^3。该气田于20世纪90

年代初勘探发现，2003 年投入开发，至 2011 年年底累产天然气 $171.77\times10^8\,m^3$（戴金星等，2014）。

（1）泥底辟伴生圈闭特点。

DF1-1 浅层常温常压气藏位于莺歌海盆地莺歌海凹陷中央泥底辟带西北部，其所处的东方 1-1 构造浅层是一个由泥底辟作用形成的继承性发育的短轴断背斜。其长轴为 21km，短轴为 12km，圈闭面积大，最大圈闭面积达 $287.7km^2$，闭合度高（闭合幅度 219 ~ 254.8m），埋藏浅（600 ~ 1500m）。该背斜构造东陡西缓，构造轴部上发育一组南北向断裂，呈树枝状分布，且将背斜分为东块大、西块小的两个断块（图 8.1），故导致构造两翼不同断块、区块具有不同的压力系统和不同的天然气组分特点，天然气富集充满程度及其天然气组成差异明显（图 8.2）。总之，DF1-1 浅层常温常压气田是一个由泥底辟背斜及其伴生断层控制为主的构造圈闭气藏，也有一些为与泥底辟有成因联系的岩性圈闭气藏。这种泥底辟伴生的断背斜圈闭类型的气藏，其油气水系统比较复杂，不同区块、断块不同组段储层天然气组分及气水分布差异颇大，且气水分布富集主要受构造及断层作用控制影

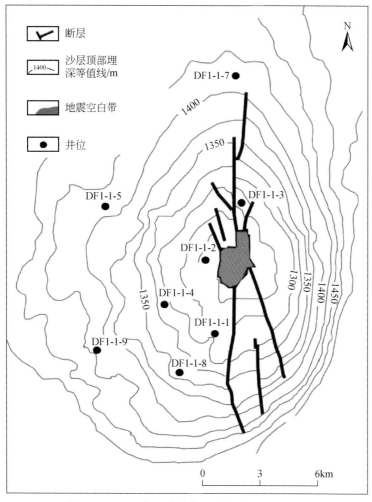

图 8.1　DF1-1 气田主力气层圈闭断层展布特征

响，多属于构造及断层为主导因素控制的圈闭及其气藏类型。气藏开发驱动类型主要为弹性水驱，其气层压力系数为 1.03 ~ 1.14，且气层温度小于 90℃，属于典型浅层常温常压气藏。

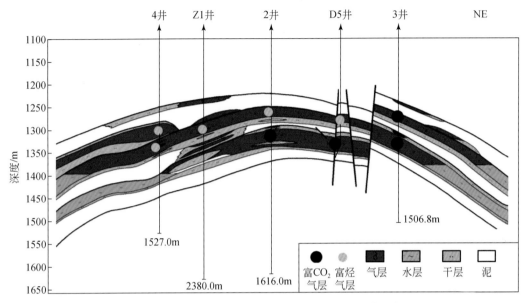

图 8.2　DF1-1 浅层气田 4 井-Z1 井-2 井-D5 井-3 井气藏分布特征

（2）储盖组合类型及特点。

DF1-1 浅层常温常压气藏储层为上新世莺歌海组，属于浅海环境下的水下高地沉积物，为滨-浅海相带的浅滩与砂坝沉积，具有高-中孔、中-低渗粉细砂岩储集层的储集物性特点。盖层为上新统莺歌海组与第四系乐东组大套浅海相泥岩，厚度大、封盖性好，与下伏粉细砂岩储层构成了较好的储盖组合类型。DF1-1 浅层气田砂岩储层存在三种类型：第一类岩性为厚层砂岩孔隙型储集层，以灰色厚层状细砂岩为主，有时夹粉砂岩条带，一般单层厚度大于 5m。第二类为裂缝性泥质粉砂岩储集层，以泥质粉砂岩为主，单层厚度一般大于 15m。第三类岩性为泥质粉砂岩储集层，储集空间为杂基微孔。这三种类型的砂岩储层与上覆厚层浅海相泥页岩构成了良好的储盖组合类型。

（3）烃源岩及天然气地球化学特征。

DF1-1 浅层常温常压气田天然气地球化学分析表明，其烃源主要来自中新统三亚-梅山组和部分上新统莺歌海组底部海相烃源岩，岩性主要为浅海相泥岩与粉砂质泥岩，有机质类型属偏腐殖混合型或腐殖型。该区烃源岩有机质丰度偏低，TOC 含量为 0.39% ~ 0.70%，平均为 0.50%，氯仿沥青 "A" 和总烃的含量分别为 0.0561% 和 353ppm[①]，总体上达到了一般烃源岩级别及标准。DF1-1 浅层气田不同区块、断块不同层段天然气组成（成分）变化很大，不同气层甚至同一气层不同断块的天然气组成特征特别是非烃气含量

---

　① 　1ppm = 1mg/kg。

及 CH_4 含量变化较大，且 CO_2 碳同位素特征也迥然不同，表现出明显的非均质性和气源供给的复杂性。根据 DF1-1 浅层气藏中烃类气与非烃类气含量及其分布特点，可将其划分为三类：第一类为烃类气藏，天然气组成中以 CH_4 为主（大于75%），重烃气组分含量较低（0.60% ~ 3.37%），干燥系数 C_1/C_{1-4} 高，为 0.93 ~ 0.99，属于干气。非烃气含量低，CO_2 及 N_2 含量小于10%以下；第二类为 CO_2 气藏（含量高达55% ~ 88%），烃类气含量低，一般为25% ~ 45%；第三类为富 N_2 气藏，N_2 含量高达15% ~ 31%，CO_2 含量小于5%，烃类气含量为50% ~ 65%。根据天然气地球化学分析尤其是稀有气体氦氩碳同位素检测，该区 CO_2 成因类型主要属于壳源型岩石化学成因，来自于泥底辟热流体上侵活动与中新统海相含钙砂泥岩的物理化学综合作用；高含量 N_2 则主要属有机成因或混合成因。烃类气则主要来自中新统成熟-高熟海相偏腐殖型烃源岩。很多学者对 DF1-1 泥底辟浅层常温常压气田天然气中烃类气组分及气源和天然气成熟度等均进行过分析研究（董伟良、黄保家，1999；Huang et al.，2002；何家雄等，2008a），其取得的重要共识及结论是，该浅层气田天然气除某些局部区块及层段为生物气及亚生物气外，其余大部分区块及层段天然气均属成熟-高熟煤型气，气源供给主要来自腐殖型有机质（海相陆源烃源岩）在成熟-高熟演化阶段所形成，故天然气 CH_4 碳同位素偏重，$\delta^{13}C_1$ 大多在 $-39.7‰$ ~ $-31.7‰$，乙烷同位素 $\delta^{13}C_2$ 均大于 $-28‰$，具有典型煤型气特征值。另外，CH_4 氢同位素也偏重，其 δD_1 均大于 $-150‰$，而且天然气中轻芳烃含量较高，表明成气母质含有较多的陆源高等植物有机质的输入。总之，DF1-1 泥底辟浅层常温常压气藏天然气地球化学特征与该区中新统气源岩有机质类型及成熟度特点基本吻合。

（4）天然气运聚成藏期次。

DF1-1 泥底辟浅层常温常压气田主要天然气储层流体包裹体与产出天然气 CH_4 碳同位素分析结果表明，DF1-1 浅层气藏形成可能存在四期天然气充注过程及充注阶段：早期生物气充注阶段；中期深部成熟天然气（以成熟 CH_4 为主）充注阶段；晚期深部高熟天然气（以高成熟 CH_4 为主）充注阶段；最晚期为深部富 CO_2 天然气充注阶段，其天然气充注过程及其充注期次与泥底辟活动影响过程及发育期次等，均具有一定的成因联系和时空耦合关系（何家雄等，2000；黄保家等，2002）。

（5）天然气运聚成藏模式与主控因素。

根据 DF1-1 泥底辟浅层常温常压天然气成藏地质特征的解剖，尤其是天然气地球化学特征及泥底辟运聚输导系统的分析研究，可以对其运聚成藏模式及主要控制因素概略总结为如下几点：第一，DF1-1 浅层常温常压气藏烃源供给主要来源于深部中新统泥底辟泥源层生烃灶及其陆源海相烃源岩，以供给成熟-高熟烃类气气源为主，伴有部分 CO_2 气源的充注影响；第二，泥底辟上侵活动纵向通道及伴生高角度断层裂隙为天然气大规模垂向运聚提供了高速运聚通道，即底辟活动通道及底辟活动伴生断层裂隙等共同构成了非常好的流体纵向运聚输导系统，直接沟通了深部烃类气气源与泥底辟浅层伴生圈闭上新统莺歌海组砂岩储层，促使其深部烃类气等流体在浅层圈闭中富集成藏；第三，浅层海相碎屑岩储盖组合与泥底辟伴生构造圈闭，以及相关的构造-岩性圈闭则为浅层常温常压气藏形成提供了"近水楼台"的天然气富集场所（图8.3）；第四，泥底辟伴生浅层常温常压天然气成藏的最核心因素，在于其泥底辟生烃灶的气源供给非常充足，天然气生成供给量（供给量规模）远远大于散失损耗量（散失量规模），且长期处于动平衡运聚成藏状态，不断散失不断补充维持其动态平衡。虽然该区浅层由于断层裂隙存在的原因，常常存在一定程度的散失与渗漏，但由于供给与散失长期处于或保持在"供大于散"的动平衡状态下，故其散失是微不足道的。

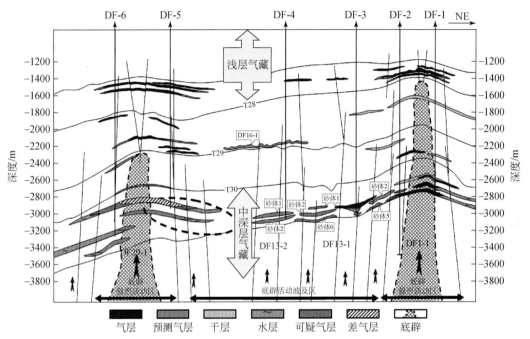

图 8.3　莺歌海盆地中央泥底辟带浅层及中深层天然气运聚成藏模式（据朱建成等，2015 修改）

2）DF13-1/2 泥底辟中深层高温超压气田群

DF13-1/2 泥底辟中深层高温超压气田群，是莺歌海盆地中央泥底辟带西北部东方区中深层首次勘探发现的高温超压大气田群。该高温超压大气田群位于东方 DF1-1 浅层气田的西侧（图 8.3），是在东方 DF1-1 泥底辟构造西侧附近受泥底辟强烈活动影响的波及区范围所形成的岩性–构造圈闭气藏，具有明显的高温超压特征，该气藏由多个（多层）上中新统黄流组海底扇砂体纵向叠置（多含气层）横向连片而构成的岩性圈闭所组成。DF13-1/2 高温超压气田主要气层深度为 2800～3200m，迄今已钻探多口探井及评价井，探明天然气储量达 $1000 \times 10^8 m^3$ 以上。DF13-1/2 大气田属于与泥底辟具有成因联系的中深层典型高温超压气藏，钻井实测气层地温梯度平均为 4.36℃/100m，气藏压力系数高达1.8～2.0。总之，DF13-1/2 泥底辟中深层高温超压大气田的勘探发现，揭开了莺歌海盆地中深层高温超压勘探领域的神秘面纱，开拓了该区中深层高温超压天然气勘探的新局面，并充分证实和表明了泥底辟异常发育、强烈上侵活动影响大的中深层高温超压领域天然气资源潜力巨大，且完全能够形成大中型高温超压天然气田，应是莺歌海盆地天然气勘探可持续发展及天然气资源接替的新领域。

（1）中深层高温超压含气圈闭特征。

DF13-1/2 中深层高温超压气藏圈闭类型，属泥底辟隆起构造背景下的砂体岩性圈闭，具有构造–岩性复合圈闭的特点。其主要是由来自西南部越南方向三角洲物源系统供给形成的大型海底扇砂体类型（图8.4），而所处构造背景则主要是由于 DF1-1 泥底辟上侵活动所形成的泥底辟伴生背斜侧翼大斜坡环境，海底扇砂体与泥底辟隆起构造形成的斜坡背景时空耦合配置形成了较好的构造–岩性复合圈闭。该构造–岩性复合圈闭分布于泥底辟伴生背斜（泥底辟隆起构造）西侧斜坡之上，属于 DF1-1 泥底辟活动的影响波及区。因此，泥底辟强烈上侵活动形成的大量断层裂隙为深部天然气纵向运聚成藏提供了极好的运移通道，同时由于离泥底辟强烈活动中心稍远，故受 CO_2 气体充注混入的影响远小于 DF1-1 泥底辟活动中心区域。

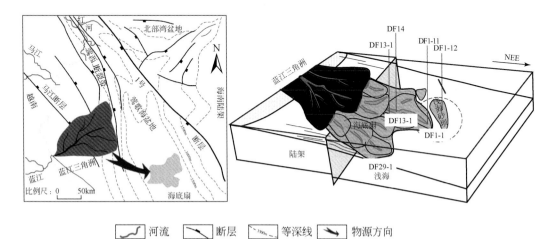

图 8.4　DF13-1/2 上中新统黄流组海底扇发育的构造与沉积背景（据谢玉洪等，2012 修改）

（2）高温超压大气田储盖层组合特征。

前已述及，中深层高温超压气田储集层类型主要为海底扇水道砂体，其与上覆浅海相上新统莺歌海组厚层泥页岩构成了比较理想的储盖组合类型。莺歌海盆地西南部蓝江水系供给的三角洲沉积物（物源来自西部昆嵩隆起），受莺西斜坡带及断裂系统的控制，在重力作用下被搬运到 DF1-1 构造西侧较低洼的部位再沉积，形成了 DF13-1/2 上中新统黄流组海底扇水道砂复合体（图8.4）。研究表明，DF13-1/2 上中新统黄流组一段海底扇储层发育，且分层性明显，纵向上一般叠置发育了两套海底扇储层：其中，下部一般为一套薄层海底扇，以细砂岩为主，平均孔隙度为17.6%，平均渗透率为2.53mD，总体储集物性较好；上部为一套厚层海底扇，储层较厚（单层厚度>10m），属于以细砂岩为主的浊积水道砂沉积，砂岩平均孔隙度为19.57%，平均渗透率为3.51mD，其储集物性比下部好（谢玉洪等，2012）。因此，DF13-1/2 气藏主要储层，虽然埋藏较深，且处于高温超压环境下，但仍然具有中孔–低渗的储集物性特点，属于储集物性较好的储集层，而其上覆上新统莺歌海组二段海相泥岩不仅厚度大且横向分布稳定，是该区封闭性良好的区域盖层。因此，莺歌海组二段海相泥岩与下伏的黄流组一段海底扇储层砂体构成了非常好的储盖组合类型。

（3）烃源岩及天然气地球化学特征。

DF13-1/2 中深层高温超压气藏天然气地球化学分析表明，其与东方区浅层常温常压气田群一样，其成熟–高熟烃类气主要属煤型气（图6.2），均主要来自中新统三亚–梅山组陆源海相烃源岩（谢玉洪等，2014）。其烃源岩及天然气地球化学特征具有如下特点：
①天然气 CH_4 碳同位素（$\delta^{13}C_1$）为 $-37.52‰ \sim -30.76‰$，与 DF1-1 浅层气田群完全一致，均属于成熟-高熟天然气，干燥系数大于 0.94，典型的高成熟干气（图 8.5）；
②天然气乙烷碳同位素 $\delta^{13}C_2$ 为 $-25.62‰ \sim -25.19‰$，明显偏重，远远大于 $-28‰$ 这个煤型气标准界限值，表明其天然气主要来自偏腐殖型（煤系）的生源母质类型烃源岩即海相陆源烃源岩；③气藏伴生少量 CO_2（部分层段 CO_2 含量>10%），其 CO_2 碳同位素 $\delta^{13}C_{CO_2}$ 为 $-2.64‰ \sim -6.17‰$，表明其 CO_2 属于无机壳源成因。CO_2 的形成主要是由于泥底辟热流体上侵活动与海相含钙砂泥岩发生岩石化学作用的结果。总之，中深层高温超压气藏天然气成因类型与东方区浅层常温常压气藏一样，均属于成熟-高熟煤型气，其烃源供给主要来自于沉积充填巨厚的中新统海相陆源烃源岩。

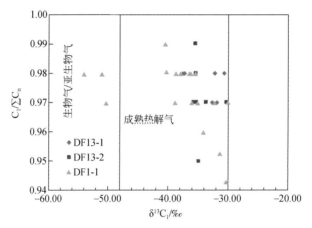

图 8.5　东方区 DF13-1 气田天然气成因类型划分与判识

（4）中深层高温超压大气田天然气充注期次。

流体包裹体地球化学和生烃动力学分析表明，中央泥底辟带东方区 DF1-1 气田区少量中深层探井揭示其天然气具有"整体晚期运聚"、"烃类气早充注、CO_2 晚充注"运聚成藏特点，烃类气自 3.7Ma 以来开始大量充注聚集，而 CO_2 充注则发生在 0.4Ma 之后（何家雄等，2003）。对于 DF13-1/2 中深层高温超压大气田，由于其构造-岩性复合圈闭比泥底辟活动中心的底辟伴生背斜圈闭形成和定型早，有利于捕获早期生成的烃类气，即早期烃类气优先充注中深层构造-岩性复合圈闭而聚集成藏，且受晚期 CO_2 混入的影响较小。天然气储层流体包裹体与天然气 CH_4 碳同位素分析结果表明（谢玉洪等，2012），DF 13-1/2 中深层高温超压大气田成熟-高熟天然气大量充注时间在 3.8 ~ 1.8Ma，属于该气田的早期充注。CO_2 晚期开始充注时间为 0.4Ma 之后，此时形成的圈闭容易聚集 CO_2，部分受泥底辟活动改造和影响的区块及层段也容易形成含 CO_2 或高含 CO_2 的混合气藏。总之，受泥底辟活动影响的高温超压中深层不同类型圈闭早期主要捕获原地低熟烃类气，而中晚期则主要富集成熟-高熟烃类气，而更晚期则可能有 CO_2 富集的风险或存在少量 CO_2 侵入和混合到烃类气藏之中而形成含 CO_2 或高含 CO_2 天然气气藏。

（5）中深层高温超压天然气成藏模式及主控因素。

DF13-1/2 中深层高温超压天然气运聚成藏条件研究表明，其烃源供给系统及生烃灶明显不同于莺歌海盆地中央泥底辟带浅层不同类型的常温常压泥底辟伴生气藏。东方 DF13-1/2 中深层高温超压气藏的烃源供给，并非直接来自泥底辟强烈活动中心之底辟纵向运聚通道，而是来自于受到泥底辟强烈活动影响的波及区所产生的纵向断层裂隙输导系统与深部中新统陆源海相烃源岩生烃灶所构成互联互通体系的烃源供给（图 8.3）。而且，东方 DF13-1/2 中深层高温超压气藏的砂岩储集层物性优劣，也是能否富集成藏与高产的关键控制因素。由于东方 DF13-1/2 中深层高温超压气藏储集层为来源于西南部莺西斜坡方向三角洲物源供给系统输送的海底扇细砂岩类型，其储集物性较好，属于中孔低渗砂岩储层类型，成为了高温超压气田的有效储层。而在东方 DF1-1 泥底辟背景构造东侧中深层钻探的 DF1-1-11 等井，其主要成藏地质条件与东方 DF13-1/2 中深层高温超压气藏差不多，但其钻遇的主要勘探目的层砂岩，属于海南岛物源系统供给形成的偏细泥质粉砂岩储层，非常致密储集物性偏差，故未能获得商业性天然气的突破。

　　综上所述，根据东方 DF13-1/2 中深层高温超压气田天然气运聚成藏特征，其成藏要素及地质条件（图 8.3）可综合归纳总结为如下几点：①烃源供给主要来自中深层中新统三亚组－梅山组成熟－高熟海相陆源偏腐殖型烃源岩；②主要天然气储层属于西南部蓝江三角洲物源供给体系背景下，通过重力流作用机制形成的大规模的海底扇粉细砂岩类型，砂岩储层总体上储集物性较好；③砂岩储层物源进积方向与泥底辟背斜侧翼地层倾向相反，故在泥底辟背斜外围斜坡区背景下形成了较好的构造－岩性复合圈闭，其与受泥底辟活动影响的波及区断层裂隙配置较好，极有利于捕获深部中新统烃源岩生成的天然气；④深部异常超高压中新统三亚组－梅山组气源岩生成的天然气，通过泥底辟强烈活动波及影响区产生的沟源断层裂隙构成的输导网络进行大规模纵向运聚，在多期海底扇砂岩构成的构造－岩性圈闭的优势聚集区富集成藏。

2. 琼东南盆地 LS22-1 及 LS17-2 深水气田群

　　琼东南盆地深水区（水深大于 500m）面积 $5.1×10^4km^2$，目前已钻探数口探井，2010年以来先后在盆地西南部深水区乐东－陵水凹陷陵南低凸起新近系中央峡谷水道勘探发现了陵水 LS22-1 气藏和陵水 LS25-1 中型气田及陵水 LS17-2 大气田，获得了深水区超千亿方以上大气田的发现和重大勘探突破。LS22-1 气藏为中央峡谷内水道侧翼封堵半背斜，在上新统莺歌海组－上新统黄流组浊积水道砂发现气层约 60m，天然气地质储量达百亿方。LS22-1 气藏及 LS17-2 大气田砂体圈闭的钻探结果，充分证实了琼东南盆地西南部深水区中央峡谷水道上以 LS22-1、LS25-1 及 LS17-2 为代表的一系列构造－岩性圈闭，具有较好的天然气运聚成藏条件及资源潜力，天然气勘探前景较好。具体可概括总结为如下几个方面：

　　1）深水气藏圈闭条件

　　LS22-1 气藏圈闭为处在琼东南盆地西南部疑似泥底辟较为发育的陵水凹陷陵南斜坡中央峡谷水道内的一个砂体岩性圈闭，主要天然气勘探目的层为上新统莺歌海组二段－黄流组一段浊积水道砂，该目的层从上到下发育多套砂体（A、B、C、D），且多期叠置，由于水道侧翼封堵而形成半背斜，圈闭面积大，圈闭条件较好（图 8.6）。天然气储层砂体上覆巨厚浅海泥岩，构成了较好的储盖组合类型。下伏深部下渐新统崖城组煤系烃源岩与浅层上新统莺歌海组水道砂岩性圈闭之间则通过底辟微裂隙运聚通道连通，深部气源通过底辟断层裂隙不断地向浅层含气圈闭供给烃源，促使天然气在浅层圈闭中富集成藏。LS22-1 水道砂储层中具有明显的地球物理含油气信息，也是其气藏储集层物性与含气性良好的直观表现和直接证据。LS17-2 砂体圈闭展布规模更大，在中央峡谷水道系统中其上中新统黄流组一段浊积水道砂较发育，且多期叠置构成了圈闭面积大、累计厚度较大的多砂体圈闭，其储盖组合类型及烃源供给系统与 LS22-1 水道砂岩性圈闭气藏完全一致，烃源供给均主要来自深部渐新统煤系烃源岩，且必须通过泥底辟及其伴生断层裂隙系统的输导和沟通，方可将其深部气源输送到浅层中央峡谷水道砂圈闭之中聚集成藏。LS17-2 砂体圈闭规模及砂岩储集层物性与储盖组合及其他成藏条件均更优于 LS22-1 水道砂圈闭，故形成了琼东南盆地深水区第一个大气田。

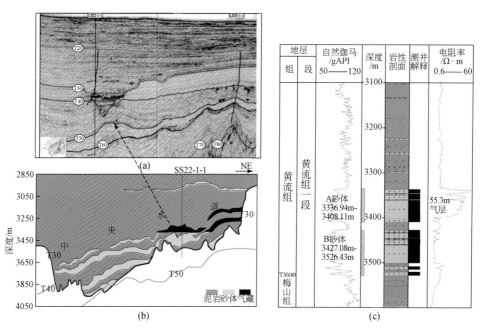

图 8.6　琼东南盆地南部深水区陵南斜坡中央峡谷水道 LS22-1 砂体气藏综合特征（据谢玉供，2014）

(a) 气藏剖面图；(b) LS22-1 构造气藏综合图；(c) LS22-1-1 井综合柱状图

2）深水气藏储盖组合特征

琼东南盆地西南部深水区上中新统–上新统中央峡谷水道砂体系统气藏的储盖组合发育，储盖组合类型较好。中央峡谷水道从盆地西南部往东部延伸拓展，主要物源供给系统来自西南部及南部，且由西向东汇入西沙海槽深水区。横亘于盆地东西方向巨型的中央峡谷水道系统主要发育浊积水道砂、浊积席状砂储层，其中水道中西部厚层浊积砂岩是优质储集层，其与上覆大套厚层深海泥岩形成了良好储盖组合，水道外半深海泥质围岩形成良好的侧封条件。LS22-1-1 井含气目的层岩性主要为细砂岩。电测解释气层 58.4m，上部（3338～3348m）泥质含量大（11%～25%），物性稍差，下部（3348.8～3398m）物性好，泥质含量低（5%～10%），砂岩较纯。气层段砂岩储层平均孔隙度为 27.3%，平均泥质含量为 8.4%，平均含气饱和度为 74.3%。气层 3398m 之下为水层，根据储集物性评价标准判识，其气层和水层均是好储层（孙志鹏等，2009）。LS17-2大气田上中新统黄流组中央峡谷水道砂岩储层储集物性更佳，属于高孔中−高渗砂岩储层，且展布规模大纵向上叠置连片、含气面积大，形成了富集高产的深水大气田。

3）深水区烃源岩及烃源供给特点

LS22-1气藏及LS25-1和LS17-2大中型气田的勘探发现，充分证实和表明了琼东南盆地西南部深水区乐东−陵水凹陷是一个富气凹陷，而优质烃源岩及其烃源供给则主要来自凹陷深部渐新统崖城组煤系烃源岩和部分始新统高熟湖相烃源岩。其中乐东−陵水凹陷分布的渐新统崖城组煤系地层与陵南斜坡及周缘展布的渐新统崖城组海岸平原相含煤岩系、半封闭浅海相泥岩，以及泥底辟伴生断层裂隙等共同构成了该区主要烃源岩及其烃源供给系统，且生烃潜力大供烃能力强。深水区3口探井钻遇的渐新统崖城组烃源岩表明，其有机质丰度总体较高（图8.7）。如LS2-1-1井钻遇渐新统崖城组暗色泥岩厚48m，为滨浅海相沉积，有机质类型为Ⅲ型干酪根，总有机碳TOC在1.24%～1.46%变化，为较好烃源岩。北礁凹陷内LS19-1-1井钻遇海岸平原沼泽相煤系地层及潮坪−泻湖相暗色泥岩，其中煤系地层TOC高达20%，而崖城组地层暗色泥岩TOC平均值超过1%。该井下中新统三亚组地层中钻获的原油样品饱和烃色谱及碳同位素分析均表明，其烃源供给主要来自崖城组煤系烃源岩。LS33-1-1井崖城组烃源岩TOC虽然小于1.0%（可能处在有机质保存较差相带），但是LS2-1-1井钻探的崖城组地层暗色泥岩TOC则在1.0%～1.5%，达到好烃源岩标准。总之，深水区渐新统崖城组含煤岩系应是其最重要的主力烃源岩，而泥底辟及其断层裂隙构成的纵向流体运聚系统则是沟通和连通深部气源与浅层中央峡谷水道砂圈闭之间必不可少的"桥梁和高熟通道"。

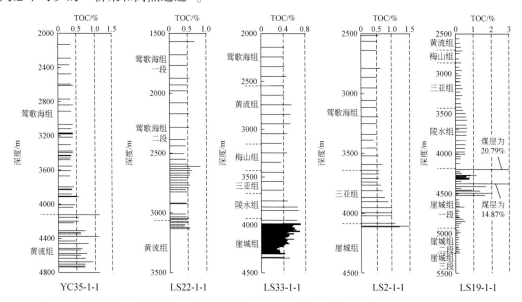

图8.7　琼东南盆地南部深水区部分探井新近系及下渐新统崖城组有机质丰度剖面分布特征

4）深水气藏天然气地球化学特征

深水油气勘探结果表明LS22-1-1气藏和LS17-2大气田天然气均为优质高熟的纯烃气，

主要来自深部渐新统崖城组煤系及浅海相偏腐殖型烃源岩。天然气地球化学特征具有 CH_4 含量高、高碳数重烃含量低，天然气偏干（干燥系数 $C_1/C_{1-5}>0.97$）的特点，属于高成熟偏腐殖型的煤型气。根据天然气 CH_4 和 C_2H_6 碳同位素分布特征，LS22 及 LS17-2 气田主要产层天然气均为典型的高成熟煤型气，与琼东南盆地北部浅水区 YC13-1 大气田渐新统陵水组天然气成因类型基本相同，均处于 CH_4 及同系物碳同位素判识划分图版上的煤型气区域及范围（图8.8）。另外，反映沉积环境的 CH_4 氢同位素较重，LS22-1 及 LS17-2 气田主要产层天然气 CH_4 氢同位素为−147‰ ~ −145‰也与 YC13-1 气田非常相似，充分表明其与 YC13-1 气田渐新统扇三角洲砂岩储层产出的天然气成因类型相似，均属偏腐殖煤型气。而且根据北部浅水区崖南凹陷 YC13-1 气藏伴生凝析油与西南部深水区陵水凹陷陵南斜坡 LS17-2 气藏伴生凝析油甾萜烷生物标志物对比（图8.9），浅水区气藏伴生凝析油与深水区气藏伴生凝析油成因相似、烃源相同，且均与富含 W、T 双杜松烷及奥利烷的陆源母质密切相关。因此，推测其气源岩及烃源供给均来自渐新统崖城组腐殖型烃源岩的贡献（黄保家等，2014；何家雄等，2016a）。由此进一步证实了琼东南盆地西南部深水区中央拗陷带及南部拗陷带确实存在类似于北部浅水区崖南凹陷的渐新统崖城组煤系烃源岩。

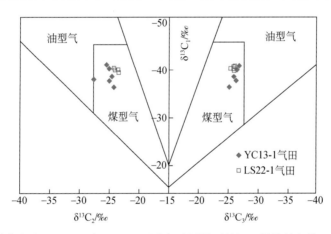

图 8.8　琼东南盆地 LS22-1 与 YC13-1 天然气成因类型判识（据黄保家等，2014 修改）

5）深水天然气运聚成藏模式及气源供给系统

根据大量地质及地球化学资料分析，琼东南盆地西南部深水区近年来勘探发现的 LS17-2 及 LS25-1 等大中型气田的气源供给均与北部浅水区 YC13-1 大气田一样，均主要来自渐新统崖城组成熟−高熟煤系烃源岩及偏腐殖型的浅海相烃源岩。虽然深水区与浅水区大中型气田天然气产层（储集层）层位、岩性及其沉积相特征等均差异较大，但气藏产状特点与天然气成因类型及伴生凝析油特征完全相同或相似，均以大量成熟−高熟煤型气为主伴生少量凝析油的形式产出。即在这种气源及烃源供给相同的条件下（均来自渐新统崖城组煤系及浅海相偏腐殖烃源岩），由于其气源供给系统及运聚通道网络构成的差异，能够导致其天然气运聚成藏模式及其主控因素截然不同。大量地质地震资料分析表明，琼东南盆地西南部深水区乐东−陵水凹陷及周缘绝大部分地区断裂不发育，且基本不存在既能够直接沟通深部渐新统崖城组煤系烃源岩，又能连通上覆浅层上中新统黄流组中央峡谷水

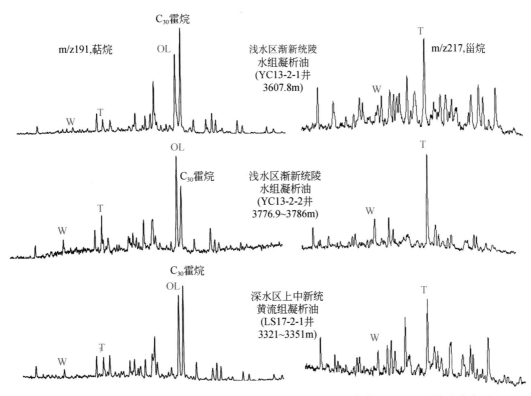

图 8.9　陵水凹陷深水气藏伴生凝析油与浅水区崖城 YC13-1 气藏伴生凝析油甾萜烷分布对比

道砂体含气圈闭的深大断裂。然而，其深部渐新统崖城组煤系烃源岩的气源通过何种形式的纵向运聚通道系统促使其向浅层含气圈闭源源不断地供给呢？该区是否存在其他类型的流体纵向运聚通道系统？中国海洋石油总公司的勘探专家们通过地震剖面分析解释，证实了盆地西南部深水区陵水凹陷陵南斜坡中央峡谷水道深部普遍存在类似于莺歌海盆地中央泥底辟带的泥底辟纵向运聚通道系统（图 8.10），这种泥底辟通道系统在地震剖面上具有典型低速特点及相应的高压异常特征，推测其主要是由于泥底辟上侵活动所伴生的断层裂隙构成的柱状微裂隙带所致（沈怀磊等，2013；杨金海等，2014）。地震剖面精细解释与进一步的深入研究表明，上覆浅层上中新统黄流组中央峡谷水道砂天然气气藏的气源及烃源供给，主要是通过泥底辟纵向活动通道及其伴生的众多微小断层裂隙所构成的纵向流体运聚系统的源源不断输送与充注。因此生烃凹陷深部崖城组烃源岩生成的天然气，可沿着这些泥底辟通道及伴生断层裂隙系统垂向运移至上覆中央峡谷水道浅层岩性圈闭中富集成藏。由于中央峡谷水道发育多期浊积砂岩，且这些砂岩纵向叠置、横向上延伸范围比较广，故进入中央峡谷水道砂体之中的天然气，也可沿着中央峡谷水道砂体系统的上倾方向，由西向东不断地向高部位其他叠置的砂体运移并聚集成藏。LS22-1 气藏运聚成藏条件比较特殊，其烃源供给主要来自中央拗陷带陵水凹陷渐新统崖城组生成的煤型天然气（黄保家等，2014；杨金海等，2014）。陵水凹陷生成的天然气通过崖城组及陵水组不整合面和连通砂体，侧向运移到陵南斜坡及低凸起，其后再经新构造运动形成的泥底辟通道及伴生断层裂隙和水力作用形成的微裂缝等构成的运聚输导系统向上运移，最终在上新统莺歌海水道砂体岩性圈闭中聚集成藏（图8.11）。其运聚成藏的主控因素，则主要取决于既能沟通深部古近系渐新统烃源岩又可以连通上覆浅层中央峡谷水道砂含气圈闭的主要由泥底辟及伴生断层裂隙所构成的流体运聚输导系统的有效配置。

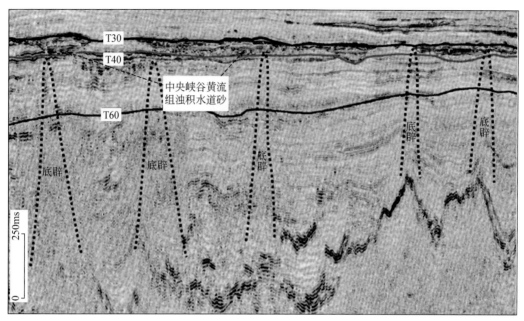

图8.10　琼东南盆地深水南部陵南斜坡-低凸起区疑似泥底辟特征典型地震剖面（据杨金海等，2014）

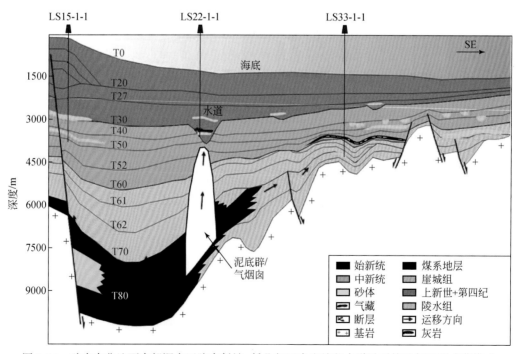

图8.11　琼东南盆地西南部深水区陵南斜坡-低凸起区中央峡谷水道砂系统油气运聚成藏模式

3. 珠江口盆地白云凹陷荔湾 LW3-1 深水油气田群

荔湾 LW3-1 油气田群（图 8.12）位于珠江口盆地南部珠二拗陷白云凹陷偏东南部深水区，属于以荔湾 LW3-1 大气田为主构成的一个深水油气田群（包括 LW3-1、LH34-2、LH29-1/2 及 LH16-2、LH20-1 等油气田），荔湾 LW3-1 大气田属于一个在前古近纪基底隆起上发育的受断层控制的披覆断背斜构造圈闭气藏，该气田所在区域水深 1300～1500m，是目前中国近海合作勘探发现的最大的深水气田。截至 2011 年年底，该气田探明含气面积为 43.51km^2，探明总地质储量为 475.81×10^{8}m^3，凝析油地质储量为 427.09×10^{4}m^3（戴金星，2014）。荔湾 LW3-1 大气田是南海北部深水区勘探发现的第一个大气田，对于该区深水油气勘探具有里程碑式的重大意义。

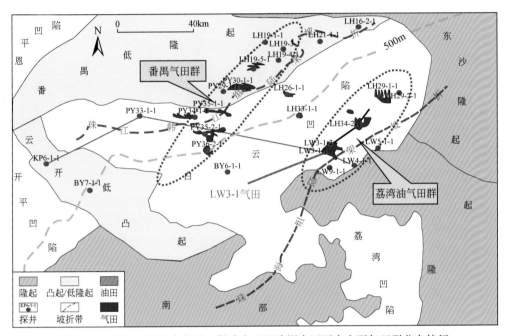

图 8.12　珠江口盆地南部珠二拗陷白云凹陷深水区两个主要气田群分布特征

1）荔湾 LW3-1 深水大气田圈闭特征

荔湾 LW3-1 深水大气田的构造北翼是由一条东西向北掉断层形成南倾圈闭，因而该深水气田圈闭实质上是一个断背斜–地层复合圈闭，且由于构造继承性发育，主要储层的 Sand 1 至 Sand 4 砂层的各层构造都有相似的形状和断块圈闭特征。其断块构造圈闭的发育和油气运聚成藏主要受到南北 4 条长期活动的多期发育的大断裂所控制，而断块构造内部还发育了一系列规模较小的断裂，且主要展布于气田东部，但活动时期较短，断距通常小于 60m。由于不同砂岩储层之间的相互对接，往往使得 Sand 1—Sand 3 三套储集层相互连通，形成了同一个气水压力系统，而具有统一的气水界面（图 8.13）。只有最底部的 Sand 4 气层储层与其上的其他气层没有连通，故具有独立的气水压力系统（戴金星，2014），且含气规模小，储量最小。

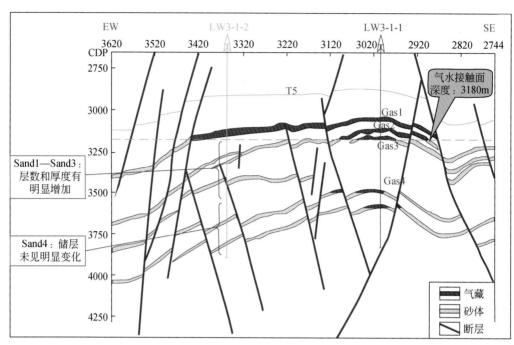

图 8.13　珠江口盆地白云凹陷东南部深水区 LW3-1 气田天然气运聚成藏特征（据施和生等，2009）

2）深水区烃源岩类型及分布特征

根据深水区白云凹陷东南部油气勘探成果及地质地球物理与地球化学分析，荔湾 LW3-1 油气田群主力烃源岩，主要为白云凹陷主洼下渐新统恩平组滨浅湖相–三角洲煤系烃源岩。由于白云凹陷烃源岩处于四维变热流密度地温场的地质背景下，不同时期不同区块大地热流值也有所差异，故烃源岩有机质热演化程度有所不同，有机质成熟生烃史也存在一定差异。油气地质及地球化学综合分析表明，LW3-1 大气田天然气主要来自白云凹陷主洼东部斜坡带下渐新统恩平组偏腐殖型烃源岩和始新统湖相烃源岩，有效气源岩现今埋深范围约为 4600～6000m，同时该气藏可能还混入了部分偏腐泥型母质的天然气，其气源则应来自始新统湖相偏腐泥型烃源岩（朱俊章等，2008；施和生等，2009）。白云凹陷下渐新统恩平组主力烃源岩类型及展布特征，与其上覆上渐新统珠海组和下中新统珠江组深水油气分布富集规律具明显的二元分区特点，即下渐新统恩平组主力烃源岩类型区域上的二元展布特征，决定了天然气、油气分布具二元分区性（朱伟林等，2007；张功成等，2010）。其中，白云凹陷北部边缘斜坡区湖沼相–三角洲煤系地层发育，下渐新统恩平组三角洲煤系烃源岩（腐殖型）是该区深水油气藏的主要烃源岩。如白云北坡–番禺低隆起附近三角洲发育区，下渐新统恩平组三角洲煤系烃源岩有机质丰度高，生烃潜力大，形成了多个中小型煤型天然气藏（田），这些气藏（田）虽然规模不太大，但充满度高，气藏（田）丰度高，其形成的气田群具有一定的储量规模。而 LW3-1-1 断块构造气藏（田）由于处于白云主凹东南部的深凹槽区，其烃源岩类型主要为偏腐殖型的恩平组滨浅湖相–浅海相泥岩，但也有始新统湖相偏腐泥型泥页岩。这些烃源岩有机质丰度较低，生烃潜力有限，生烃强度及天然气充注能力尚不太充足，故导致圈闭的天然气充满度低。如 LW3-1 上渐新统珠海组断块圈闭气藏，虽然断块构造圈闭规模较大，但气田的天然气充满度较低（多小于50%），某些储层层段其天然气充满度仅占圈闭面积的四分之一，故导致气田储量规模不大。

3）深水气田储盖组合特征

荔湾LW3-1气藏（田）储盖组合条件较好。该气田主力储层主要为早-中新世珠江组富砂深水扇和晚渐世珠海组浅海陆架三角洲体系砂岩，上覆封盖层主要为下中新统珠江组深海相泥岩，与古基底高背景上的断裂背斜-地层复合圈闭有机配合，构成了较好的天然气运聚成藏的聚集场所，最终形成天然气富集高产的天然气气藏（田）。LW3-1断背斜-地层复合圈闭气藏的两套储集层纵向叠置较好，纵向上构成了两个不同的含气水动力系统，即上渐新统珠海组浅海陆架边缘三角洲沉积含气水动力系统（上段和下段为砂泥岩互层，中段为一套巨厚的泥岩沉积）与上覆下中新统珠江组底部发育一套储层物性较好的深水扇砂岩沉积含气水动力系统，且两套含气层系展布特点及储量规模与资源潜力也明显不同。总之，上述两种类型的砂岩储层即早期的陆架三角洲砂岩和晚期深水扇砂岩为LW3-1大气田形成提供了良好储集条件。剖面上，荔湾LW3-1气田自下而上由珠海组-珠江组砂岩储层叠置复合构成了多气层气藏，即气田自上而下可划分为Sand1（Gas1）、Sand2（Gas2）、Sand3（Gas3）和Sand4（Gas4）等多个气层组气藏（图8.13），且气层总厚度较大。另外，两者类型储集层沉积环境差异颇大。如果以珠江组底界面T60（SB23.8Ma）作为白云凹陷主要沉积事件面，则界面上下沉积环境截然不同（图8.14），形成气藏的储集层类型也明显不同。在T60界面之上为早-中新世的深水沉积环境，储层类型主要为下中新统珠江组深水浊积扇砂岩沉积（上部珠江组气层储集层），而界面之下则为晚渐新世陆架浅水边缘三角洲沉积体系（下部珠海组气层储集层），储层类型为上渐新统珠海组三角洲前缘砂岩沉积，其砂岩沉积类型主要有河口坝、水下分流河道及远砂坝等不同类型浅水沉积物（庞雄等，2008）。综上所述，可以判识确定LW3-1深水大气田储盖组合类型较好，其下部陆架浅水三角洲砂岩（储集物性好）和上部深水扇（储集物性较好）与其相邻的海相泥岩构成了非常好的储盖组合类型，完全能够形成富集高产的商业性大气田。

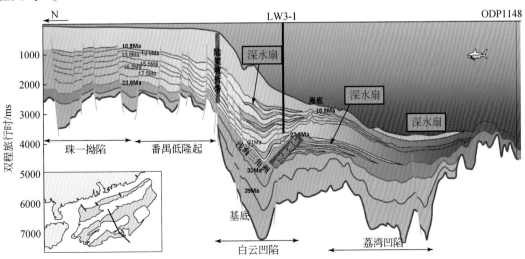

图8.14　白云凹陷及邻区上渐新统浅海三角洲与中新统深水扇叠置分布特征（据庞雄，2008修改）

4）天然气地球化学特征

珠江口盆地南部深水区白云凹陷东南部 LW3-1 气田天然气地球化学特征，具有煤型气与油型气的混合（成熟-高熟）热解气特点或以煤型气、油型气为主的混合气特征。这部分内容在本书第六章第三节中已经详细分析阐述，在此不再赘述。

5）深水天然气运聚成藏模式及主控因素

珠江口盆地南部深水区白云凹陷东南部 LW3-1 气田天然气运聚成藏是近源晚期阶段性运聚累积而富集成藏的产物。在中中新世以后（8 ~ 0Ma），主要来自白云凹陷主洼东部斜坡带下渐新统恩平组（现今埋深约 4600 ~ 6000m）有效烃源岩生成的天然气开始向 LW3-1 断块构造圈闭进行充注与聚集（朱俊章等，2012）。随着天然气不断充注与聚集，气藏中天然气 CH_4 碳同位素值逐渐变重，其 $\delta^{13}C_1$ 由运聚初期较轻逐渐变重，现今为 -38‰ ~ -35‰。这种阶段性运聚富集的天然气，是通过纵向断层裂隙和气田附近泥底辟通道沟通深部烃源灶而不断获得深部气源供给，然后输送上来的深部气源则沿区域展布砂体、不整合面以及构造脊侧向运移，最终在具备较好储盖组合的圈闭中富集成藏。LW3-1 气田正是由于深部气源的天然气不断充注与运聚累积而形成的多气层叠置的断块气藏的大中型气田，主要由上部下中新统珠江组深水扇砂岩 Gas1 气层和下部珠海组浅海陆架三角洲相砂岩 Gas2、Gas3 和 Gas4 气层在剖面上相互叠置（图 8.13），构成了不同层位层段多气层叠置的荔湾 LW3-1 大气田。总之，根据 LW3-1 气田天然气运聚成藏模式（图 8.15），不难看出该区控制影响天然气运聚成藏形成商业性大气田的控制因素，主要取决于充足的气源供给（生烃潜力较大的下渐新统恩平组偏腐殖型和始新统湖相烃源岩的生烃灶供烃）与复合式运聚通道网络系统（断层裂隙+泥底辟通道+侧向砂体+不整合面及构造脊）和良好的储盖组合及有效圈闭的时空耦合配置。

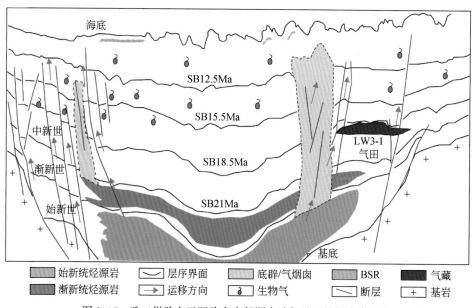

图 8.15　珠二拗陷白云凹陷东南部深水油气及天然气水合物运聚成矿成藏模式（据吴时国等，2015 修改）

天然气运聚输导网络系统在该区油气藏形成过程中至关重要。前已述及，珠江口盆地珠二拗陷白云凹陷东南部疑似泥底辟及气烟囱异常发育，大量勘探研究表明，疑似泥底辟及气烟囱模糊带形成的垂向运聚输导系统对该凹陷油气运聚成藏和天然气水合物成矿等均具有重要控制作用。自23.8Ma开始，白云凹陷深水区地震剖面上均可解释和发现大量疑似泥底辟及伴生断层裂隙，这些泥底辟通道及其伴生断层裂隙均可作为白云凹陷深部古近纪生烃灶（烃源）油气纵向上向上覆的陆架边缘三角洲储层及深海扇储层运移聚集的有效通道。而23.8Ma及21Ma形成的陆架坡折带则控制了深水区含油气圈闭储集层沉积体系的空间展布。总之，陆架坡折带控制的含油气圈闭储集层展布特点，以及由断层裂隙+泥底辟通道+侧向砂体+不整合面及构造脊形成的复合输导体系和晚期构造运动等，共同控制了白云凹陷深水油气的运聚成藏（Lin and Shi，2014）。白云凹陷深水区古近纪始新统文昌组及渐新统恩平组烃源岩生烃灶的油气源，一方面可以通过切割至古近纪生烃凹陷的沟源纵向断裂向上运移，然后再沿着连续性砂体和不整合面构成的复合输导体系运移至白云凹陷北坡-番禺低隆起区的珠海组及下珠江组浅海陆架边缘三角洲中聚集成藏；另一方面，生烃凹陷深部生成的烃类也可通过有泥底辟及伴生断层裂隙等垂向通道系统向浅层运移，最终在珠海组陆架边缘三角洲及珠江组海底扇储层中富集成藏。这种疑似泥底辟及气烟囱和断层裂隙构成的优势天然气运聚通道系统，在白云凹陷部分地震剖面均可观察到。因此，白云凹陷优质储层发育区与断层裂隙和泥底辟及气烟囱等地震异常体的叠置模糊带，很可能就是其有利油气富集区带，值得倍加关注与重视。

二、泥底辟/泥火山形成演化与油气运聚成藏

根据南海北部大陆边缘盆地不同类型泥底辟/泥火山及气烟囱形成演化及其发育展布特征的深入分析研究，尤其是泥底辟强烈活动区及波及影响区典型天然气藏系统地分析解剖，可以对南海北部泥底辟/泥火山形成演化与油气运聚成藏的成因联系及时空耦合关系，总结和概括为以下几个方面：

1. 泥底辟/泥火山的泥源层规模大且本身就是烃源岩

前已论及，南海西北部莺歌海盆地泥底辟异常发育，泥底辟单个展布规模最大达800km^2，且不同类型及大小的泥底辟在盆地东南部/中部拗陷新近纪沉降最快沉积充填最厚处形成了展布规模超过20000km^{2}的典型泥底辟隆起构造带。除此之外，南海中北部、北部琼东南盆地南部深水区疑似泥底辟/泥火山及气烟囱区其展布规模也高达10000 km^{2}以上；南海中北部、北部珠江口盆地南部深水区白云凹陷东南部疑似泥底辟/泥火山及气烟囱展布规模亦达到2000 km^{2}以上；南海东北部台西南盆地南部拗陷及东南部陆缘区泥火山非常发育，其展布规模达2000 km^{2}以上。总之，南海北部大陆边缘主要盆地泥火山/泥底辟及气烟囱异常发育，且展布规模大，其形成泥底辟/泥火山的物质基础即主要泥源层展布规模巨大，而这些泥源层一般沉积充填厚度大、富含有机质、具有较大生烃潜力，即这种展布规模巨大的泥源层本身就是烃源岩（何家雄等1994，2010）。以下仅以泥底辟异常发育且展布规模最大、最典型的莺歌海盆地为例，重点对其泥底辟烃源岩特征及其烃源对

比证据进行分析阐述。

众所周知,莺歌海盆地新近纪及第四纪快速沉降及沉积充填地质背景,导致盆地拗陷中心沉积了巨厚的欠压实泥页岩等细粒沉积物,其沉积厚度超过万米,是该区泥底辟形成的雄厚物质基础,即泥源层。由于中新世及第四纪以来南海北部海平面升降频繁,西北部莺歌海盆地也出现过多次深浅海水环境交替变化,沉积充填了多套海侵及相对深水环境的沉积物,尤其是在盆地中南部拗陷区 T51–T52(下中新统三亚组中部)、T41–T50(中中新统梅山组下部)、T30–T31(上中新统黄流组上部)及 T27–T30(上新统莺歌海组下部)等不同层位及层段,均沉积充填了大套浅海及半深海相以泥页岩为主的巨厚细粒沉积物的泥源层。这些快速沉积充填的巨厚欠压实泥源层不仅是大型泥底辟上侵活动及形成的物质基础,也是盆地重要的烃源岩。尤其是中新统三亚组及梅山组成熟–高熟泥页岩有机质较丰富,生烃潜力大,勘探及研究均已证实其为莺歌海盆地目前勘探发现的浅层和中深层大气田的主要烃源岩。此外,上中新统黄流组及部分上新统莺歌海组泥源层也具有生烃潜力。根据莺歌海盆地中央泥底辟带 DF1-1 浅层气藏伴生凝析油甾萜烷生物标志物与该区底辟泥岩(上中新统黄流组和上新统莺歌海组)亲缘对比追踪结果表明(图 8.16),浅层气藏伴生凝析油与底辟泥岩具有成因联系和密切的亲缘关系。浅层气藏伴生凝析油的烃源供给主要来自上中新统黄流组及上新统莺歌海组下部底辟泥源层的烃源岩。以上烃源对比结果充分表明,形成泥底辟的巨厚泥页岩泥源层具有生烃潜力,本身就是泥底辟伴生油气藏的主要烃源岩。琼东南盆地南部及珠江口盆地南部古近纪和新近纪沉积充填的地质背景与莺歌海盆地类似,始新世以来尤其是渐新世和中新世,沉降沉积速率快,沉积充填厚度大,形成了非常厚的始新统中深湖相和渐新统浅海相、海陆过渡相,以及部分中新统海相欠压实泥页岩之泥源层,也为该区泥底辟/泥火山形成和油气生成奠定了雄厚的物质基础。这些地区近年来的油气勘探及研究也证实始新统及渐新统欠压实泥页岩的泥源层是该区迄今勘探发现油气田的主要烃源岩。台西南盆地泥火山的泥源层生烃潜力及其与油气运聚关系,也与上述盆地类似,此处不再赘述。

2. 泥底辟/泥火山伴生构造提供油气富集场所

泥底辟/泥火山底辟上拱挤入所形成的不同类型伴生构造及不同类型海底"火山"地貌形态等均为油气运聚成藏及天然气水合物成矿成藏提供了有利的富集场所。泥源物质在巨大超压作用及浮力等作用力驱动下,由深层向围岩与上覆地层侵入上拱或底辟刺穿,在这一演化过程中,大量的泥源物质夹杂围岩碎屑与流体等不断地上拱或底辟侵入,围岩与上覆地层则受底辟拱升作用,向上发生牵引而被褶皱或刺穿。一般泥底辟体围岩及周缘地层通常会被向上刺穿牵引形成背斜或半背斜构造或断块圈闭,而在泥底辟体顶部及上覆地层,由于泥底辟活动的上拱刺穿作用逐渐减弱,未能刺穿上覆地层导致其发生褶皱变形,形成大型的穹窿状背斜或被断层复杂化的断背斜或断块构造圈闭(图 8.17)。由于这些背斜、半背斜、断块等构造圈闭均处在泥底辟/泥火山活动中心通道系统附近,具有"近水楼台先得月"的优势条件,因此极有利于捕获泥底辟上侵活动携带上来的深部流体(油气水),最终形成不同类型的泥底辟伴生油气藏。典型实例如南里海盆地中与泥火山形成分布存在成因联系的大量油气藏。该区大量油气藏的分布富集与泥火山发育展布密切相关,

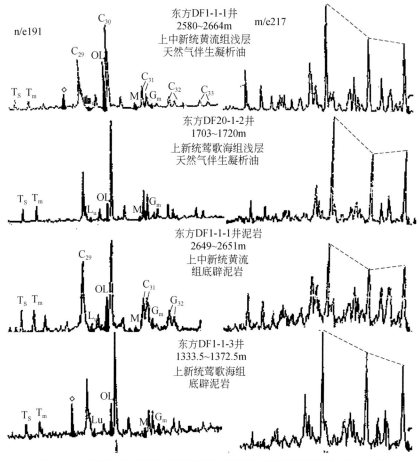

图 8.16　莺歌海盆地泥底辟烃源岩与浅层气藏凝析油甾萜烷分布对比

　　泥火山强烈上侵活动向上底辟刺穿导致围岩与上覆地层刺穿或上拱褶皱形成了不同类型的背斜构造和断背斜及断块圈闭等，均成为了该区油气富集成藏的重要场所，因此，其大量油气田均主要集中分布在这种大型泥火山背斜构造带之上（Fowler et al.，2000；Guliyev et al.，2001）。

　　再如，南海西北部莺歌海盆地中央泥底辟隆起构造带（属于由众多不同类型泥底辟共生叠置所组成的隆起构造带），该带不同类型泥底辟形成演化过程中均伴生了一系列底辟型构造圈闭和构造–岩性复合圈闭，如在泥底辟活动侧翼及顶部形成的穹窿背斜、半背斜–断背斜及断块圈闭和底辟构造–岩性复合圈闭等。这些泥底辟伴生构造圈闭均成群成带分布且纵向叠置，构成了泥底辟伴生构造圈闭群，是该区浅层常温常压天然气运聚成藏和中深层高温超压天然气运聚成藏的主要富集场所。目前，在中央泥底辟隆起构造带浅层的多个底辟伴生背斜圈闭或断背斜圈闭及断块圈闭中已勘探发现了 DF1-1、LD8-1、LD15-1、LD28-1 及 LD22-1 等大中型天然气田，而在其中深层则勘探发现 DF13-1/1/2 高温超压大气田。在南海中北部琼东南盆地疑似泥底辟及气烟囱发育区，也存在有类似于莺歌海盆地的大量泥底辟伴生构造，且在疑似泥底辟及气烟囱顶部及四周可观察到表征天然气充注的

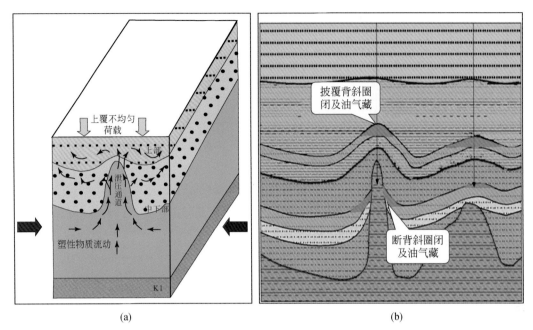

图 8.17　尼日尔 Termit 盆地泥底辟成因机制与不同类型伴生构造圈闭及其油气藏类型

"亮点"反射，表明泥底辟伴生构造圈闭中优先聚集了来自深部油气源提供的油气供给。在泥底辟/泥火山发育区，除了形成大量底辟伴生构造圈闭外，也可以形成一些（泥底辟作用相关）构造背景下的岩性圈闭，其也是油气聚集的较理想场所。典型实例如在莺歌海盆地已发现大部分气田及含气构造所在区域都或多或少地存在一些岩性油气藏。尤其是近年来在 DF1-1 中深层西侧 DF13-1/DF13-2 上中新统黄流组海底扇岩性圈闭中，即勘探发现了大型高温超压天然气田，其中深层大型海底扇圈闭就是发育在 DF1-1 大型泥底辟背斜侧翼的由西向东向上倾斜构造背景下的岩性圈闭。

3. 泥底辟活动间接改善砂岩储层物性

　　莺歌海盆地天然气勘探实践与研究表明，该区泥底辟上侵活动往往造成上覆地层上拱褶皱变形，导致在拗陷中心区域某些局部地区形成了众多水动力条件较强的水下高地。这些处在浅水区水动力条件较强的水下高地，能够为泥底辟伴生气藏砂岩储层形成和砂岩储集物性条件的改善等提供良好环境和条件。莺歌海盆地中央泥底辟带大部分泥底辟伴生浅层气藏的砂岩储集层均经历过这种改造作用。泥底辟浅层气藏的砂岩储层主要发育于浅海−半深海环境，由于泥底辟活动形成的水下高地的局部高部位较强水动力环境的出现，沉积物受到海流、潮汐和波浪的淘洗，形成了众多的滨外浅滩砂和砂坝等储集物性较好的储层。同时，伴随泥底辟上侵活动，输送的天然气中 CO_2 对砂岩储层的碳酸盐物质也可起到强烈的溶蚀作用，形成粒间溶孔和有孔虫铸模孔等次生孔隙，进一步改善了砂岩储层的储集物性条件。当然，烃源岩高温热演化过程中生成的有机酸等随底辟泥源物质上侵活动，也可对围岩及上覆构造圈闭中砂岩储层的碳酸盐物质造成腐蚀溶解，进而起到改善砂岩储层物性增加砂岩孔隙度的效果。

4. 泥底辟活动形成油气纵向运聚通道系统

泥底辟/泥火山上侵底辟活动为油气运聚成藏及渗漏型天然气水合物形成提供了非常好的纵向高速运聚通道。首先，泥底辟形成过程中泥源物质上拱侵入和底辟刺穿形成了泥源物质及其流体的纵向运聚通道，大量塑性泥源物质伴随泥浆、油气、水及气–水混合物等流体，在巨大的高温超压潜能驱动下不断向上运移充注和释放能量而喷出、逸散。其次，泥源物质在向上底辟和拱张刺穿过程中因强大拱张作用力，或地层超压水力压裂作用，往往在泥底辟体四周及其顶部周缘形成大量的底辟伴生断层裂隙，也为天然气等流体运聚输导提供了重要的运聚通道。很显然，这些与泥底辟/泥火山上侵活动伴生的运聚输导通道系统，与盆地或凹陷发育的不整合、连续性砂体等油气运移载体一起即可构成盆地或凹陷中纵横交错的流体运聚通道网络系统，进而对盆地中油气运移成藏起到重要的控制影响作用。

对于南海北部大陆边缘主要盆地，由于新近纪处于大规模热沉降拗陷阶段，大规模断裂活动与断层不甚发育，在缺少断裂活动与断层纵向运聚通道的情况下，深部成熟–高熟油气向浅层大规模运聚成藏，其泥底辟/泥火山上侵活动形成的纵向运聚输导通道系统则显得尤为重要。油气勘探实践及地质研究表明，对于南海北部大陆边缘无论是新近纪断裂活动少断层不发育的莺歌海盆地，还是新近纪断裂活动与断层较发育的琼东南盆地南部和珠江口盆地南部及台西南盆地，这些区域泥底辟/泥火山不仅异常发育且上侵活动非常强烈、展布规模大，往往能够构成以泥底辟/泥火山底辟通道为主且伴生大量断层裂隙的运聚输导系统（图8.18），进而为深部成熟–高熟热解气气源向浅层含油气圈闭运聚富集成藏提供了高效运聚通道。典型实例如莺歌海盆地，新近系中新统尤其是上新统莺歌海组海相泥页岩巨厚，至少在5000m以上，而该区中新世及上新世均缺少断裂活动且纵向断层基本不存在，即该区基本不存在构造运动形成的断层裂隙等纵向运聚通道系统。因此，古近系及中新统深部形成的成熟–高熟天然气气源只有通过泥底辟上侵活动形成的底辟纵向运聚输导系统，方可将深部气源输送到浅层含油气圈闭中聚集成藏。在泥底辟强烈活动区及影响波及区，则分别由泥底辟活动中心的底辟上侵通道及伴生高角度断层裂隙构成的纵向运聚输导系统和泥底辟活动影响波及区形成的以断层裂隙为主构成纵向运聚输导系统，方能够将深部成熟–高熟油气源源不断地输送到浅层不同类型的含油气圈闭（底辟背斜、半背斜、断背斜及断块等）中富集成藏。莺歌海盆地中央泥底辟带大部分浅层气藏如DF1-1、LD15-1、LD8-1、LD22-1等浅层或超浅层气藏及含油气构造均为其典型实例。

琼东南盆地南部及珠江口盆地南部深水区，新近纪以来大部分地区断裂活动较少断层不发育，以往一般认为该区始新统及渐新统烃源岩生成的成熟–高熟油气通常难以运移至上覆新近系中新统及上新统砂岩储层中聚集成藏。然而在这些深水盆地区，近年来均先后在琼东南盆地南部深水区勘探发现了LS17-2及LS25-1等大中型气田，在珠江口盆地南部深水区白云凹陷勘探发现了LW3-1等大中型气田。在该区能够获得深水油气勘探的重大突破，其根本原因在于这些深水区域存在疑似泥底辟/泥火山及气烟囱这种类型的油气运聚输导系统。这充分证实这些区域虽然大型断裂活动及断层裂隙不甚发育，但由于普遍存在

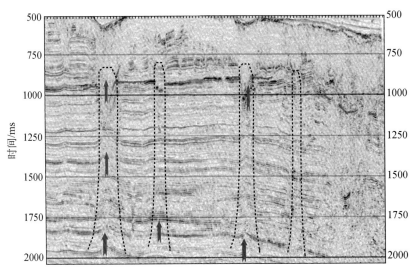

图 8.18　莺歌海盆地中央泥底辟带西南部昌南泥底辟上侵活动纵向运聚通道典型地震剖面

疑似泥底辟/泥火山上侵活动且气烟囱异常发育，故构成了以泥底辟/泥火山及气烟囱为主并伴生断层裂隙的非常好的油气纵向运聚输导系统，因此，也可将深部成熟–高熟油气输送到上覆浅层中央峡谷水道砂岩圈闭中富集成藏（LS17-2 气藏）或次生断裂形成的断块圈闭中富集成藏（LW3-1 气藏）。

5. 泥底辟/泥火山孕育的高温超压潜能为生烃及油气运聚提供主要动力

泥底辟/泥火山形成演化孕育的高温超压潜能提供了生烃热力学条件和油气大规模纵向运聚的主要驱动力。泥底辟形成演化孕育着巨大的高温超压潜能，而在其上侵活动过程中必然会产生强大的热效应并导致上覆地层系统普遍具有高温超压特点。很显然，这种泥底辟上侵活动形成的高温超压潜能必然会对烃源岩有机质成熟演化生烃产生重大影响，由于高地温场及热流场的作用，往往导致泥底辟/泥火山发育展布区的有机质成熟度偏高，成熟生烃门槛普遍比非泥底辟区偏浅（图 8.19），油气成熟度偏高，天然气干燥系数偏大，如莺歌海盆地中央泥底辟带浅层气藏天然气均以 CH_4 为主，为高熟–过熟天然气。与此同时，由于强大的生烃作用及欠压实作用导致其地层系统普遍具有异常高压特点。如莺歌海盆地中央泥底辟带地层压力异常高，压力系数一般均在 1.6 以上，而相邻的盆地边缘斜坡带地层压力系数则属于常压范围，均小于 1.2。

泥底辟形成演化过程中孕育的高温超压潜能，不仅可以提供有机质生烃热动力，促进有机质成熟演化及生烃作用，而且能够为深部油气向浅层大规模运聚提供强大的驱动力。典型实例如莺歌海盆地中央泥底辟带众多浅层气藏圈闭（小于 1800m）的天然气就是该区深部泥底辟活动产生的高温超压潜能的驱动，将其由 5000～6000m 以下的深部气源区垂向输送到数千米以上的浅层含气圈闭之中聚集成藏。可见泥底辟高温超压潜能，极大地促进了深部油气及流体通过泥底辟通道及伴生断层裂隙构成的纵向运聚输导系统向浅层含油气圈闭中富集成藏。

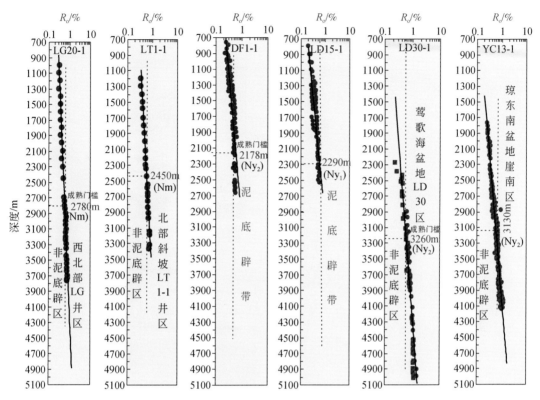

图 8.19　南海北部泥底辟区与邻区非泥底辟区新近系有机质热演化特征对比

6. 泥底辟/泥火山形成演化及展布控制油气藏形成与分布

泥底辟/泥火山形成演化及其展布与油气及渗漏型天然气水合物运聚成藏密切相关，即泥底辟/泥火山发育展布控制了油气及渗漏型天然气水合物分布乃至富集成藏。由图 8.21 所示，可以明显看出，莺歌海盆地不同区域泥底辟形成演化及其发育展布与天然气运聚成藏乃至分布富集规律等，均具有密切的成因联系。其中，中央泥底辟带西北部东方区浅层常温常压气藏与中深层高温超压气藏形成及分布均与该区东方 DF1-1 及东方 DF29-1 泥底辟及伴生断层裂隙形成演化与发育展布密切相关。近年来在东方区勘探发现的以东方 DF1-1 气藏为代表的一系列浅层常温常压气田（藏）群，均分布于东方 DF1-1 及东方 DF29-1 泥底辟之上覆浅层常温常压具备较好储盖组合的不同类型泥底辟伴生圈闭之中；而中深层高温超压气田（藏）群则主要展布在这些泥底辟体两侧附近或受泥底辟强烈活动影响的波及区具备较好储盖组合的不同类型圈闭之中。如近年来在该区中深层勘探发现的东方 DF13-1/2 高温超压大气田就是其典型实例，该高温超压大气田分布于泥底辟体西侧受泥底辟强烈活动影响的波及区的断层裂隙发育部位（图 8.20（b））。中央泥底辟带东南部乐东区天然气运聚分布规律也与东方区基本类似。天然气运聚成藏及其分布也与泥底辟形成演化及其发育展布特点密切相关，即该区泥底辟及伴生断层裂隙与气烟囱发育展布，均控制影响了天然气运聚成藏乃至分布富集规律。近年来勘探发现的浅层常温常压气田

（藏）均主要分布于泥底辟顶部不同类型伴生构造圈闭与底辟活动影响的波及区的不同类型构造圈闭中。中深层高温超压气藏也主要分布于泥底辟两侧附近且具备较好储盖组合的圈闭之中。

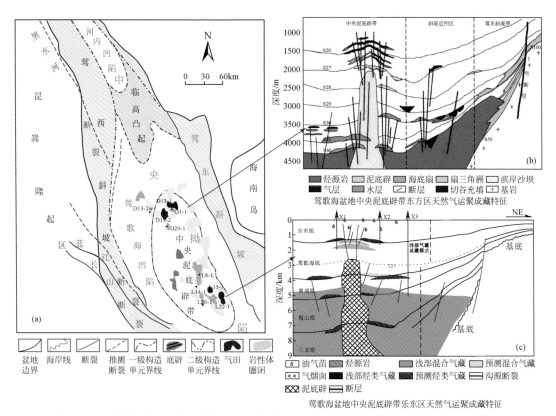

图 8.20　莺歌海盆地不同区域泥底辟发育展布特点与浅层及中深层天然气运聚成藏特征

　　泥底辟活动过程中能量的积累—释放—再积累—再释放的周期性幕式活动过程对油气藏形成与分布等均具有重要影响和控制作用。泥底辟上侵活动过程中频繁的能量积累与释放，携带的流体（包括油气）大规模运聚充注，既可形成新的油气藏，也可改造或破坏较早形成的老油气藏。当早期油气藏形成之后，新一幕泥底辟活动带来新的流体运聚与充注，往往比早期油气藏中的流体压力更高，此时一部分油气可以存留在早期油气藏中，而另一部分油气流体则与早期油气藏中逐渐逸散排出的油气混合后再随热流体活动继续向上运移，在上覆适宜的圈闭中重新聚集形成新油气藏。因此，泥底辟活动期次越多，深部早期油气藏被改造的次数也会越多，可以形成上下多个油气藏纵向叠置复合连片，同时，泥底辟活动期次通常也大致对应着油气藏的大规模运聚充注期次。如莺歌海盆地乐东泥底辟区乐东浅层气田群中 LD15-1 和 LD22-1 气藏，其剖面上都是由上下多套气层纵向叠置而成，且往往存在泥底辟多期次活动与天然气多期运聚充注与富集成藏的特点。当泥底辟活动能量过强时，泥底辟热流体上侵活动也可以破坏早期形成的油气藏，尤其是当泥底辟/泥火山刺穿海底时，则常常伴随大量流体喷发与散失，往往会导致油气藏的彻底破坏和消亡。

第二节　泥底辟/泥火山形成演化与天然气水合物成藏

　　根据天然气水合物发现区及似海底反射（bottom simulating reflection，BSR）标志层分布区所处构造沉积环境与流体运聚渗漏系统等特殊地震地质异常体发育展布特点的综合分析研究，可以判识确定泥底辟/泥火山形成演化及其发育展布与天然气水合物尤其是渗漏型天然气水合物形成及富集成藏具有密切的成因联系。Ginsburg 等（1984）第一次提出了天然气水合物与海底泥火山的关系问题。Reed 等（1990）认为，海底沉积物负荷与 CH_4 气体共同作用导致泥火山发育，或者说是有助于附近泥底辟发育演化，随着 CH_4 气体不断聚集而浓度增加，最终促使天然气水合物形成与富集。泥底辟/泥火山及气烟囱与伴生构造（断层裂隙）等构成的纵向流体运聚渗漏系统，是深部烃源供给烃类气及其他流体大规模向上运聚充注与渗漏的高速通道，构成了油气藏及渗漏型天然气水合物形成所必须具备的纵向运聚通道网络体系。目前，全球勘探发现或推测证实的天然气水合物富集区，均发现或证实这些区域存在油气运移及其运聚渗漏系统，且严格控制了油气藏及渗漏型天然气水合物的烃源供给与运聚成藏规律。如美国东海岸布莱克海台、墨西哥湾、地中海、里海（Milkov，2000）、新西兰近海希库朗伊（Hikurangi）大陆边缘（Crutchley et al.，2010；Barnes et al.，2010）、日本海南部海槽、日本海东部大陆边缘 Joetsu 盆地（Freire et al.，2011）、韩国东部海域 Ulleung 盆地（Bo et al.，2011；Kim et al.，2011）、印度近海 Krishna-Godavari（KG）盆地（Dewangan et al.，2010；Riedel et al.，2010）等油气及天然气水合物赋存区，均勘探发现或探测证实了这些地区存在活动性断层、泥底辟、气烟囱及海底麻坑等与流体运移输导密切相关的流体运聚渗漏系统。正是这种流体运聚渗漏系统作为深部烃源供给系统的高速运聚通道，能够将深部油气源输送至浅层具备良好储盖组合的有利圈闭形成油气藏或在深水海底浅层天然气水合物高压低温稳定带中形成天然气水合物，甚至可以输送至深水海底形成麻坑。我国研究学者十分重视流体运移渗漏系统在常规油气藏形成及天然气水合物成藏过程中的重要作用。何家雄等（1994a，1994b，2010a，2010b），郝芳等（2001，2003），雷超等（2011）深入研究了莺歌海盆地泥底辟及气烟囱、台西南盆地及台湾西南海岸带泥火山形成演化与油气成藏之间的关系。何家雄等（2000），解习农等（1999，2006a），Huang 等（2009）深入分析探讨了莺歌海盆地泥底辟及气烟囱、含气陷阱等油气渗漏系统及其在油气勘探中的指示作用及效应。吴能友等（2009）也认为底辟构造、高角度断裂和垂向裂隙系统构成了南海北部珠江口盆地神狐海域勘查区天然气水合物成藏的主要流体运移体系，可作为良好的流体（油气）运移通道和疏导输送网络系统。龚跃华等（2009）也指出泥底辟通道及其伴生断层裂隙发育区是珠江口盆地神狐海域形成渗漏型天然气水合物的主要运聚通道，新近纪晚期大面积发育的滑塌体则是天然气水合物的主要赋存区。吴时国等（2010）根据南海北部深水盆地往往是天然气水合物和深水油气共存富集区的认识，强调指出，南海北部深水区可能存在较多有利于流体运移的气烟囱、深水水道砂体、海底滑坡及多边形断层等构成的流体运聚渗漏系统，为该区深水油气运聚成藏及天然气水合物形成与分布等提供了较好的运聚条件，起到了重要的成藏控制作用，值得开展进一步的深入研究。

南海北部大陆边缘盆地处于减薄的陆壳及洋陆过渡型地壳的特殊大地构造位置，其不同类型及性质的盆地由于所处区域地质背景不同，构造演化及沉积充填响应特征差异明显，进而最终形成了各具特色的含油气盆地且蕴藏了丰富的常规油气及天然气水合物资源（何家雄等，2013）。目前，在南海北部油气勘探中不仅发现一批大中型油气田，同时在深水区也获得了深水油气勘探和天然气水合物勘查里程碑式的重大突破，先后在南海北部陆坡东区珠江口盆地南部白云凹陷勘探发现了荔湾 3-1、流花 29-1 和流花 20-2 等深水油气田，在南海北部陆坡西区琼东南盆地南部乐东–陵水凹陷陵南斜坡勘探发现了陵水 17-2、陵水 18-1/2 和陵水 25-1 等大中型深水气田，获得天然气储量 5457 亿 m^3，石油储量 7690 万 m^3。与此同时，广州海洋地质调查局在珠江口盆地白云凹陷神狐调查区和东沙调查区也先后获得了天然气水合物勘查的重大突破，目前在南海北部深水区已勘查圈定了两大水合物成矿带（神狐和东沙）、三大富集区，发现了两个超千亿方级天然气水合物矿藏（神狐和东沙），预测南海北部深水区天然气水合物资源量达 800 亿吨油当量。总之，南海北部不仅浅水区油气资源丰富，而且深水区深水油气与天然气水合物资源更为富集、资源潜力更大，其是海洋油气资源战略接替与海洋油气勘探可持续发展的主战场和最具资源潜力的勘探新领域。

通过多年来海洋地质及油气地质的深入分析研究与勘探实践证实，南海北部深水油气藏与天然气水合物富集区，均与该区泥底辟/泥火山及气烟囱和底辟伴生断层裂隙所构成的流体运聚渗漏系统存在密切的成因联系（何家雄等，2013，2015；吴能友等，2009；龚跃华等，2009；吴时国等，2010；孙启良等，2014；张伟等，2015），即南海北部流体（油气）运聚渗漏系统在油气运聚成藏和渗漏型天然气水合物成矿成藏中均具有重要的控制影响作用。其具体表现在以下几个方面：第一，形成泥底辟/泥火山的巨厚泥源层（欠压实细粒沉积物以泥页岩为主）本身就是烃源岩，具备良好生烃条件（何家雄等，1994a，1994b，2010b），能为油气藏及渗漏型天然气水合物提供气源供给；第二，泥底辟/泥火山发育演化过程中形成的伴生构造如众多背斜、半背斜、地层–岩性及构造–岩性等圈闭，能够为烃类聚集及油气藏形成等提供有利聚集空间和富集场所。第三，泥底辟及气烟囱与底辟伴生断层裂隙构成的纵向高效运聚渗漏系统，可作为深部油气源向浅层大规模运移输导的纵向高速运聚通道，能够将其深部油气等流体源源不断地输送到上覆中浅层不同类型圈闭和深水海底浅层高压低温稳定带，形成油气藏和天然气水合物矿藏。第四，泥底辟/泥火山及气烟囱形成演化过程中能够导致地热异常和生物化学异常，往往在泥底辟/泥火山周缘及附近会发育一些特殊生物群落，这些特殊生物群落信息的存在，可直接或间接地指示天然气水合物的存在及其成矿成藏关系。近年来的区域地球物理调查、油气勘探及天然气水合物勘查等研究均表明（吴时国等，2010；孙启良等，2011，2014；耿明会等，2014；陈江欣等，2015；何家雄等，2015；），南海北部大陆边缘盆地新近纪及第四纪流体运聚渗漏现象非常活跃，莺歌海、琼东南、珠江口及台西南等盆地，均普遍存在和发育不同类型流体（油气）运聚渗漏系统，其主要的油气运聚渗漏地质体及其构成要素主要表现为：泥底辟伴生断层裂隙、泥底辟/泥火山活动通道、气烟囱、多边形断层及水道（峡谷）等。当然，海底浅层流体渗漏现象在台西南、珠江口、莺歌海和中建南盆地等区域也有发现。前人研究表明（何家雄等，2013，2015；吴时国等，2010；梁金强等，2014），南海北部大陆边缘盆地地质构造复杂，古近系和新近系沉积充填厚度大，烃源岩生烃能力强，而且局部高热流、超压及快速沉积和聚集型流体运移等在该区分布广泛。同时深部热解成因气、浅部生物成因气或混合气，均可沿断层裂隙、泥底辟/泥火山及气烟囱、多边形断层等运聚通道运移至浅层含油气圈闭或深水海底浅层天然气水合物高压低温稳定带，形成油气藏及天然气水合物矿藏。由于南海北部大陆边缘盆地油气地质条件不同区域存在明显差异，不同盆地及区带油气分布富集规律及天然气水合物分布也各具特点。根据油气勘探及天然气水合物勘查成果，结合油气地质分析，南海北部油气（含水合物）区域分布富集规律可以总结概括为：南海北部浅水区（北部湾盆地、莺歌海盆地、琼东南盆地北部、珠江口盆地北部、台西盆地和台西南盆地北部）为常规油气富集区，且具有东北部（北部湾盆地、珠江口盆地东北部）富集石油为主而西北部（莺歌海盆地）富集天然气的基本油气分布富集格局；南海北部深水区（琼东南盆地南部、珠江口盆地南部和台西南盆地南部）则是深水油气和天然气水合物分布富集区，主要以深水油气和天然气水合物为主。根据目前天然气水合物勘查结果，南海北部陆坡深水区自西向东不同区域天然气水合物分布也存在差异。南海北部陆坡深水区西部、中部、东部天然气水合物成藏条件及控制因素具有明显的差异性（梁金强等，2014），这对天然气水合物成藏模式及空间分布特征等均产生了深刻影响。如深水区东部（东沙地区）似海底反射层 BSR 发育且较典型，易于识别与判识，而深水区西部（琼东南地区）的 BSR 则并不甚明显。总之，以上不同区域油气及天然气水合物分布的差异性与其海洋地质及油气地质条件的复杂性密切相关。因此，对于海洋地质及油气地质条件的差异与不同类型油气资源分布富集规律及控制因素等，尚须开展更深入、更系统和全面的综合研究，以期尽可能地获得能够符合地质客观实际的研究成果与认识。

在深入分析阐明不同盆地或凹陷天然气水合物形成富集规律基础上，许多专家学者也试图建立起相应的天然气水合物成矿成藏模式，重点对不同地区水合物成矿成藏地质过程和机理开展深入分析研究，进而为水合物勘探的应用研究等提供重要的技术支持和决策依据。目前，提出的天然气水合物成矿成藏地质模式主要有苏联学者提出的静态和动态系统成藏地质模式；生物成因模式，包括 Kvenvolden 和 Barnard（1983）提出的原地细菌生成模式和 Hyndman 和 Davis（1992）提出的孔隙流体运移模式；Milkov 和 Sassen（2002）提出的圈闭模式，即与常规油气圈闭概念相似的构造圈闭型、地层圈闭型及复合圈闭型三种水合物成矿类型；活动大陆边缘增生楔成藏模式及被动大陆边缘成岩型、构造型和复合型三类成矿地质模型。

以上提出和建立的天然气水合物成矿成藏模型，均是不同专家学者从不同的研究角度，根据当时所掌握的研究成果及认识获得的。对于某些特定地区具体地质条件下可能是适应的，但对于不同区域则不一定能够适应与应用。因此，根据所在区域具体地质条件，深入分析天然气水合物形成条件及成藏模式与主控因素，显得尤为重要。鉴此，笔者将依据天然气水合物成藏的两个基本条件及主控因素（气源供给及其流体运聚系统与高压低温稳定带的时空耦合配置），重点对珠江口盆地南部、琼东南盆地南部深水区和台西南盆地深水区天然气水合物分布的地质地球物理信息及其与泥底辟/泥火山和气烟囱等气源供给及流体运聚系统的成因联系开展深入研究，分析阐明不同盆地或凹陷天然气水合物 BSR 分布特征，气源供给与泥底辟/泥火山及气烟囱运聚输导系统特征。在此基础上根据天然气水合物含油气系统理论，遵循"源—汇—聚"成藏的基本原则，分析总结不同地区天然气水合物成藏地质条件及运聚成藏模式与主控因素，进而为天然气水合物资源勘查提供指导与借鉴，尤其是为天然气水合物有利成矿富集区优选与评价等提供决策依据与勘探部署意见。

一、珠江口盆地疑似泥底辟/泥火山及气烟囱形成演化与水合物成藏

珠江口盆地南部深水区是南海北部开展天然气水合物勘查与研究最早、研究程度较高的区域。十多年来，在珠江口盆地南部珠二拗陷白云凹陷神狐调查区先后开展了天然气水合物地质地球物理勘查及天然气水合物的钻探活动。2007年广州海洋地质调查局在神狐调查区海域实施天然气水合物钻探，在位于 1480m 水深的大陆坡崎岖海底的脊部约 200 mbsf（海底以下 200m）处泥质沉积物中成功钻获了天然气水合物实物样品，进而证实了该区存在天然气水合物资源。同时，该区在深水油气勘探及天然气水合物勘查中，在深水油气藏及天然气水合物分布区附近，地震剖面上常常存在很多疑似泥底辟及气烟囱的地震杂乱反射模糊带或空白带，且与深水油气藏及天然气水合物分布区域具有较好的空间叠置关系，表明该区深水油气及天然气水合物与疑似泥底辟及气烟囱等地震地质异常体具有一定的成因联系。

1. 天然气水合物 BSR 分布特征

白云凹陷神狐海域钻探区疑似泥底辟及气烟囱地震杂乱模糊反射带分布特征主要沿深水海底脊部延伸方向展布，多呈近南北向分布拓展。根据地震杂乱反射模糊带特征，油气地质勘探专家们基于 3D 高分辨地震资料分析解释与判识追踪，在神狐钻探区圈定了 4 个规模不等的疑似泥底辟及气烟囱地震杂乱反射模糊带分布区（图 8.21）。在神狐钻探区西北部，其地震反射模糊带呈 NW-SE 向带状展布，是由 2 个发育规模相对较大的地震模糊反射带及 1 个发育规模相对较小的地震模糊反射带组成；在神狐钻探区东北部分布着 2 个相隔的地震反射模糊带；在神狐钻探区西南部则散布着 3 个地震反射模糊带，且间隔一定距离；在神狐钻探区东南部地震模糊反射带面积较大，是由 3 个地震反射模糊带连片所组成。

白云凹陷神狐钻探区天然气水合物勘查及研究表明，在疑似泥底辟及气烟囱地震杂乱反射模糊带顶部多个天然气水合物站位中，均钻获了天然气水合物样品，故证实该区天然气水合物 BSR 分布与疑似泥底辟及气烟囱地震反射模糊带（区）分布具有较好的空间叠置与匹配关系（参见图 4.27）。换言之，神狐调查区钻探获得的天然气水合物及地震解释判识确定的天然气水合物 BSR 与疑似泥底辟及气烟囱地震反射模糊带展布具有较好空间叠置关系，即 BSR 主要展布于钻探区西北部和东南部疑似泥底辟地震反射模糊带附近。目前钻探获得水合物实物样品的站位为位于西北部疑似泥底辟及气烟囱地震反射模糊带与 BSR 叠置区，其他区域未获得天然气水合物样品，可能与其具体的水合物成藏地质条件的差异有关。纵向上，天然气水合物 BSR 层直接展布于疑似泥底辟及气烟囱地震模糊带顶部及侧

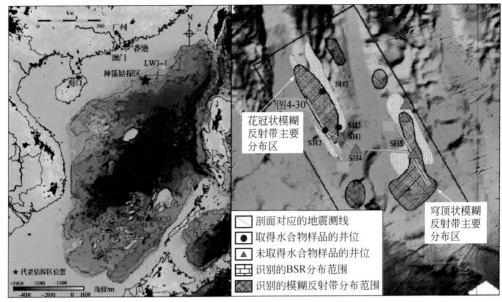

图 8.21　白云凹陷神狐调查区疑似泥底辟及气烟囱地震模糊带与天然气水合物 BSR 展布特征
（据张光学等，2014 修改）

翼，且地震模糊带反射顶部振幅空白，中下部具杂乱模糊反射特征，在其地震模糊反射带最顶部常常具强振幅亮点反射，可能有少量游离气残存，在神狐钻探区西北部主要的地震杂乱模糊反射带顶部 BSR 反射特征明显，多个站位（SH2、SH3、SH7）均钻探证实其为天然气水合物的 BSR 反射层。这也进一步说明该区天然气水合物分布与疑似泥底辟及气烟囱等地震反射模糊带具有较好的对应关系，即天然气水合物形成及分布富集与疑似泥底辟及气烟囱展布等具有成因联系与关联。

2. 天然气水合物气源构成特点

目前，全球天然气水合物勘查及研究表明（何家雄等，2011，2015），天然气水合物气源构成，主要由生物气–亚生物气与热解气（成熟–高熟天然气）两大类所组成，且以生物成因气为主，当然也有两者的混合气。天然气水合物成因类型也可据此划分为生物气成因与热解气成因两大类，或生物气与热解气两者的混合成因天然气。

珠江口盆地珠二拗陷白云凹陷深水油气勘探及研究表明，白云凹陷主要发育两套主要烃源岩，其一为始新统文昌组湖相烃源岩，以生油为主的偏腐泥型烃源岩，其二为渐新统恩平组海陆过渡相煤系烃源岩，以偏腐殖型的生气干酪根为主，生成的天然气应属于成熟–高熟的偏腐殖型天然气。白云凹陷中现今勘探发现的天然气藏基本均是来自渐新统煤系烃源岩生成的天然气，但混有大量油型气，故导致其 CH_4 及同系物碳同位素偏轻。在白云凹陷北坡–番禺低隆起区钻井过程中，多口探井钻获生物气和亚生物气，其地球化学分析表明，具有与莺歌海和琼东南盆地类似的低熟和未熟阶段烃源岩生成的生物气–亚生物气特征。天然气组成中以生物 CH_4 占绝对优势，基本不含或仅含微量重烃（小于 0.5%），且烃类气体干燥系数较高（多大于 0.96），碳同位素 $\delta^{13}C_1‰$ 均小于 –55‰，属于典型的生物气碳同位素范畴。据何家雄等（2013）研究，白云凹陷3000m以上未成熟的上渐新统珠海组及上覆新近纪珠江组和韩江组半深海相泥岩均可作为该区生物气和亚生物气的烃源岩，由于其展布规模巨大，故其生物气资源潜力大。总之，白云凹陷深水油气及深水海底浅层天然气水合物的烃源供给及气源构成比较复杂，既有成熟–高熟热解气，也有低熟和未熟生物气，均可为该区深水油气与天然气水合物形成提供较充足的气源供给。根据白云凹陷神狐调查区勘查所获天然气水合物实物样品（SH1、SH2、SH3、SH5、SH7共5个站位的样品）分解取得的天然气与顶空气样品以及钻井沉积物样品的地球化学分析结果表明（黄霞，2010），天然气水合物分解气和沉积物顶空气样品气体组分主要以烃类为主，CH_4占绝对优势，仅含微量重烃。其中，天然气水合物分解气CH_4含量高达99.9%。C_2H_6和C_3H_8含量甚低，天然气干燥系数$C_1/(C_{2-3})$值很高，为1000左右。沉积物顶空气样品气体中CH_4含量也很高，高达99%，C_2H_6和C_3H_8含量甚微，天然气干燥系数$C_1/(C_{2-3})$值大于1000。钻井沉积物样品酸解烃实验分析结果表明，总体上沉积物样品中CH_4含量变化较大，多数样品酸解烃中CH_4丰度达90%，也含有一定量的C_2H_6、C_3H_8和C_4H_{10}。

　　碳同位素分析结果表明（黄霞，2010），天然气水合物分解气样品CH_4碳同位素值偏轻，两个样品$\delta^{13}C_1$‰分别为–56.7‰和–60.9‰；顶空气样品的碳同位素值为–62.2‰和–54.1‰。沉积物样品酸解烃CH_4碳同位素偏重，为–29.8‰～–48.2‰，平均为–39.47‰。根据CH_4碳同位素$^{13}C_1$和$C_1/(C_{2-3})$成因判识图版（图8.22）可以判识天然气水合物分解气、沉积物顶空气及沉积物酸解气的成因类型。从该成因判识图中可以明显看出，白云凹陷神狐海域天然气水合物钻探区水合物分解气及顶空气样品烃类气主要属生物气成因或是以生物气为主的混合气成因。钻井沉积物酸解烃的CH_4碳同位素明显偏重，$C_1/(C_{2-3})$值较低，且C_2H_6和C_3H_8等重烃组分含量相对较高，湿度比较大，其应属于热解气成因类型，这种沉积物酸解烃的天然气应当是来自深部的成熟热解气。综上所述，白云凹陷神狐调查区天然气水合物气源构成复杂，不仅有大量生物气供给也有部分热解气与生物气构成的混合气输入，但以生物气气源供给为主，其运聚富集过程与天然气水合物成藏模式可能具有一定的特殊性。

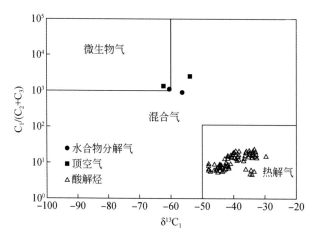

图8.22　白云凹陷地神狐区天然气水合物气与顶空气及酸解烃成因判识（据黄霞，2010）

3. 天然气水合物气源运聚输导系统与成藏模式

前已论及珠江口盆地白云凹陷深水区天然气水合物气源供给主要来自浅层生物成因气，或以生物成因气为主的混合气，也有热解气的贡献。通过地震剖面进一步的分析解释及钻探证实，白云凹陷神狐调查区天然气水合物及其 BSR 标志层形成与分布，均与疑似泥底辟及气烟囱和断层裂隙等构成的流体运聚输导系统发育展布密切相关。天然气水合物基本上都是分布在疑似泥底辟及气烟囱等气源运聚输导系统发育的局部区域，而且天然气水合物 BSR 主要位于气烟囱顶部。目前勘查发现的天然气水合物矿体往往均与强 BSR 反射地震相一致，天然气水合物分布层段一般都有良好的 BSR 显示（吴能友等，2009）。以上天然气水合物分布特点充分表明，不论其天然气水合物成因类型及其气源供给来自何处，与常规油气藏一样，欲形成天然气水合物矿藏，均必须要具有充足的烃源供给及较好流体运聚输导系统（断层裂隙及运载体、泥底辟及气烟囱等）的时空耦合配置，方可形成渗漏型和扩散型天然气水合物，即形成常规生物气气藏和生物气气源供给的扩散型天然气水合物，需要流体运聚输导系统的有效配置。因此，不管是常规油气还是不同类型天然气水合物除了必须具备充足的烃源供给外，均需要有较好流体运聚输导系统的有效配置，方可形成富集高产的油气藏或天然气水合物矿藏。世界范围的一些大型生物气气田和白云凹陷神狐调查区天然气水合物矿藏都是其典型实例。

珠江口盆地珠二拗陷白云凹陷古近系和新近系沉积巨厚，快速沉积充填的巨厚细粒沉积物为泥底辟形成奠定了雄厚的物质基础，而泥底辟形成演化过程中所孕育的高温超压潜能，也为有机质成熟生烃和油气等流体运聚成藏提供动力源。同时泥底辟纵向活动通道及其伴生断层裂隙及气烟囱等构成的运聚输导系统，则为油气及天然气水合物运聚成藏提供了非常好的纵向运聚网络通道系统，促使油气及天然气水合物富集成藏。由图 8.23 所示地震剖面可以明显看出，泥底辟及气烟囱作为纵向运聚通道促使深部气源不断向浅层地层系统输送，在深水海底浅层未成岩的泥质粉砂沉积物中形成天然气水合物 BSR 或者浅层气（亮点）。总之，无论是生物气（浅层低熟和未成熟沉积物在生物化学作用下形成的生物–亚生物气）还是热解气（有机质成熟–高熟阶段形成的天然气），不管是常规油气还是天然气水合物，其在运聚成藏过程中，均必须具有较好的运聚输导系统的有效配置，方可形成富集高产的油气藏或天然气水合物矿藏，而且还应遵循含油气系统理论"从源到圈闭富集成藏"的基本原则。鉴此，一些研究学者提出了"天然气水合物成藏系统"的概念（卢振权等，2008；Collett et al.，2014；何家雄等，2015），指出天然气水合物成矿成藏与常规油气运聚成藏规律基本类似，也应遵循含油气系统的"源–汇–聚"的基本原则，故可借鉴常规油气藏含油气系统分析的基本方法和研究思路，分析预测不同类型天然气水合物成藏过程与运聚成藏模式，而且更强调和注重深入研究其气源供给条件及运聚输导系统与深水海底浅层天然气水合物高压低温稳定带（相当于常规油气藏的圈闭）这两大因素形成的时空耦合配置关系（何家雄等，2016b，2017）。因此，根据珠江口盆地珠二拗陷白云凹陷基本油气地质条件，结合神狐调查区天然气水合物钻探结果和地震分析解释成果，遵循含油气系统从烃源到圈闭聚集成藏的"源–汇–聚"基本原则，可以总结和建立三种类型的天然气水合物运聚成藏模式（生物气自源扩散型、热解气他源渗漏型和生物–热解气的混合/复合型）。

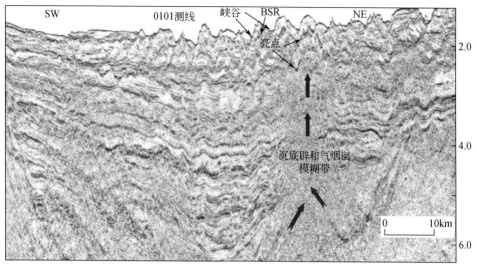

图 8.23 珠江口盆地珠二拗陷白云凹陷气烟囱及亮点与水合物 BSR 分布特征（据吴时国等，2015）

1）生物气自源扩散型自生自储天然气水合物运聚成藏模式

生物气自源扩散型自生自储天然气水合物运聚成藏模式的基本特点及其控制因素可概括为，以浅层生物气和亚生物气气源供给为主，原地近距离（近源）运聚具有自生自储的基本特征，浅层断层裂隙及气烟囱系统仍然是其富集成藏的重要条件。由图 8.24 可以看出，珠江口盆地南部白云凹陷神狐调查区深水海底浅层高压低温稳定带天然气水合物的气

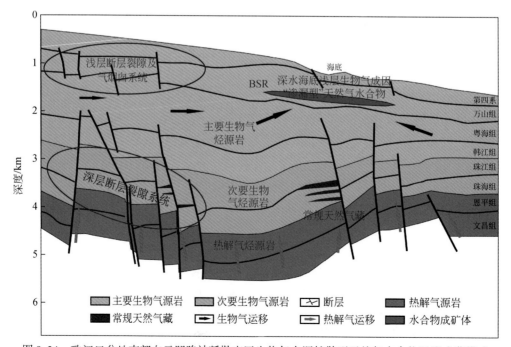

图 8.24 珠江口盆地南部白云凹陷神狐勘查区生物气自源扩散型天然气水合物运聚成藏模式

源供给及烃源岩，主要来自本身深水海底浅层处于生物化学作用活跃带未成岩富有机质的沉积物，即处在有机质成熟门槛以上的未成岩或低成岩海相沉积物有机质通过生物化学作用所形成的生物成因甲烷气。这种气源构成及供给主要为生物化学成因的甲烷气。很显然，近源自生自储原地富集的天然气水合物成藏模式的重要特点及其主控因素是，具以生物气为主的混合气气源原地近距离供给和"扩散型"及自生自储近源运聚系统（包括断层裂隙及气烟囱），加之深水海底浅层高压低温稳定带与其较好的时空耦合配置（何家雄等，2013，2015）。

2）热解气他源渗漏型下生上储天然气水合物运聚成藏模式

热解气他源渗漏型下生上储天然气水合物运聚成藏模式的基本特点是，其烃源岩及气源供给主要来自深部成熟-高熟烃源岩生成的热解气，具有远源/他源异地长距离运聚下生上储的基本特征，其控制影响因素主要取决于其深部热解气供给的运聚输导系统构成及分布与深水海底浅层高压低温稳定带的时空耦合配置，即深部热解气源及其运聚输导通道与高压低温稳定带这两大因素控制了天然气水合物运聚成藏。前已论及，根据地震分析解释，白云凹陷东南部神狐调查区深水油气及天然气水合物分布区，其西南部附近存在疑似泥底辟及气烟囱和断层裂隙等地震杂乱模糊反射带，展布规模达千平方千米以上。剖面上也可达深水海底浅层天然气水合物高压低温稳定带之下，且基本畅通，能够起到沟通深部热解气气源而连通深水海底浅层高压低温稳定带的作用，形成天然气水合物矿藏（图 8.25）。这种深部热解气源供给远源运聚下生上储异地富集成藏的渗漏型天然气水合物形成乃至富集成藏等均非常局限，且受不同类型纵向运聚通道系统的严格控制（于兴河，2004；沙志彬，2009；何家雄等，2013，2015）。总之，由于深部热解气供给往往受

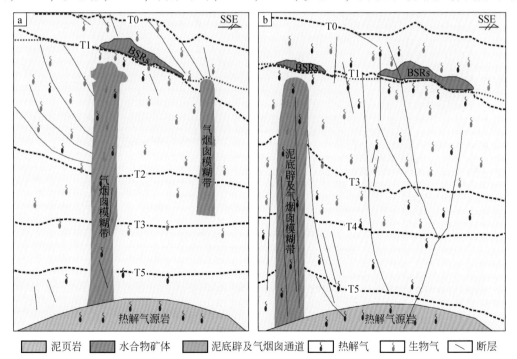

图 8.25　白云凹陷神狐调查区热解气他源渗漏型下生上储天然气水合物运聚成藏模式

到纵向运聚通道系统的严格限制，尤其是在白云凹陷神狐调查区这种深部热解气源到深水海底浅层（150～280m）高压低温稳定带之间的距离高达 3300m 以上，如此远源长距离的运聚通道系统，如果不能保证流体运聚通道非常畅通和高效，其深部热解气源往往难以向上运聚输导进而形成下生上储异地运聚成藏的天然气水合物矿藏。因此，目前该区勘查发现的天然气水合物类型均以浅层生物气供给原地自生自储扩散型为主，热解气供给下生上储远源异地渗漏型天然气水合物仅局限于某些特定区域，并非普遍存在。

3）热解气与生物气混合气源复合型下生上储天然气水合物运聚成藏模式

热解气与生物气混合气源复合型下生上储水合物运聚成藏模式，指气源构成既有深部热解气供给也有浅层生物气的贡献，由热解气与生物气共同组成了混合气源，进而向深水海底浅层高压低温稳定带提供气源供给，形成混合气源供给下生上储复合型天然气水合物矿藏。由图 8.26 可以看出，深部热解气气源通过泥底辟及伴生断层裂隙运聚通道系统不断地向上输送并与浅层生物气混合汇聚，再通过气烟囱及断层裂隙系统输送至深水海底浅层高压低温稳定带，形成这种热解气与生物气混合气源供给，通过泥底辟及气烟囱和断层裂隙等运聚输导通道系统源源的不断输送，最终在深水海底浅层高压低温稳定带形成这种混合气源下生上储复合型天然气水合物矿藏。

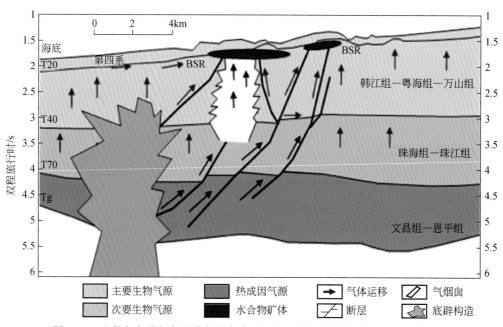

图 8.26　生物气与热解气混合气源复合型下生上储天然气水合物运聚成藏模式

二、琼东南盆地疑似泥底辟/泥火山及气烟囱形成演化与水合物成藏

琼东南盆地是我国海域天然气水合物勘探最具资源潜力和开发前景的区域之一，也是目前我国南海北部天然气水合物勘查研究的热点和重点地区。琼东南盆地主体部分位于南海北部陆坡深水区西部，水深处于 300～2000m，区域地质地球物理及油气和水合物勘查

研究表明，琼东南盆地南部深水区（南海北部陆坡西部）具备与南海北部陆坡深水区东部珠江口盆地南部神狐海域分东沙海域，以及世界其他天然气水合物发育赋存区类似的天然气水合物形成条件，即具备形成水合物所需的高压低温稳定域环境条件与不同成因类型流体运聚输导系统及诸多成藏要素的匹配。很多专家学者通过多年来的海洋地质调查及研究逐步揭示出越来越多的表明琼东南盆地深水区赋存天然气水合物的地质、地球物理、生物以及地球化学证据和指示标志。例如，李胜利等（2013）对琼东南盆地构造沉积的研究，蒲燕萍等（2009）、孙春岩等（2007）对盆地孔隙水地球化学的综合研究表明琼东南盆地具备形成水合物矿藏的基本地质地球化学条件；邬黛黛等（2010）发现琼东南盆地深水海底沉积物样品中有指示天然气水合物的自生矿物和孔隙水地球化学异常；陈多福等（2001）模拟计算了琼东南盆地天然气水合物形成和稳定分布的地球化学边界条件及其分布区。梁金强等（2014）综合研究了琼东南盆地深水区天然气水合物成矿成藏条件并对比研究了邻区水合物赋存条件；何家雄等（2003，2013）综合评价了琼东南盆地深水区天然气水合物气源类型、成因分水合物资源量，张伟等（2015）探究了琼东南盆地发育的疑似泥底辟/泥火山发育演化特征及其与水合物成矿成藏的关系，并初步预测和建立了天然气水合物成矿成藏模式。

　　琼东南盆地油气勘探程度整体较低，天然气水合物勘查研究也处在早期评价和调查分析阶段，目前尚缺少地质地球物理及地球化学和钻探的可靠实物资料及证据。本书在现有地质地球物理资料分析基础上，结合前人研究成果，初步对琼东南盆地天然气水合物富集成矿成藏特征进行综合分析研究，在此基础上总结和建立不同类型天然气水合物运聚成矿成藏模式，以期对该区天然气水合物勘查与资源评价预测及其勘查部署等有所裨益。

1. 天然气水合物 BSR 分布特征

　　海洋地质调查及天然气水合物勘查研究的初期，一般除依靠特征矿物及生物地球化学等异常指示之外，更主要的还是根据地球物理（地震）资料分析解释，综合识别和判识天然气水合物标志层 BSR 发育特征，最终判识确定是否发育和存在天然气水合物资源，在此基础上进一步评价预测天然气水合物的有利勘探靶区。虽然 BSR 并不是指示和代表天然气水合物存在的唯一标志和依据，且 BSR 存在也并不意味其就是天然气水合物，但天然气水合物勘探实践及研究均表明，通常天然气水合物分布与 BSR 具有较好的对应关系，即只要有天然气水合物存在，其地震剖面上就会产生明显的 BSR 地震响应特征。琼东南盆地海洋地质调查及天然气水合物勘查均证实，该区天然气水合物 BSR 反射标志层在其南部深水区浅层海底分布稳定，在高分辨率多道地震剖面上，其 BSR 延伸长度一般在 20～40km，最短为 12km，最长可达 68km（赵汗青等，2006）。因此，依据该区天然气水合物 BSR 标志层的地球物理信息，结合海洋地质调查获取的地层水及其他地质资料就可开展勘查初期天然气水合物资源的评价与预测。

　　根据琼东南盆地南部深水区地震分析解释结果，天然气水合物 BSR 主要展布于盆地深水区中西部及南部，属于南海北部陆坡西段（参见图 4.21）。该区天然气水合物标志层 BSR 展布面积大小不等且主要集中在 5 个区域（水深大于 500m 的陆坡深水区）。其区域地质背景及构造上属于中央拗陷带、南部隆起带及南部拗陷带等区域。剖面上，天然气水合物标志层 BSR 主要分布于水深 500～2500m 范围的海底浅层（100～280m）高压低温稳定带；平面上天然气水合物标志层 BSR 则自西向东主要展布于华光凹陷及乐东–陵水凹陷和松南–宝岛凹陷，尤其是在盆地南部深水区松南低凸起、陵南低凸起及被低凸起包围的北礁凹陷周缘等区域也有较大面积 BSR 显示。

根据琼东南盆地南部深水区天然气水合物 BSR 分布与盆地南部深水区疑似泥底辟/泥火山及气烟囱发育展布特征，可以明显看出，两者在空间分布上存在一定的叠置复合关系，表明天然气水合物 BSR 与泥底辟及气烟囱等具有成因联系。由图 4.21 所示，可以看出除少数疑似泥底辟展布范围位于 BSR 分布范围之外，几乎全部疑似泥底辟及气烟囱均处于 BSR 展布范围之内。很显然，这种对应关系表明盆地中疑似泥底辟展布与天然气水合物空间分布上具有较密切的叠置耦合关系。张伟等（2015）研究认为，这种空间叠置耦合分布关系绝非偶然，充分揭示出该区疑似泥底辟及气烟囱等天然气运聚输导通道系统可能与天然气水合物富集成藏具有一定的时空耦合配置关系及成因联系。

从构造沉积充填角度来分析，盆地的沉积凹陷中心通常具有快速沉降和沉积的特点，沉积充填巨厚，凹陷斜坡与凸起的过渡区往往断层和裂隙比较集中发育。当沉积物压实与流体排出不均衡时，巨厚的欠压实泥页岩（泥底辟泥源层）在外力作用诱发下容易发生大规模的塑性流动，结果在泥源层上覆浅层地层薄弱带或断层裂隙发育区发生底辟上拱而形成不同类型及形态的泥底辟及其伴生构造。泥底辟体自身和受底辟活动波及影响产生的底辟伴生断层和水力压裂裂隙等纵向通道系统，则是深部流体及油气向浅层圈闭或深水海底浅层天然气水合物高压低温稳定域运移输导的优良输导通道。因此，发育这种底辟及其伴生构造的区域，往往能够将盆地深部生成的油气输送至浅层圈闭形成油气藏或深水海底浅层形成天然气水合物。这也是盆地中疑似泥底辟与天然气水合物指示标志层 BSR 在空间展布上具有一定的空间叠置复合关系的原因。在盆地疑似泥底辟及气烟囱发育展布区，天然气水合物 BSR 标志层并非分之完全对应，即虽然天然气水合物成矿成藏与泥底辟活动具有一定的成因联系，但由于受到气源供给及温压稳定域等因素时空耦合配置的影响，可能会导致在泥底辟及气烟囱这些特殊地质体附近天然气水合物不复存在或已遭受破坏散失。

2. 天然气水合物气源构成特点

琼东南盆地油气勘探及油气地质研究表明，目前，无论是北部浅水区还是南部深水区勘探发现的大中型天然气田及含油气构造之油气成因类型均可划分为热解气（成熟–高熟煤型气和成熟油型气）与生物气及亚生物气（黄保家等，2007；何家雄，2004，2013）。其中，成熟–高熟煤型气主要分布于盆地西北部浅水区崖南凹陷及周缘和西南部深水区乐东–陵水凹陷及周缘，目前已勘探发现了崖城 YC13-1 大气田及部分中小气田群（浅水）和陵水 LS17-2 及陵水 LS25-1 等大中型气田及一些中小气田群（深水）；成熟油型气则主要分布于浅水区东北部，目前已勘探发现了一批含油气构造圈闭，但迄今尚未获得商业性油气流；生物气及亚生物气主要分布于北部浅水区埋深小于 2300m 以上的广大区域，在中新统—第四系浅层钻井过程中普遍见到良好的生物气–亚生物气显示，在南部深水区浅层个别层段（上新统莺歌海组）也有生物气发现。但目前生物气及亚生物气在琼东南盆地尚未获得商业性天然气流。总之，琼东南盆地油气成因类型及其气源构成主要以成熟-高熟煤型气为主，生物气及亚生物气虽然分布较普遍，但尚未富集形成商业性气田，故只能作为该区气源构成中的一些补充。进一步的油气源追踪对比及生烃条件分析表明，琼东南盆地存在始新统湖相及渐新统崖城组煤系两套主要烃源岩，中新统潜在的海相陆源烃源岩尚未得到充分证实。因此，目前无论浅水区还是深水区勘探发现的大中型气田群及其气源构成均主要来自渐新统崖城组煤系烃源岩的成熟-高熟煤型气（热解气），东北部浅水区含油气构造圈闭的油气源则主要来自始新统湖相烃源岩。浅水区广泛分布的生物气及亚生物气可能主要来自于中新统及上新统潜在海相陆源烃源岩。有鉴于此，那么南部深水区深水海底浅层天然气水合物的气源供给及其构成，则应主要来自渐新统崖城组煤系烃源岩提供的煤型热解气和中新统与上新统海相陆源烃源岩提供的生物气和亚生物气，且以煤型热解气气源供给为主。以下对生物气与热解气两者气源特点详细分析如下。

1）生物气及亚生物气气源

琼东南盆地浅层钻井钻遇生物气和亚生物气显示及烃源岩有机质成熟生烃门槛分布表明，有机质成熟生烃门槛约为 3300m，即在该深度之上均处在有机质的生物化学作用带。其中，生物气显示深度一般在 2300m 以上的莺歌海组—第四系海相粉细砂岩或泥质粉砂岩中，大部分钻井在这一深度范围内均见强烈的生物气（气测）显示异常（何家雄等，2013）。亚生物气在盆地浅水区崖南凹陷 YC13-1 气田及其周缘上中新统黄流组与松涛凸起东倾末端 BD19-1 构造中新统梅山组地层具强烈气测显示，亚生物气多以水溶气产出，且主要分布于浅中层（3320m）之上的上中新统黄流组海相砂岩储集层中。此外，在盆地南部深水区中央拗陷带及其周缘区上中新统黄流组储集层中，也有较强烈的气测显示（少量探井部分层段天然气分析证实为生物气及亚生物气）。总之，该区浅水区及深水区均存在生物气及亚生物气，关键是能否大量形成且满足天然气水合物形成的气源供给需求。Kvenvolden（1993）认为，若沉积速率大于 3cm/ka，有机碳含量达到 0.5% 时，即可满足天然气水合物形成所需的生物成因 CH_4 数量，而当有机碳含量低于 0.5%，则因生物气气源难以满足形成天然气水合物需要而难以形成水合物矿藏。根据上述琼东南盆地钻井钻遇的生物气气测显示表明，生物成因气主要产出于上中新统—第四系中浅层海相泥岩及沉积物，而根据琼东南盆地深水区几口探井揭示（图 8.7），其中新统—上新统烃源岩有机质TOC 含量大部分都达到了 0.5%，部分甚至超过 0.5%（张伟等，2015）。可见，盆地生物成因气源岩有机质丰度基本上达到了形成生物气气源的有机质丰度标准，能够为该区天然气水合物形成提供一定的烃源供给，尤其是在某些局部区块生物气及亚生物气富集、气源较充足且与深水海底浅层高压低温稳定带，时空耦合配置较好时即可形成天然气水合物矿藏。

2）成熟-高熟热解气气源

前已论及，琼东南盆地始新统湖相及渐新统崖城组煤系主要烃源岩生烃潜力大，其形成的成熟-高熟热解气气源，为该区浅水区及深水区大中型气田形成提供了充足的烃源供给，同时也是该区深水海底浅层高压低温稳定带天然气水合物形成的主要气源供给者。众所周知，目前在盆地北部浅水区勘探发现的崖城 YC13-1 大气田及其气田群和在南部深水区勘探发现的陵水 LS17-2 大气田及其中小气田群，其烃源岩及气源供给均主要来自渐新统崖城组煤系烃源岩，这已被油气勘探成果及烃源对比分析所充分证实（图8.9）。油气勘探及油气地质综合研究表明，琼东南盆地北部浅水区崖南凹陷和南部深水区乐东–陵水凹陷与松南–宝岛凹陷是重要的富生烃凹陷，始新统湖相尤其是渐新统崖城组煤系沉积厚展布规模大，且处在成熟–高熟乃至过熟的气窗范围，以生成大量煤系热解气为主，伴生少量煤型凝析油。北部浅水区崖南凹陷崖城 YC13-1 大气田和南部深水区陵水 LS17-2 大气田天然气产出特征为其典型实例。这两个大气田虽然产层（储层）层位及沉积相特征和储层类型及储集物性特点均明显不同，但天然气组成及地球化学特征等，完全相同相似，均以产出大量成熟–高熟煤型热解气为主，伴生少量凝析油。烃源及气源供给则主要来自于渐新统煤系烃源岩。琼东南盆地南部深水区疑似泥底辟及气烟囱与断层裂隙较发育，尤其是在乐东–陵水凹陷及周缘区分布较普遍，该区为深部热解气气源向浅层运聚成藏和深水海底浅层高压低温稳定带天然气水合物形成提供了非常好的纵向运聚通道。目前在该区中浅层中央峡谷水道砂圈闭已勘探发现了陵水 LS17-2 及陵水 LS25-1 等大中型气田群，其深部渐新统崖城组煤系烃源及气源供给则主要通过疑似泥底辟及气烟囱和伴生断层裂隙等通道输送上来，最终在中央峡谷水道砂圈闭中富集成藏。位于该区深水海底浅层（100 ~ 300m）高压低温稳定带（相当于圈闭），也可通过疑似泥底辟及气烟囱和伴生断层裂隙通道输送供给其深部热解气气源，同时也可接受和吸收部分生物气的供给，形成以热解气为主的混合气源供给的天然气水合物成因类型。尤其是当这种热解气气源供给充足且与其高压低温稳定带时空耦合配置较好时，即可形成高丰度大规模高饱和度的天然气水合物矿藏。

3. 天然气水合物输导体系与成藏模式预测

在深入分析琼东南盆地天然气水合物赋存的地质地球物理及地球化学条件的基础上，根据天然气水合物 BSR 标志层的展布特征及分布特点，遵循含油气系统"源–汇–聚"理论及原则，在明确盆地主要烃源岩及气源构成与供给方式的基础上，综合分析研究气源供给及运聚输导系统与深水海底浅层天然气水合物高压低温稳定带的时空耦合配置关系。在此基础上，根据气源构成及烃源供给与运聚输导通道系统类型及特点，总结和建立本区不同类型的天然气水合物运聚成藏模式。

1）热解气他源断层裂隙输导型下生上储异地成藏模式

前已述及，琼东南盆地属于典型的"断–拗"双层构造解气沉积充填格架，古近纪断陷活动强烈，而新近纪构造活动相对微弱，导致盆地断裂主要局限于古近纪下构造层，而断至 T40 以上（上中新统）层位的断裂相对较少且断层数量也少。但是，在构造转换带局部应力密集区常常会发育部分可切割至新近纪中新统即上新统乃至第四系海底的深大断裂，可作为凹陷深部烃源岩及其油气源向中浅层油气藏圈闭与深水海底浅层天然气水合物稳定域运移输导的重要通道（朱伟林，2007；何家雄，2008a；翟普强和陈红汉，2013）。在盆地构造转换带，深大断裂发育常常能够形成流体运聚的纵向断层裂隙系统。在地震剖面上，无论是浅层还是中深层均可看到在深水海底浅层天然气水合物 BSR 之下，断层裂隙非常发育且构成了非常好的纵向运聚输导通道（图8.27），进而沟通了深部古近纪烃源岩及气源供给系统与中浅层常规油气藏及深水海底浅层天然气水合物稳定带，最终形成深部富集常规油气藏而深水海底浅层赋存天然气水合物矿藏的多种资源叠置分布的格局。

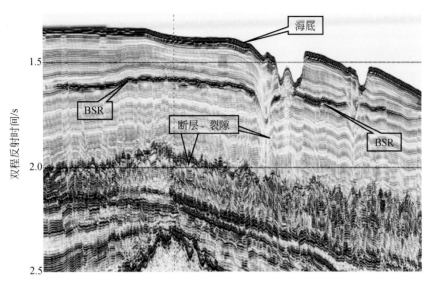

图 8.27　琼东南盆地南部深水区断层裂隙构成的纵向天然气运聚通道系统特征

　　综上所述，根据琼东南盆地南部深水区深部烃源岩特征及气源供给和断层裂隙构成的纵向运聚输导系统发育演化特点与深水海底浅层高压低温稳定带（相当于圈闭）之间的时空耦合配置关系，可以总结建立这种热解气他源断层裂隙输导型下生上储异地成藏模式（图 8.28），从该模式可以明显看出，剖面上断层裂隙构成的纵向流体运聚输导系统，可以作为深部古近纪烃源岩与深水海底浅层天然气水合物稳定域之间的"桥梁"，能够将凹陷中古近纪烃源岩生成的成熟–高熟天然气运聚至深水海底浅层未成岩沉积物之中（高压低温稳定带），最终形成这种热解气他源断层裂隙输导型下生上储异地运聚成藏的天然气水合物。这种热解气成因类型的天然气水合物形成的关键在于必须具备能够促使深部天然气运移且非常畅通的纵向运聚输导系统以及与深水海底浅层高压低温稳定带（相当于圈闭）之间较好的时空耦合配置（何家雄等，2015；张伟等，2015）。

　　2）热解气他源泥底辟及气烟囱输导型下生上储异地成藏模式

　　与珠江口盆地白云凹陷天然气水合物赋存区类似，琼东南盆地南部深水区尤其是乐东–陵水凹陷、华光凹陷的松南–宝岛凹陷等区域，不仅天然气水合物 BSR 标志层发育，而且疑似泥底辟及气烟囱地震模糊带和底辟伴生断层裂隙也较发育，且两者之间存在一定的叠置复合关系（图 4.21）。总之，疑似泥底辟及气烟囱和底辟伴生断层裂隙构成了该区油气等流体纵向运聚输导系统（图 8.29，图 8.30），能够为该区中浅层常规油气及深水海底浅层高压低温稳定带提供气源输送与烃源供给。由图 8.23 和图 8.24 所示地震剖面可以看出，疑似泥底辟强烈上侵活动，侵入刺穿了上覆中新统及上新统多套地层，泥底辟顶部则形成了众多伴生断层裂隙，构成了非常好的流体纵向运聚输导系统。向下直接沟通了古近系烃源岩及其气源供给系统，向上则连通了深水海底浅层第四纪地层系统即高压低温天然

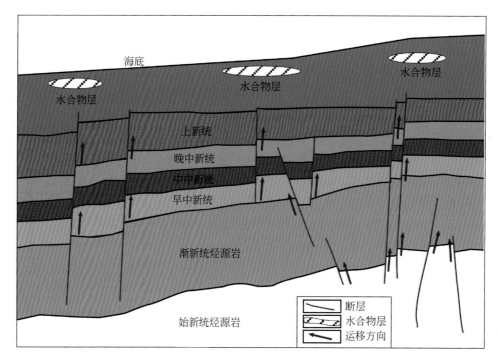

图 8.28　琼东南盆地南部深水区热解气断层裂隙输导型下生上储异地天然气水合物运聚成藏模式

气水合物稳定带（金春爽等，2004）。最终促使深部凹陷古近纪烃源岩生成的天然气等流体通过泥底辟及断层裂隙纵向运聚输导通道，源源不断地向中浅层常规油气圈闭及深水海底浅层高压低温稳定带供给并富集成藏。

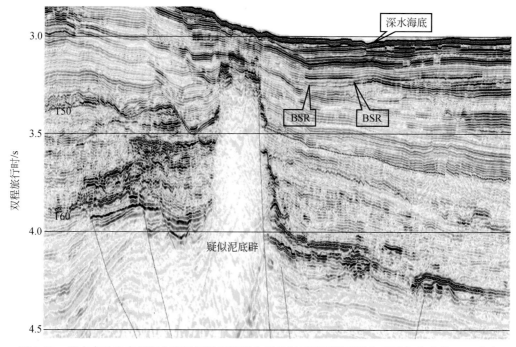

图 8.29　琼东南盆地南部深水区疑似泥底辟纵向天然气运聚通道系统与天然气水合物 BSR 分布

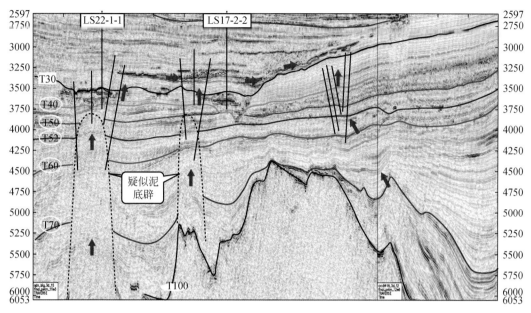

图 8.30　琼东南盆地南部深水区疑似泥底辟及伴生断层裂隙构成的纵向天然气运聚通道
系统特征

　　总之，根据琼东南盆地南部深水区泥底辟及气烟囱与伴生断层裂隙空间发育展布特征，结合深部烃源条件、气源供给特点与深水海底浅层高压低温稳定带的时空耦合配置关系，可以归纳总结为图 8.31 所示的热解气他源泥底辟及气烟囱输导型下生上储异地天然气成藏模式。该模式的重要特点是，由泥底辟及气烟囱和伴生断层裂隙构成的纵向流体运聚输导系统，作为其富生烃凹陷深部烃源岩热解气源与深水海底浅层高压低温稳定带（相当于圈闭）之间重要通道和桥梁，使之能够在中浅层常规油气圈闭和深水海底浅层高压低温稳定带分别形成常规油气藏和天然气水合物矿藏。很显然，这种类型的油气成藏模式与天然气水合物成藏模式，对于琼东南盆地南部深水区新近纪及第四纪断裂不甚发育区域，油气勘探及天然气水合物勘查与评价预测等均具有重要意义。在缺乏深大断裂等纵向油气运聚输导通道的区域，泥底辟及气烟囱纵向运聚输导通道系统是油气与天然气水合物成藏的重要控制影响因素（何家雄等，2013，2015）。

　　3）生物气–亚生物气自源扩散型自生自储原地成藏模式

　　目前，全球大部分地区勘探发现的天然气水合物气源绝大多数属于生物成因气源，而热解气气源较少且主要局限于某些具有流体运聚通道的特殊地质体（泥底辟/泥火山及气烟囱和断层裂隙）发育的区域。南海北部陆坡深水区（神狐和东沙调查区）目前钻获天然气水合物气源也属于生物成因气为主混有少量热解气的混合气。前已述及，琼东南盆地浅层生物气及亚生物气在北部浅水区比较丰富，而南部深水区油气勘探中在陵水 LS25-1 及崖城 YC27-2 钻探目标区上新统莺歌海组也发现了生物成因气。表明琼东南盆地生物气及亚生物气分布比较普遍，且根据 2013 年初步评价预测（何家雄等，2013，2014），其资源潜力较大，完全能够为该区天然气水合物成藏提供气源供给。

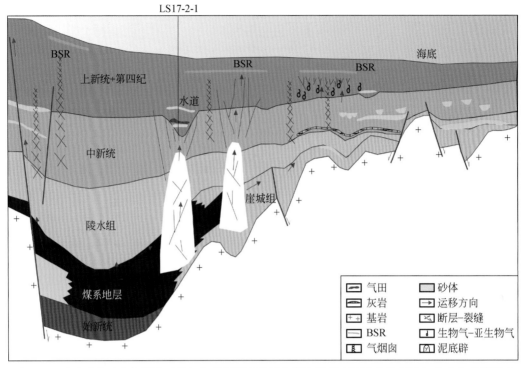

图 8.31　琼东南盆地南部深水区热解气他源泥底辟及气烟囱输导型下生上储天然气水合物成藏模式

　　油气勘探实践及研究表明，海域生物气及亚生物气一般多分布于海底浅层生物化学作用带，即有机质演化的未熟－低熟带，处在成熟生烃门槛之上，镜质组反射率 R^o 小于 6%。因此，生物气及亚生物气形成及富集成藏均在浅层生物化学作用带的范围内，故其分布深度偏浅，一般小于 2000m，因而具有自生自储富集成藏的特点。根据琼东南盆地生物气及亚生物气分布特征，结合南部深水区具体地质条件以及深水海底浅层高压低温稳定带特点，可以总结和建立这种生物气自源扩散型自生自储原地天然气水合物运聚成藏模式如图 8.32 所示。从该模式图 8.32 可以看出，生物气及亚生物气运聚供给系统主要分布于浅层上新统－第四系未成岩－低成岩沉积物中，生物气及亚生物气主要通过层间微裂隙或沉积物孔隙水等进行扩散运移聚集。诚然，部分区域浅层也有断层裂隙可作为其运聚富集成藏的运移通道，如在一些地震剖面上看到的浅层因疑似泥底辟活动影响产生的层间断层裂隙等，均可作为浅层生物成因气富集成藏和向深水海底浅层高压低温稳定带运聚的重要通道。总之，琼东南盆地 3300m 以上上中新统－第四系浅层富有机质沉积物经生物化学作用形成的生物气及亚生物气气源，可以通过沉积物孔隙、微裂缝及浅层断层裂隙等运聚通道近源短距离富集成藏（生物气气藏），也可向深水海底浅层高压低温稳定域扩散运聚或通过断层裂隙输导运聚，最终形成这种生物气及亚生物气自源扩散型或微小断层裂隙输导型自生自储原地成藏的天然气水合物。这种水合物成藏模式的重要特征及突出特点，在于其生物气气源岩与天然气水合物温压稳定域（矿体）均处于有机质成熟门槛以上的微生物化学作用带，具有自生自储特点，且天然气水合物丰度及资源规模决定于盆地生物成因气资源潜力、聚集规模及其富集程度（何家雄等，2013，2015；张伟等，2015）。

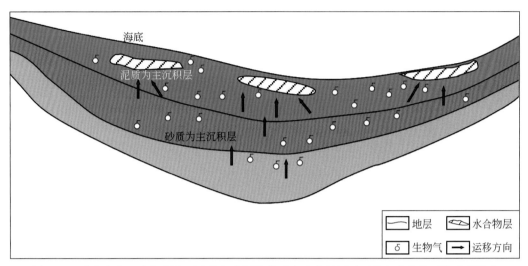

图 8.32　琼东南盆地南部深水区生物气自源扩散型自生自储原地天然气水合物运聚成藏模式

三、台西南盆地泥底辟/泥火山形成演化与水合物成藏

台西南盆地位于南海东北部大陆边缘，地质地球物理及地球化学等调查研究表明该区是天然气水合物形成与富集的有利区域。台西南盆地处于 100～2000m 水深范围，其中盆地北部为浅水区，水深小于 200m，南部为深水区，水深均大于 300m。盆地地形较为复杂，地貌差异大，陆坡和峡谷等非常发育，峡谷两侧斜坡之上发育的隆起构造区则是天然气水合物富集成藏的有利区带（Chi et al.，1998，2006）。该盆地构造沉积特征、气源构成、温压条件等均满足天然气水合物形成及富集成藏的要求。在台西南盆地海洋地质调查中发现的大量活动性冷泉，BSR 及 BZ 等地球物理证据也表明该区存在天然气水合物。2013 年中国地质调查局广州海洋地质调查局与英国 GEOTEK 及辉固国际集团合作，在紧邻珠江口盆地东部东沙调查区（处于台西南盆地中部隆起西部），使用 M/V REM Etive 钻探船，在水深 664～1420m 范围内钻探了 13 个站位，在其中 8 个站位的先导测井曲线上存在天然气水合物异常，且在 5 个站位钻探取心获得了大量层状、块状、结核状、脉状及分散状等多种类型的天然气水合物实物样品。充分证实了台西南盆地具有非常好的天然气水合物富集成藏条件（张光学等，2014）。

1. 天然气水合物 BSR 标志层分布特征

据广州海洋地质调查局勘查研究，台西南盆地天然气水合物标志层 BSR 反射异常特征非常明显，是判识和识别天然气水合物存在的主要地球物理标志。据邓辉等（2005）研究表明，研究区（紧邻珠江口盆地东部的台西南盆地中部隆起）地质解释判识确定的天然气水合物 BSR 主要处在 700～900m 水深范围，个别 BSR 分布水深大于 1100m；天然气水合物 BSR 埋深介于深水海底之下 160~220m，平均约 180m，多与地层界面斜交。天然气水合物 BSR 主要展布于台西南盆地弧陆碰撞带—马尼拉俯冲带东部，分布面积达 20000km²。邓辉等（2005）和刘伯然等（2015）通过地震资料、浅剖资料及测深数据的分析解释，在台南盆地北部陆坡区识别出了多座泥火山与泥火山脊，且在通过泥火山与泥火山脊的部分地震剖面上，可明显看到，其下部存在振幅空白带或弱振幅带，而振幅异常发育区顶部则可清晰地识别出天然气水合物的似海底反射层 BSR（图 8.33），部分测线 BSR 反射层具有强振幅、连续性较好特征，也有部分测线 BSR 发生明显错段和消减，反射层连续性变差，但并没有产生大面积缺失，表明泥火山活动对该区天然气水合物 BSR 的形成和分布具有差异性影响，即天然气水合物矿藏仅受到某些局部区域的泥火山活动的影响和破坏，但其他广大区域仍然是天然气水合物富集的场所，且具有天然气水合物资源潜力及勘探前景。

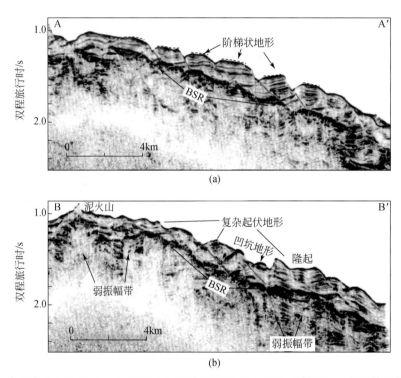

图 8.33　台西南盆地滑塌区（a）和泥火山活动影响区（b）BSR 反射特征（据刘伯然等，2015）

2. 天然气水合物气源构成特点

台西南盆地属中新生代盆地，主要沉积充填有中生界和新生界古新统—下渐新统、上渐新统—中中新统及第四系地层，主要烃源岩为渐新统及中新统海相烃源岩，其有机质丰度较高，一般在 1% 左右。渐新统烃源岩处在成熟-高熟甚至过熟阶段，具有较大生烃潜力（杜德莉，1991，1994；毕海波，2010）。由于其生源母质类型属偏腐殖型，因此主要以成气为主。该区迄今已勘探发现了一些中小型气田或油气田，其烃源及气源供给均来自渐新统偏腐殖型烃源岩。总之，台西南盆地深部渐新统腐殖型烃源岩在成熟-高熟阶段生成的大量热解气，在较好运聚输导通道系统及圈闭的有效配置下，可为该区深部常规油气藏和深水海底浅层高压低温稳定带提供烃源及气源供给，进而形成油气藏及天然气水合物矿藏。此外，台西南盆地还存在形成生物气的有利条件。由于盆地沉积充填速率较高，中新统及上新统沉积厚度大，有机质含量较高且保存条件好，故该区中新统—第四系浅层沉积物中具备了形成生物气及亚生物气的有利条件。台西南盆地—东沙陆坡区天然气水合物勘查以及 ODP1144 和 ODP1146 等多个站位获取的顶空气样品分析和海水样品分析结果，均表明该区生物 CH_4 含量高，可为天然气水合物成藏提供气源供给（张光学等，2014）。

综上所述，台西南盆地天然气水合物具备较好的烃源及气源供给条件，其气源构成不仅有热解气也有大量生物气及亚生物气，对于该区深水海底浅层天然气水合物而言，其烃源及气源供给应该主要以浅层生物气及亚生物气为主，也有部分热解气的贡献。

3. 流体运聚输导系统与水合物成藏模式

前已述及，台西南盆地海域及陆上泥底辟/泥火山异常发育（台西南盆地主体在海域，但东部边缘向台湾岛西南部陆地延伸），陆地泥火山群主要发育于台湾西南部丘陵地带，海域泥底辟/泥火山则主要集中展布于盆地南部坳陷深水区 4 个主要构造断裂带，且以高屏斜坡区泥底辟/泥火山最发育。该区泥火山大部分均是在早期泥底辟发育的基础上逐渐演化而发展起来的（图 4.38 和图 4.40），因此泥底辟与泥火山两者没有本质上的区别。

台西南盆地南部深水区异常发育的泥底辟/泥火山及伴生断层裂隙等，构成了该区油气等流体运聚输导的纵向通道系统，可将深部渐新统浅海相烃源岩成熟-高熟热解气和上新世-更新世浅层生物气输送至浅层不同类型圈闭和深水海底高压低温稳定带，形成深水油气藏和天然气水合物矿藏。

总之，区域上由于南海板块向菲律宾海板块俯冲，形成台湾俯冲增生楔，在俯冲带形成了一系列叠瓦状分布的断层，同时增生楔内部压力释放，将携带深部气体不断沿断层向上运移，形成天然气水合物矿藏。台西南盆地微地貌特征，尤其是该区发育的泥底辟/泥火山及滑塌构造等均与天然气水合物富集成藏密切相关，据此，笔者根据该区特定的构造地质环境与油气地质特征，结合天然气水合物形成条件及发育产出特点，初步建立了其天然气水合物运聚成藏模式（图 8.34）。从该模式可以看出，天然气水合物运聚成藏，受控于该区浅层滑塌构造及泥底辟上侵活动所形成的流体运聚输导系统。浅层生物成因气与深部热解成因气均可通过断层裂隙及泥底辟纵向运聚通道等运聚输导系统运移至浅层高压低温稳定域形成不同类型的天然气水合物。其中，图 8.34（a）所示为深水海底浅层海底滑塌及断层裂隙控制的生物气自源扩散型/断层裂隙输导型天然气水合物成藏模式，其烃源及气源供给主要来自原地近源生物气及亚生物气。图 8.34（b）所示为泥火山运聚输导系统控制的他源下生上储异地天然气水合物运聚成藏模式。其烃源及气源供给主要来自深部渐新统成熟烃源岩提供的热解气。

综上所述，可以明显看出，台西南盆地南部深水区天然气水合物运聚成藏模式及其特点，与其西部相邻的珠江口盆地白云凹陷及琼东南盆地乐东-陵水凹陷疑似泥底辟及气烟囱发育区天然气水合物运聚成藏模式基本类似。尤其是其烃源及气源构成特点与泥底辟/泥火山发育展布特征等均具有许多共同点和相似点，且均与所在区域的泥底辟/泥火山及气烟囱发育展布和烃源及气源供给运聚系统时空耦合配置密切相关或存在必然的成因联系。

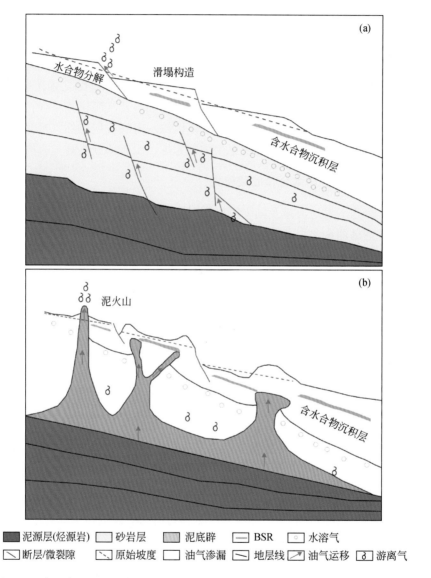

图 8.34　台西南盆地滑塌作用（a）与泥火山活动（b）控制天然气水合物形成模式
（据刘伯然等，2015 修改）

第九章 南海北部泥底辟/泥火山伴生油气及水合物资源潜力与有利勘探领域

前已论及，泥底辟/泥火山发育演化及热流体活动控制了天然气运聚成藏和天然气水合物成藏乃至分布富集规律。南海北部主要盆地泥底辟/泥火山发育区及周缘均陆续获得了商业性油气发现和深水油气勘探及天然气水合物勘查的重大突破，勘探实践及油气地质研究均充分表明，泥底辟/泥火山伴生构造及周缘区，是油气勘探及天然气水合物勘查的有利勘探区域，也是油气资源勘探可持续发展与天然气水合物资源勘查极有利的战略选区。鉴于此，根据南海北部主要盆地油气地质条件与油气及天然气水合物运聚富集规律，尤其是不同盆地泥底辟/泥火山及气烟囱发育演化与油气运聚成藏规律和天然气水合物成藏特点等的深入分析研究，结合近年来浅水、深水油气勘探成果与天然气水合物勘查进展，本书将初步评价优选与确定以下几个油气勘探及天然气水合物勘查的有利勘探领域及其优先方向，以期获得油气及天然气水合物勘探的新突破，开创南海北部油气勘探新局面。

第一节 莺歌海盆地中央泥底辟带天然气资源潜力与有利勘探领域

莺歌海盆地天然气勘探程度迄今仍然较低，目前全盆地探井及评价井主要位于中央泥底辟带，分布也不均衡，大部分探井主要分布在中央泥底辟带浅层及莺东斜坡带。由于盆地地质结构复杂，油气地质现象丰富。该区含油气圈闭类型多、分布广，主要发育有泥底辟伴生构造、反转构造、基底披覆、断块、断背斜、地层超覆等各种类型圈闭的勘探目标。目前，莺歌海盆地先后在中央泥底辟带浅层天然气勘探领域（小于 2800m）勘探发现多个天然气田。其中，20 世纪 90 年代在中央泥底辟带东方区浅层勘探发现的 DF1-1 大气田探明天然气储量达 $1296.38 \times 10^8 \mathrm{m}^3$；在中央泥底辟带乐东区浅层勘探发现的 LD22-1 天然气田探明天然气地质储量达 $347.72 \times 10^8 \mathrm{m}^3$（戴金星，2014），LD15-1 天然气田探明天然气地质储量也达 $200 \times 10^8 \mathrm{m}^3$；同时，近年来在中央泥底辟带中深层（2800m 以下）勘探发现 DF13-1/13-2 上中新统黄流组大型海底扇大气田，其地质储量也超过 $1000 \times 10^8 \mathrm{m}^3$（谢玉洪等，2014）。总之，该区大中型气田的勘探发现均充分证实和表明，莺歌海盆地中央泥底辟带是一个天然气资源极其丰富的区域。根据新一轮全国油气资源评价成果，莺歌海盆地天然气远景资源量达 $2.28 \times 10^{12} \mathrm{m}^3$，地质资源量为 $1.31 \times 10^{12} \mathrm{m}^3$，很显然该资源评价结果与以往资源评价结果明显偏低（中国海洋石油总公司[①]，1998；何家雄等，2008a）。根据中海油近年来开展的油气资源评价工作及其预测结果，盆地总油气资源达 52.89 亿吨油当

[①] 中国海洋石油总公司.1998. 中国近海盆地第三轮油气资源评价成果（内部报告）.

量，目前探明与控制级天然气储量为 5 亿吨油当量，其天然气探明程度为 9.45%。另外，根据成因法预测该区油气资源潜力则更大，总油气资源量可达 72.7 亿吨油当量，其中天然气资源量可达 $6.8×10^{12} m^3$。综上所述，莺歌海盆地油气资源潜力大，尤其是中央泥底辟带天然气勘探前景极佳，是该区最重要最现实的有利天然气勘探领域。主要依据如下：

（1）中央泥底辟构造带浅层勘探证实其具有良好天然气运聚成藏条件及资源前景，且目前仍然具有较大的天然气勘探潜力。根据以往研究，可具体总结为如下几点：①天然气纵向运移十分活跃；②生烃条件及成藏储盖组合较好；③具有多种类型天然气藏，既有东方 DF1-1/乐东 DF22-1 型泥底辟伴生构造气藏，也有东方 DF1-1 构造南的岩性地层气藏；④浅层气层普遍具有明显易识别的地球物理信息及标志，判识确定气层及勘探评价气层的技术比较成熟，且钻探成本低；⑤现有气田生产装置可以带动周围中小气田的开发。因此，已开发生产气田周围的一些构造-岩性复合气藏仍然具有勘探开发前景和储量增长潜力。

（2）中央泥底辟构造带中深层（2800m 以下）中新统高温超压领域天然气勘探目前尚处于初期勘探阶段，上中新统黄流组天然气勘探已取得里程碑式的重大突破（勘探发现了高温超压大气田），而中深层中-下中新统梅山组—三亚组通过多轮地震地质分析解释，均证实该区存在 9 个展布规模超过 $100 km^2$ 的大型泥底辟伴生构造圈闭，具备了较好的天然气运聚富集场所。加之与烃源供给及其他成藏地质条件配置较好，故能够形成大型近源短距离运聚富集成藏的原生天然气气藏。据中海油南海西部研究院对该区中深层泥底辟构造 LD8-1、LD20-1、LD22-1 等 9 大圈闭天然气资源预测的评价结果，其地质资源量超过万亿立方米，具有巨大天然气资源潜力。而且，近期中央泥底辟带中深层 DF13-1/DF13-2 上中新统黄流组天然气勘探实践已充分证实和表明（朱伟林等，2017；谢玉洪，2012），在中央泥底辟带中深层异常高温超压环境下，天然气完全可以从高压水溶相中分离出溶且以气溶相方式大规模运聚成藏。目前其成藏关键地质条件之一——上中新统黄流组沉积体系展布特征及储层分布规律已逐步认识和掌握，且高温超压条件下的钻井工程配套技术也基本能满足勘探要求，因此，中深层天然气勘探已在不断探索中获得了重大进展和突破。总之，中央泥底辟构造带中深层中-下中新统梅山组—三亚组大型泥底辟伴生构造圈闭规模大，加之其烃源可靠气源供给充足，天然气原地近距离运聚成藏条件优越，可望能够勘探发现更多高温超压大中型天然气田。

总之，莺歌海盆地天然气资源丰富，天然气运聚成藏条件较好，尤其是中央泥底辟带中深层天然气勘探前景看好，且盆地勘探及研究程度总体上偏低，故具有极佳的天然气资源勘探前景。目前中央泥底辟带浅层已获得近 $2000×10^8 m^3$ 烃类天然气探明地质储量和超过万亿立方米的非烃气资源，而中深层目前仅处在勘探探索阶段，天然气勘探程度甚低。只要坚持不懈地推进中深层天然气勘探，加大油气勘探及研究力度，相信一定能够取得该区油气勘探新的重大突破。

第二节　琼东南盆地南部深水油气及水合物资源潜力与有利勘探领域

琼东南盆地油气资源丰富，油气资源潜力大，以往多轮油气资源评价及近期油气资源评价预测结果均表明，该区是油气资源（特别是天然气资源）十分丰富的盆地。其中，早期预测石油资源量为 $21.5×10^8t$，位列我国近海盆地第4位，天然气资源量预测达 $3.57×10^{12}m^3$，居中国近海盆地第2位。依据近年来新一轮全国油气资源评价预测成果，琼东南盆地石油远景资源量达 $4.26×10^8t$，地质资源量为 $2.72×10^8t$，探明地质储量为 $0.04×10^8t$，可采资源量为 $0.91×10^8t$，表明具有一定的石油资源潜力；天然气远景资源量达 $18853.0×10^8m^3$，地质资源量为 $11142.3×10^8m^3$，探明地质储量 $2037.9×10^8m^3$，可采资源量 $7242.50×10^8m^3$，表明其天然气资源潜力较大，勘探前景看好。另据中海油近年来的油气资源评价结果，琼东南盆地总油气资源量可达107.5亿吨油当量，探明油气储量（探明+控制）为4.0亿吨当量，油气探明程度仅为3.73%，表明其油气资源，尤其是剩余油气资源十分丰富，油气资源潜力大。另外，根据成因法评价预测该区油气资源潜力则更大，其总油气资源量可达157.9亿吨油当量，其中天然气资源量可达 $9.6×10^{12}m^3$。总之，上述油气资源评价结果虽然不同时期不同单位均存在较大差异，但可以肯定的是琼东南盆地油气资源潜力大，尤其是南部深水区疑似泥底辟发育区带及周缘具有非常好的油气及天然气水合物资源勘探前景。

琼东南盆地历经40多年的油气勘探，尤其是20世纪80年代初对外合作勘探以来，主要在盆地西北部环崖南凹陷周缘，勘探发现了 YC13-1 大气田和 YC13-4 气田以及 YC7-4、YC14-1 和 YC13-6 等含油气构造，其中 YC13-1 大气田探明天然气地质储量为 $978.51×10^8m^3$，凝析油地质储量为 $352.2×10^8m^3$（戴金星，2014），且在盆地东部也发现了 ST32-2、ST24-1、BD19-2、BD15-3 等多个含油气构造，近年来，在盆地西南部深水区乐东–陵水凹陷及周缘勘探发现了地质储量超 $1000×10^8m^3$ 的陵水 LS17-2 大气田及陵水 LS25-1 等中型气田，取得了南海北部深水油气自营勘探里程碑式的重大突破（谢玉洪等，2014），但目前盆地整体油气勘探程度及研究程度很低，尤其是深水区中央拗陷带及南部拗陷带地球物理勘探工作量及钻井工作量均很少。因此，盆地东部及南部深水区中央拗陷带及南部拗陷带，应是油气勘探与研究的薄弱区和新区及新领域，其中，南部深水区疑似泥底辟活动发育区及其周缘，将是琼东南盆地最具深水油气及天然气水合物勘探潜力的重要领域，具有巨大资源潜力与油气及天然气水合物勘探前景。其主要依据及有利地质条件具体如下：

（1）具有新近系及古近系海陆相两套重要烃源岩。其中，古近系始新统及渐新统烃源岩为中深湖及海陆过渡相，既可生油也能生气，且普遍存在；新近系中新统陆源海相潜在烃源岩则主要分布于南部深水区（乐东凹陷、华光凹陷、陵水凹陷、宝岛凹陷、北礁等凹陷）沉积厚埋藏深的局部地区。中新统三亚组、梅山组及黄流组泥页岩地球化学分析表明，其具一定生烃潜力，且已见到气显示及生烃超压层。

（2）新近系发育多套储盖组合，储集层既有海相砂岩也有碳酸盐岩礁滩类型，对油气储集十分有利。层序地层学分析研究表明，陆坡以南较深水区低水位扇砂体分布广泛，且被高水位海侵泥页岩覆盖，构成了非常好的储盖组合类型，极有利于形成较大规模的岩性油气藏。

（3）在凸起和凹陷不同单元及区带均有不同层系、不同类型含油气圈闭分布，但目前的油气勘探程度尚低，尤其是崖城、松涛凸起东部倾伏带和深水区松南、宝岛、陵水、乐东、华光等凹陷及周缘，尚有一批较大型具油气资源潜力的圈闭，是寻找大中型油气田的有利勘探目标，但迄今尚未钻探，有望获得油气勘探的重大突破。同时，琼东南盆地东南斜坡隆起带也是油气运移的重要指向和有利油气富集区，已发现和落实了一些含油气圈闭目标，是值得重视的油气勘探远景区。

（4）琼东南盆地油气勘探目前均主要集中在西北部陆架浅水区和东北部陆架浅水区，目前尚未完全进入或涉足盆地南部中央拗陷带及以南广阔的深水区，即南部深水区油气勘探及研究程度很低，油气及天然气水合物资源潜力大。根据油气成藏地质条件分析，盆地南部深水区具有比北部浅水区更优越的石油地质条件，尤其是深水区华光、乐东-陵水、松南-宝岛和北礁等凹陷疑似泥底辟发育区及其周缘陵南低凸起的松南低凸起等区域，深水油气与天然气水合物资源潜力大，根据对中央拗陷及南部拗陷带6大富生烃凹陷评价结果，预测其天然气资源量约为$2 \times 10^{12} m^3$，仅在乐东-陵水凹陷中央峡谷带陵南段范围，疑似泥底辟及气烟囱相对集中发育区域，其潜在地质储量即可达到$2000 \times 10^8 m^3$以上（谢玉洪等，2014），充分表明南部深水区疑似泥底辟发育展布区油气资源潜力大，与泥底辟活动具有成因联系的勘探区带及目标是最有利油气富集区及最佳的钻探目标。

（5）琼东南盆地南部深水区尤其是疑似泥底辟及气烟囱发育的乐东-陵水凹陷和松南-宝岛凹陷，其烃源及气源供给充足，深水海底浅层具备天然气水合物成藏的高压低温稳定带条件且与其气源供给及运聚输导系统配置较好。因此，综合判识确定该区存在天然气水合物资源是无疑的。南部深水区天然气水合物BSR标志层分布稳定，地质地球物理特征明显，尤其是疑似泥底辟及气烟囱发育的乐东-陵水凹陷将是其天然气水合物勘查最有利区域，相信近期天然气水合物勘查一定会获得突破和重大进展。另据陈多福等（2004）估算，琼东南盆地天然气水合物资源量达$1.6 \times 10^{12} m^3$，且笔者也发现该区疑似泥底辟与天然气水合物BSR具有较好的空间耦合叠置关系，表明疑似泥底辟活动发育区，尤其是与天然气水合物BSR具有空间叠置复合关系的区域，将是琼东南盆地天然气水合物勘探的有利靶区。

第三节　珠江口盆地南部深水油气及水合物资源潜力与有利勘探领域

珠江口盆地油气勘探自20世纪70年代中期迄今已走过近50年的勘探历程，勘探发现了很多大中型油气田，已建成1450万吨油当量的产能。但油气勘探较高的地区仍然主要集中在盆地北部的陆架浅水区，盆地南部广阔的深水区油气勘探及研究程度尚低。目前，勘探发现的油气藏及油气田主要集中分布在陆架浅水区，深水区油气田分布有限，仅在白云凹陷勘探发现了番禺-流花和荔湾-流花两个油气田群。珠江口盆地具有丰富的油气资源。据新一轮全国油气资源评价成果，珠江口盆地石油资源量为$28.9 \times 10^8 t$，地质资源量为$22.0 \times 10^8 t$；天然气资源量为$10981.0 \times 10^8 m^3$，地质资源量为$7426.9 \times 10^8 m^3$。根据近年来深水油气勘探成果及获得的新认识，2008年国土资源部开展了该盆地油气资源动态评价及预测，结果表明，珠江口盆地石油资源量达$66.1 \times 10^8 t$，地质资源量为$23.3 \times 10^8 t$，比早期评价预测的石油资源量大；天然气资源量达$3.67 \times 10^{12} m^3$，地质资源量为$1.96 \times 10^{12} m^3$，是早期所预测天然气资源量的两倍多。根据近年来中海石油（中国）有限公司资源评价结果，其油气资源潜力更大，其总油气资源量达123.9亿吨油当量，探明油气储量为

17.8 亿吨油当量，油气探明程度为 11.9%。又据近期中海石油（中国）有限公司深圳分公司对珠江口盆地东部（珠一拗陷和珠二拗陷）油气资源评价结果（何敏等，2017），其总油气资源量可达 91 亿吨油当量，其中石油资源量为 64 亿吨油当量，天然气资源量为 27 亿吨油当量，石油与天然气探明程度分别为 12.9% 和 7.1%。珠江口盆地东部油气资源分布特点表明，其石油资源潜力最大的区域仍以北部陆架浅水区居绝对优势，且以惠州凹陷、陆丰凹陷及西江凹陷石油资源最富集（惠州凹陷石油资源量高达 17.75 亿吨）；而天然气资源潜力最大的区域则主要集中在盆地南部陆坡深水区，其中以白云凹陷（白云中和白云南疑似泥底辟发育区）天然气资源最富集，其天然气资源量高达 17.3 亿吨油当量。总之，上述油气资源评价结果及其分布特征，均表明该区油气资源丰富，油气资源潜力大，具有非常好的油气勘探前景。

综上所述，珠江口盆地蕴藏着丰富的油气资源，北部浅水区珠一、珠三拗陷已经勘探发现了大量油气资源，南部深水区珠二拗陷白云凹陷近年来也勘探发现了番禺−流花和荔湾−流花气田群，尤其是在疑似泥底辟及气烟囱发育区，不仅在其深部勘探发现了 LW3-1 大气田，而且在深水海底浅层还获得了天然气水合物实物样品，表明其具有非常好的油气及天然气水合物勘探前景。珠二拗陷深水区油气勘探研究程度较低，虽然近年来已勘探发现一些大中型油气田，但该区西南部及东北部很多区域尚未勘探，且该区白云凹陷生烃潜力大、烃源供给充足，预测其油气资源量超过 $33×10^8 t$（张功成等，2014），表明其具有巨大资源潜力和油气勘探前景。同时，该区也是南海北部天然气水合物资源的重要富集区，2007 年和 2013 年在神狐和东沙调查区均获得了天然气水合物勘探的重大突破，预测神狐海域天然气水合物中甲烷气资源量（地质储量）可达 $1.42×10^{10} m^3$（王秀娟等，2010）。因此，该区应是深水油气及天然气水合物等多种资源富集的有利勘探区带及重要的勘探领域。其主要依据及有利地质条件具体如下：

（1）目前，珠二拗陷油气勘探程度较低，尚有不少有利油气富集区带，特别是白云凹陷中部及西南部还存在一批较大型含油气圈闭尚待钻探，这些含油气圈闭均具有较大的油气勘探潜力及勘探前景。因此，该区可望找到一批新的大中型油气田。20 世纪 80～90 年代钻探的圈闭类型主要为背斜构造，虽然没有获得突破及商业性油气发现，但由于多属于一孔之见，故是否存在油气富集及油气藏，尚难以定论。同时，该区尚有大量非构造圈闭分布且尚未钻探，也应具有较大的资源潜力及勘探前景。

（2）珠江口盆地已发现油气藏的产层主要为下中新统珠江组和上渐新统珠海组海相砂岩，而下渐新统恩平组、始新统文昌组陆相砂岩储层及前新生界等潜在油气勘探层系和深水油气勘探领域，均具有较大的油气资源潜力及勘探前景，其关键是寻找储集物性较好的有效储层及勘探目标。水合物勘查表明，南部深水区天然气水合物储层多为深水海底浅层未成岩细粒沉积物，储集物性偏差，且具有普遍性。故天然气水合物储集层的物性特点对于天然气水合物矿藏形成而言并非主控因素及决定性因素。因此，根据深水油气勘探及天然气水合物勘探的研究成果，尤其是深水油气及天然气水合物与疑似泥底辟及气烟囱分布的空间叠置复合关系，可选取南部深水区疑似泥底辟及气烟囱发育的乐东−陵水凹陷及周缘和更深水区的有利勘探区带，尽快实施勘探深水油气及天然气水合物资源，以期获得深水油气及天然气水合物勘探的新突破与重大进展。

（3）珠二拗陷古近系断层裂隙较发育，其与疑似泥底辟及气烟囱等运聚输导系统的有效匹配，可构成深部油气源向浅层纵向运聚的高效运移通道。因此，深入分析研究南部深水区深大断裂与泥底辟及气烟囱所构成的油气纵向运聚输导的网络系统及其类型，剖析其形成演化及其展布特征，结合具体油气地质条件及勘探成果，即可判识确定油气运聚成藏及天然气水合物富集分布规律，综合分析评价油气及天然气水合物有利勘探区带，异常其资源潜力。鉴此，综合评价预测白云凹陷中南部及东部疑似泥底辟及气烟囱发育区和其附近的不同类型构造区带、构造-岩性区带，将是深水油气及天然气水合物有利分布富集区，实施勘探可能会获得重大突破及进展。

第四节　台西南盆地深水油气及水合物资源潜力与有利勘探领域

台西南盆地油气资源潜力评价与预测，根据中国科学院南海海洋研究所和福建海洋研究所 1989 年联合完成的《台湾海峡西部石油地质地球物理调查研究报告》对油气资源的评价预测成果，台西南盆地石油地质资源量为 3.27×10^8 t。另外，据 2008 年 6 月国土资源部、国家发展和改革委员会、财政部发布的《新一轮全国油气资源评价成果》，预测台西南盆地总石油远景资源量为 2.96×10^8 t，天然气地质资源量为 2052×10^8 m³，油气总资源量为 3.0 亿吨油当量。另外，据近期中海油的油气资源评价结果，其油气资源量为 5.6 亿吨油当量，探明程度仅为 3.69%。总之，由于受到油气地质资料的限制，虽然不同时期不同单位评价预测所获得的油气资源规模差异较大，但可以肯定该区具有一定的油气资源潜力和较好油气勘探前景。此外，台西南盆地天然气水合物资源丰富，勘探前景广阔，据吴时国和姚伯初（2008）估算，台西南盆地天然气水合物资源量达 20.237×10^{12} m³。因此，台西南盆地不仅常规油气资源丰富，而且天然气水合物资源也具有较大勘探潜力，其有利油气地质条件主要表现在以下 5 个方面：

（1）具有海相和陆相两种类型烃源岩，生烃层系多（从白垩系至上新统）、厚度较大、地温梯度较高，有利于有机质成熟热演化，泥页岩和煤系地层既可生油，又可成气，具备了较好的烃源条件。

（2）海相和陆相两种类型储层分布广泛，上新统、中新统和渐新统储层均已获得高产油气流，尤其是盆地北部不同层段储层的储集物性较好。

（3）新生代伸展裂陷和水平挤压活动相辅相成，相互叠置耦合形成了多种类型的圈闭。台西南盆地北部存在大量的背斜构造，也有一定数量的断鼻、断块、地层及岩性等圈闭，有利于油气聚集。沿逆冲断裂和拉张断裂形成的构造圈闭带是有利油气聚集的富集区带。

（4）台西南盆地及北部邻区已发现一批中小型油气田。目前发现的油气藏主要富集于中新统、始新统及渐新统和白垩系地层中，具有一定的油气勘探潜力。尤其是盆地南部深水区泥火山发育区附近的有利勘探区带等油气勘探领域迄今尚未钻探，有望取得油气勘探的新突破。

（5）台西南盆地天然气水合物资源丰富，在台西南盆地海域，不仅勘查发现大量与泥底辟和泥火山相伴生的天然气水合物 BSR 标志层，且在盆地南部西缘（珠江口盆地东沙调查区）勘探获得了天然气水合物实物样品，表明该区具有与珠江口盆地南部深水区类似的天然气水合物成藏条件和较好的勘探前景。

综上所述，南海北部主要盆地泥底辟/泥火山及气烟囱发育区油气资源潜力大，油气及天然气水合物勘探前景广阔。泥底辟/泥火山及气烟囱这种特殊地质体及伴生构造形成演化与油气及水合物等矿产资源分布富集具有密切的成因联系，是开展油气勘探活动及实施天然气水合物勘查，寻找发现这些矿产资源的重要线索和示踪标志，据此可提高油气及天然气水合物勘探成功率，减少油气勘探风险，获取和发现更多油气资源。南海北部泥底辟/泥火山异常发育的主要盆地，其进一步油气勘探及天然气水合物勘查的有利突破方向与重要的勘探新领域具体可总结为：①莺歌海盆地中央泥底辟带中深层中新统三亚–黄流组九大泥底辟伴生构造圈闭群，其资源潜力超过万亿立方米。由于该区中深层勘探目前仅仅揭示了上中新统黄流组一段岩性圈闭的含油气情况，其下的九大泥底辟伴生构造圈闭（圈闭规模大于 $100km^2$）尚未钻探，故其油气勘探潜力巨大；②琼东南盆地西南部深水区，尤其是中央峡谷水道系统下部大型疑似泥底辟活动区。该区深水油气勘探已获重大突破，深部古近系原生油气藏及浅层次生油气藏，尤其是深水海底浅层天然气水合物资源均较丰富，应作为勘探深水油气及天然气水合物资源的有利勘探靶区；③珠江口盆地白云凹陷深水区疑似泥底辟发育区具备有利油气运聚成藏条件，尤其是储集层及储盖组合类型较好，可望成为该区中南部及东部深水油气有利勘探新领域。同时，该区也是天然气水合物勘探有利富集区，近年来虽已在神狐调查区获得了天然气水合物勘查的重大发现，但其天然气水合物资源规模及其有利富集区带尚须进一步拓展与圈定，其天然气水合物资源潜力及勘探前景极佳；④珠江口盆地东沙西南深水海域大型疑似泥火山发育区，中生界具有较好油气运聚成藏条件，也是勘探深水油气及天然气水合物的主要战略选区；⑤台西南盆地海底大型泥底辟/泥火山发育区具备油气及天然气水合物成藏条件，也是深水油气尤其是天然气水合物勘查的有利靶区，只是目前勘探及研究程度较低，预期能获得重大突破。该区陆上泥火山伴生气资源勘探，目前虽然存在诸多难点与问题，应加倍重视，坚信在今后陆上油气勘探中能够获得重大突破和新进展。

参 考 文 献

毕海波. 2010. 台西南海域天然气水合物含量估算及地球化学特征分析 [D]. 青岛：中国科学院海洋研究所.

曹成润, 刘志宏. 2005. 含油气盆地构造分析原理及方法 [M]. 长春：吉林大学出版社, 1-150.

陈长民, 施和生, 许仕策, 等. 2003. 珠江口盆地（东部）第三系油气藏形成条件 [M]. 北京：科学出版社.

陈多福, 李绪宣, 夏斌. 2004. 南海琼东南盆地天然气水合物稳定域分布特征及资源预测 [J]. 地球物理学报, 47 (3): 483-489.

陈多福, 姚伯初, 赵振华, 等. 2001. 珠江口和琼东南盆地天然气水合物形成和稳定分布的地球化学边界条件及其分布区 [J]. 海洋地质与第四纪地质 21 (4): 73-78.

陈江欣, 关永贤, 宋海斌, 等. 2015. 麻坑, 泥火山在南海北部与西部陆缘的分布特征和地质意义 [J]. 地球物理学报, 58 (3): 919-938.

陈森. 2015. Chirp 浅剖数据声学反演在东沙群岛西南泥火山区水合物探测中的应用 [D]. 广州：中国科学院南海海洋研究所.

陈胜红, 贺振华, 何家雄, 等. 2009. 南海东北部边缘台西南盆地泥火山特征及其与油气运聚关系 [J]. 天然气地球科学. 20 (6): 872-878.

陈忠, 杨华平, 黄奇瑜, 等. 2008. 南海东沙西南海域冷泉碳酸盐岩特征及其意义 [J]. 现代地质, 22 (3): 382-389.

戴金星. 2014. 中国煤成大气田及气源 [M]. 北京：科学出版社.

戴金星, 陈英. 1993. 中国生物气中烷烃组分的碳同位素特征及其鉴别标志 [J]. 中国科学：B 辑, 23 (3): 303-310.

戴金星, 徐永昌, 王庭斌, 等. 1998. 大中型天然气田形成条件、分布规律和勘探技术研究 [J]. 中国科技奖励, 6 (4): 21-21.

戴金星, 吴小奇, 倪云燕, 等. 2012. 准噶尔盆地南缘泥火山天然气的地球化学特征 [J]. 中国科学：地球科学, 42 (2): 178-190.

邓辉, 阎贫, 刘海龄. 2005. 台湾西南海域似海底反射分析 [J]. 热带海洋学报, 24 (2): 79-85.

丁巍伟, 程晓敢, 陈汉林, 等. 2005. 台湾增生楔的构造单元划分及其变形特征 [J]. 热带海洋学报, 24 (5): 53-59.

董伟良, 黄保家. 1999. 东方 1-1 气田天然气组成的不均一性与幕式充注 [J]. 石油勘探与开发, 26 (2): 35-38.

杜德莉. 1991. 台西南盆地地质构造特征及油气远景 [J]. 海洋地质与第四纪地质, 11 (3): 21-33.

杜德莉. 1994. 台西南盆地的构造演化与油气藏组合分析 [J]. 海洋地质与第四纪地质, 14 (3): 5-18.

段海岗, 陈开远, 史卜庆. 2007. 南里海盆地泥火山构造及其对油气成藏的影响 [J]. 石油与天然气地质, 28 (3): 337-344.

范卫平, 郑雷清, 龚建华, 等. 2007. 泥火山的形成及其与油气的关系 [J]. 吐哈油气, 12 (1): 43-47.

费琪, 王燮培. 1982. 初论中国东部含油气盆地的底辟构造 [J]. 石油与天然气地质, 3 (2): 113-124.

高小其, 王海涛, 高国英, 等. 2008. 霍尔果斯泥火山活动与新疆地区中强以上地震发生对应现象的研究 [J]. 地震地质, 28 (2): 464-472.

耿明会, 关永贤, 宋海斌, 等. 2014. 南海北部天然气渗漏系统地球物理初探 [J]. 海洋学研究, 32 (2): 46-52.

龚跃华，杨胜雄，王宏斌，等．2009．南海北部神狐海域天然气水合物成藏特征 [J]．现代地质，23 (2)：210-216.

龚再升．2004．中国近海含油气盆地新构造运动和油气成藏 [J]．石油与天然气地质，25 (2)：133-138.

龚再升，李思田，谢泰俊，等．1997．南海北部大陆边缘盆地分析与油气聚集 [M]．北京：石油工业出版社．

龚再升，李思田，汪集旸，等．2004．南海北部大陆边缘盆地油气成藏动力学研究 [M]．北京：科学出版社．

郭令智，钟志洪，王良书，等．2001．莺歌海盆地周边区域构造演化 [J]．高校地质学报，7 (1)：1-12.

郭跃华，杨胜雄，王宏斌，等．2009．南海北部神狐海域天然气水合物成藏特征 [J]．现代地质，23 (2)：210-216.

郝芳，李思田，龚再升，等．2001．莺歌海盆地底辟发育机理与流体幕式充注 [J]．中国科学：D 辑，31 (6)：471-476.

郝芳，董伟良，邹华耀，等．2003．莺歌海盆地汇聚型超压流体流动及天然气晚期快速成藏 [J]．石油学报，24 (6)：7-12.

何家雄，昝立声，陈龙操，等．1990．莺歌海盆地泥丘发育演化特征与油气远景 [J]．石油与天然气地质，11 (4)：436-445.

何家雄，陈伟煌，钟启祥，等．1994a．莺歌海盆地泥底辟特征及天然气勘探方向 [J]．石油勘探与开发，21 (6)：6-9.

何家雄，黄火尧，陈龙操，等．1994b．莺歌海盆地泥底辟发育演化与油气运聚机制 [J]．沉积学报，12 (3)：120-129.

何家雄，陈红莲，陈刚，等．1995．莺歌海盆地泥底辟带天然气成藏条件及勘探方向 [J]．中国海上油气，9 (3)：157-163.

何家雄，李明兴，陈伟煌，等．2000．莺歌海盆地热流体上侵活动与天然气运聚富集关系探讨 [J]．天然气地球科学，11 (6)：29-43.

何家雄，杨计海，陈志宏，等．2003．莺歌海盆地中深层天然气成藏特征 [J]．天然气工业，23 (3)：15-19.

何家雄，夏斌，刘宝明，等．2004．莺歌海盆地泥底辟热流体上侵活动与天然气及 CO_2 运聚规律剖析 [J]．石油实验地质，26 (4)：349-357.

何家雄，夏斌，刘宝明，等．2005．中国东部及近海陆架盆地 CO_2 成因及运聚规律与控制因素研究 [J]．石油勘探与刻画，32 (4)：42-49.

何家雄，王志欣，孙东山．2006a．南海北部大陆架东区台西南盆地石油地质特征与勘探前景分析 [J]．天然气地球科学，17 (3)：345-350.

何家雄，夏斌，张树林，等．2006b．莺歌海盆地泥底辟成因、展布特征及其与天然气运聚成藏关系 [J]．中国地质，33 (6)：149-157.

何家雄，刘海龄，姚永坚，等．2008a．南海北部边缘盆地油气地质及资源前景 [M]．北京：石油工业出版社：1-178.

何家雄，徐瑞松，刘全稳，等．2008b．莺歌海盆地泥底辟发育演化与天然气及 CO_2 运聚成藏规律研究 [J]．第四纪地质与海洋地质，28 (1)：91-98.

何家雄，祝有海，陈胜红，等．2009a．天然气水合物成因类型及成矿特征与南海北部资源前景 [J]．天然气地球科学，20 (2)：237-243.

何家雄，祝有海，姚永坚，等．2009b．南海北部边缘盆地二氧化碳地质与资源化利用 [M]．北京：石油工业出版社：1-193.

何家雄，祝有海，马文宏，等.2010a. 火山，泥火山/泥底辟及含气陷阱与油气运聚关系 [J]. 中国地质，37（6）：1720-1732.

何家雄，祝有海，翁荣南，等.2010b. 南海北部边缘盆地泥底辟及泥火山特征及其与油气运聚关系 [J]. 地球科学—中国地质大学学报，32（1）：75-86.

何家雄，祝有海，黄霞，等.2011. 南海北部边缘盆地不同类型非生物 CO_2 成因成藏机制及控制因素 [J]. 天然气地球科学，22（6）：935-942.

何家雄，崔洁，翁荣南，等.2012a. 台湾南部泥火山与伴生气地质地球化学特征及其油气地质意义 [J]. 天然地球科学，23（2）：319-326.

何家雄，祝有海，翁荣南，等.2012b. 南海北部边缘盆地泥底辟、泥火山特征及油气地质意义 [J]. 科学，64（2）：15-18.

何家雄，颜文，祝有海，等.2013. 南海北部边缘盆地生物气/亚生物气资源与天然气水合物成矿成藏 [J]. 天然气工业，33（6）：121-134.

何家雄，张伟，颜文，等.2014. 中国近海盆地幕式构造演化及成盆类型与油气富集规律 [J]. 海洋地质与第四纪地质 34（2）：121-134.

何家雄，苏丕波，卢振权，等.2015. 南海北部琼东南盆地天然气水合物气源及运聚成藏模式预测 [J]. 天然气工业，35（8）：19-29.

何家雄，张伟，卢振权，李晓唐.2016a. 南海北部大陆边缘主要盆地含油气系统及油气有利勘探方向 [J]. 天然气地球科学，27（6）：943-959.

何家雄，卢振权，苏丕波，等.2016b. 南海北部天然气水合物气源系统与成藏模式 [J]. 西南石油大学学报，38（6）：8-24.

何敏，黄玉平，朱俊章，等.2017. 珠江口盆地东部油气资源动态评价 [J]. 中国海上油气，29（5）：1-11.

何永垚，王英民，许翠霞，等.2012. 珠江口盆地深水区白云凹陷气烟囱特征及成藏模式 [J]. 海相油气地质，17（3）：62-66.

黄保家，肖贤明，董伟良.2002. 莺歌海盆地烃源岩特征及天然气生成演化模式 [J]. 天然气工业，22（1）：26-30.

黄保家，李绪深，谢瑞永.2007. 莺歌海盆地输导系统及天然气主运移方向 [J]. 天然气工业，27（4）：1-4.

黄保家，王振峰，梁刚.2014. 琼东南盆地深水区中央峡谷天然气来源及运聚模式 [J]. 中国海上油气，26（5）：8-14.

黄霞.2010. 南海北部天然气水合物钻探区烃类气体成因类型研究 [J]. 现代地质，24（3）：576-580.

金春爽，汪集，王永新，等.2004. 天然气水合物地热场分布特征 [J]. 地质科学，39（3）：416-423.

孔敏.2010. 琼东南盆地油气运移动力特征分析 [D]. 中国地质大学（武汉）硕士学位论文.

匡增桂，郭依群.2011. 南海北部神狐海域新近纪以来沉积相及水合物成藏模式 [J]. 地球科学—中国地质大学学报，36（5）：914-920.

雷超.2012. 南海北部莺歌海—琼东南盆地新生代构造变形格局及其演化过程分析 [D]. 中国地质大学（武汉）博士学位论文.

雷超，任建业，裴健翔，等.2011. 琼东南盆地深水区构造格局和幕式演化过程 [J]. 地球科学：中国地质大学学报，36（1）：151-162.

李春荣，张功成，梁建设，等.2012. 北部湾盆地断裂构造特征及其对油气的控制作用 [J]. 石油学报，

33 （2）：195-203.

李纯泉 . 2000. 莺歌海盆地流体底辟构造及其对天然气成藏的贡献 [J]. 中国海上油气 （地质），14 （4）：
253-257.

李梦，刘冬冬，郭召杰 . 2013. 准噶尔盆地南缘泥火山活动及其伴生油苗的地球化学特征和意义 [J]. 高
校地质学报，19 （3）：484-490.

李三忠，索艳慧，刘鑫，等 . 2012. 南海的盆地群与盆地动力学 [J]. 海洋地质与第四纪地质，32 （6）：
55-78.

李胜利，沙志彬，于兴河，等 . 2013. 琼东南盆地新近纪构造沉降特征对 BSR 分布的影响 [J]. 中国地
质，40 （1）：163-175.

李绪宣 . 2004. 琼东南盆地构造动力学演化及油气成藏研究 （D）. 中国科学院研究生院 （广州地球化学
研究所） 博士学位论文 .

李友川，邓运华，张功成 . 2012. 中国近海海域烃源岩和油气的分带性 [J]. 中国海上油气，24 （1）：
6-12.

梁金强，王宏斌，苏新，等 . 2014. 南海北部陆坡天然气水合物成藏条件及其控制因素 [J]. 天然气工
业，34 （7）：128-135.

梁全胜，刘震，王德杰，等 . 2006. "气烟囱" 与油气勘探 [J]. 新疆石油地质，27 （3）：288-290.

刘伯然，宋海斌，关永贤，等 . 2015. 南海东北部陆坡天然气水合物区的滑塌和泥火山活动 [J]. 海洋学
报，37 （9）：59-70.

刘坚，陆红锋，廖志良，等 . 2005. 东沙海域浅层沉积物硫化物分布特点及其与天然气水合物的关系 [J].
地学前缘，12 （3）：258-262.

刘伟，陈学华，贺振华，等 . 2012. 基于倾角数据体的神经网络气烟囱识别 [J] 石油地球物理勘探，
47 （6）：937-944.

刘文汇，徐永昌，雷怀彦 . 1997. 生物-热催化过渡带气及其综合判识标志 [J]. 矿物岩石地球化学通报，
16 （1）：51-54.

刘海龄，阎贫，刘迎春，等 . 2006. 南海北缘琼南缝合带的存在 [J]. 科学通报，51 卷，增刊Ⅱ：
92-101.

柳广第，等 . 2009. 石油地质学 [M]. 北京：石油工业出版社：146-147.

卢振权，吴能友，陈建文，等 . 2008. 试论天然气水合物成藏系统 [J]. 现代地质，22 （3）：363-375.

马俊 . 1999. 奇特的台湾泥火山 [J]. 地球，（2）：16-19.

毛云新，何家雄，张树林，等 . 2005. 莺歌海盆地泥底辟带昌南区热流体活动的地球物理特征及成因 [J].
天然气地球科学，16 （1）：108-113.

孟祥君，张训华，韩波，等 . 2013. 海底泥火山地球物理特征 [J]. 海洋地质前沿，28 （12）：6-9.

庞雄，陈长民，陈红汉，等 . 2008. 白云深水区油气成藏动力条件研究 [J]. 中国海上油气，20 （1）：
9-14.

蒲燕萍，孙春岩，陈世成，等 . 2009. 南海琼东南盆地西沙海槽天然气水合物地球化学勘探与资源远景评
价 [J]. 地质通报，28 （11）：1656-1661.

乔少华，苏明，杨睿 . 2014. 南海北部陆坡流体运移差异性的原因分析——以神狐天然气水合物钻探区和
LW3-1 井区为例 [J]. 新能源，34 （10）：137-143.

沙志彬，张光学，梁金强，等 . 2005. 泥火山——天然气水合物存在的活证据 [J]. 南海地质研究，
17 （1）：48-56.

沙志彬，郭依群，杨木壮，等 . 2009. 南海北部陆坡区沉积与天然气水合物成藏关系 [J]. 海洋地质与第

四纪地质，(5)：89-98.

沈怀磊，张功成，孙志鹏，等.2013. 琼东南盆地深水区富气凹陷形成控制因素与勘探实践—以陵水凹陷为例 [J]. 石油学报，34（增刊二）：83-90.

施和生，吴建耀，朱俊章，等.2007. 珠江口盆地陆丰13断裂构造带油气二次运移优势通道与充注史分析 [J]. 中国石油勘探，12（5）：30-35

施和生，秦成岗，张忠涛，等.2009. 珠江口盆地白云凹陷北坡—番禺低隆起油气复合输导体系探讨 [J]. 中国海上油气，21（6）：361-366.

施和生，何敏，张丽丽，等.2014. 珠江口盆地（东部）油气地质特征、成藏规律及下一步勘探策略 [J]. 中国海上气，26（3）：11-22.

施小斌，王振峰，蒋海燕，等.2015. 张裂型盆地地热参数的垂向变化与琼东南盆地热流分布特征 [J]. 地球物理学报，58（3）：939-952.

石万忠，宋志峰，王晓龙，等.2009. 珠江口盆地白云凹陷底辟构造类型及其成因 [J]. 地球科学—中国地质大学学报，34（5）：778-784.

孙春岩，吴能有，牛滨华，等.2007. 南海琼东南盆地气态烃地球化学特征及天然气水合物资源远景预测 [J]. 现代地质，21（1）：95-100.

孙桂华，彭学超，黄永健.2013. 红河断裂带莺歌海段地质构造特征 [J]. 地质学报，87（2）：154-166.

孙启良.2011. 南海北部深水盆地流体逸散系统与沉积物变形 [D]. 中国科学院研究生院（海洋研究所）博士学位论文.

孙启良，吴时国，陈端新，等.2014. 南海北部深水盆地流体活动系统及其成藏意义 [J]. 地球物理学报，57（12）：4052-4062.

孙珍，钟志洪，周蒂，等.2006. 南海的发育机制研究：相似模拟证据 [J]. 中国科学：地球科学，36（9）：797-810.

孙珍，孙龙涛，周蒂，等.2009. 南海岩石圈破裂方式与扩张过程的三维物理模拟 [J]. 地球科学—中国地质大学学报，34（3）：435-447.

唐晓音，胡圣标，张功成，等.2014. 南海北部大陆边缘盆地地热特征与油气富集 [J]. 地球物理学报，57（2）：572-585.

王家豪，庞雄，王存武，等.2006. 珠江口盆地白云凹陷中央底辟带的发现及识别 [J]. 地球科学—中国地质大学学报，31（2）：209-213.

王涛.1997. 中国天然气地质基础理论与实践 [M]. 北京：石油工业出版社.

王秀娟，吴时国，董冬冬，等.2008. 琼东南盆地气烟囱构造特点及其与天然气水合物的关系 [J]. 海洋地质与第四纪地质，28（3）：103-107.

王秀娟，吴时国，刘学伟，等.2010. 基于测井和地震资料的神狐海域天然气水合物资源量估算 [J]. 地球物理学进展，25（4）：1288-1297.

王子嵩，刘震，王振峰，等.2014. 琼东南盆地深水区中央拗陷带异常压力分布特征 [J]. 地球学报，35（3）：355-364.

邬黛黛，叶瑛，吴能友，等.2009. 琼东南盆地与甲烷渗漏有关的早期成岩作用和孔隙水化学组分异常 [J]. 海洋学报，31（2）：86-96.

邬黛黛，吴能友，付少英，等.2010. 南海北部东沙海域水合物区浅表层沉积物的地球化学特征 [J]. 海洋地质与第四纪地质，5：41-51.

吴能友，杨胜雄，王宏斌，等.2009. 南海北部陆坡神狐海域天然气水合物成藏的流体运移体系 [J]. 地球物理学报，52（6）：1641-1650.

吴时国，姚伯初 . 2008. 天然气水合物赋存地质构造分析与资源评价［M］. 北京：科学出版社 .

吴时国，龚跃华，米立军，等 . 2010. 南海北部深水盆地油气渗漏系统及天然气水合物成藏机制研究［J］.
　现代地质，24（3）：433-440.

吴时国，王秀娟，陈端新，等 . 2015. 天然气水合物地质［M］. 北京：科学出版社 .

夏戡原，陈普刚 . 1997. 南海及邻区中新生代重大构造变革事件及构造演化初步分析［M］// 龚再升，
　李思田 . 南海北部大陆边缘盆地分析与油气聚集 . 北京：科学出版社：52-62.

向荣，方力，陈忠，等 . 2012. 东沙西南海域表层底栖有孔虫碳同位素对冷泉活动的指示［J］. 海洋地质
　与第四纪地质，32（4）：17-24.

肖军，王华，朱光辉，等 . 2007. 琼东南盆地异常地层压力与深部储集层物性［J］. 石油天然气学报，
　29（1）：7-10.

谢超明，李才，李林庆，等 . 2009. 藏北羌塘中部首次发现泥火山［J］. 地质通报，28（9）：1319-1324.

解习农，董伟良 . 1999. 莺歌海盆地底辟带热流体输导系统及其成因机制［J］. 中国科学：D 辑，
　29（3）：247-256.

解习农，李思田，董伟良，等 . 1999. 热流体活动示踪标志及其地质意义—以莺歌海盆地为例 . 地球科
　学—中国地质大学学报，24（2）：183-188.

解习农，姜涛，王华，等 . 2006a. 莺歌海盆地底辟带热流体突破的地层水化学证据［J］. 岩石学报，
　22（8）：2243-2248.

解习农，李思田，刘晓峰，等 . 2006b. 异常压力盆地流体动力学［M］. 武汉：中国地质大学出版社：
　76-156.

谢泰俊 . 2000. 琼东南盆地天然气运移输导体系及成藏模式［J］. 勘探家，5（1）：17-21.

谢玉洪 . 2014. 南海北部自营深水天然气勘探重大突破及其启示［J］. 天然气工业，34（10）：1-8.

谢玉洪，童传新 . 2011. 崖城 13-1 气田天然气富集条件及成藏模式［J］. 天然气工业，31（8）：1-5.

谢玉洪，刘平，黄志龙 . 2012. 莺歌海盆地高温超压天然气成藏地质条件及成藏过程［J］. 天然气工业，
　32（4）：19-23.

谢玉洪，张迎朝，徐新德，等 . 2014. 莺歌海盆地高温超压大型优质气田天然气成因与成藏模式——以东
　方 13-2 优质整装大气田为例［J］. 中国海上油气，26（2）：1-5.

谢玉洪，李绪深，童传新，等 . 2015. 莺歌海盆地中央底辟带高温高压天然气富集条件，分布规律和成藏
　模式［J］. 中国海上油气，27（4）：1-12.

徐永昌 . 1990. 一种新的天然气成因类型—生物—热催化过渡带气［J］. 中国科学（B 辑），（9）：
　975-980.

徐永昌 . 1999. 天然气地球化学研究及有关问题探讨［J］. 天然气地球科学，10（3-4）：20-28.

易海，钟广见，马金凤 . 2007. 台西南盆地新生代断裂特征与盆地演化［J］. 石油实验地质，29，（6）：
　560-564.

徐行，何家雄，何丽娟，等 . 2011. 南海北部与南部新生代沉积盆地热流分布与油气运聚富集关系［J］.
　海洋地质与第四纪地质，31（6）：99-108.

阎贫，王彦林，郑红波，等 . 2014. 东沙群岛西南海区泥火山的地球物理特征［J］. 海洋学报，36（7）：
　142-148.

杨金海，李才，李涛，等 . 2014. 琼东南盆地深水区中央峡谷天然气成藏条件与成藏模式［J］. 地质学
　报，88（11）：2141-2149.

杨瑞召，李洋，庞海玲，等 . 2013. 倾角导向体控制的气烟囱识别技术及其在海拉尔盆地贝尔凹陷中的应
　用［J］. 现代地质，27（1）：223-230.

杨睿，阎贫，吴能友，等.2014. 南海神狐水合物钻探区不同形态流体地震反射特征与水合物产出的关系 [J]. 海洋学研究，32（4）：19-26.

杨涛涛，吕福亮，王彬，等.2013. 琼东南盆地南部深水区气烟囱地球物理特征及成因分析 [J]. 地球物理学进展，28（5）：2634-2641.

尹成，王治国.2012. 明确地质含义的地震准属性的回顾与探讨 [J]. 地球物理学进展，27（5）：2024-2032.

尹川，张金淼，骆宗强，等.2014. 气烟囱模式识别技术在油气运移通道检测中的应用 [J]. 地球物理学进展，29（3）：1343-1349.

尹希杰，周怀阳，杨群慧，等.2008. 南海北部甲烷渗漏活动的证据：近底层海水甲烷高浓度高浓度异常 [J]. 海洋学报，29（3）：345-352.

游君君，孙志鹏，李俊良，等.2012. 琼东南盆地深水区松南低凸起勘探潜力评价 [J]. 中国矿业，21（8）：56-59.

于兴河，张志杰，苏新，等.2004. 中国南海天然气水合物沉积成藏条件初探及其分布 [J]. 地学前缘，11（1）：311-315.

曾威豪，刘家瑄.2007. 台湾西南海域的泥火山 [J]. 科学发展4（412）：18-25.

翟普强，陈红汉.2013. 琼东南盆地超压系统泄压带：可能的天然气聚集场所 [J]. 地球科学——中国地质大学学报，38（4）：832-842.

张丙坤.2014. 南海北部深水区天然气水合物相关活动构造类型及成因机制 [D]. 中国海洋大学，青岛.

张功成，米立军，吴景富，等.2010. 凸起及其倾没端-琼东南盆地深水区大中型油气田有利勘探方向. 中国海上油气，22（6）：360-368.

张功成，陈国俊，张厚和，等.2012. "源热共控"中国近海盆地油气田"内油外气"有序分布 [J]. 沉积学报，30（1）：1-19.

张功成，杨海长，陈莹，等.2014. 白云凹陷—珠江口盆地深水区一个巨大的富生气凹陷 [J]. 天然气工业，34（11）：11-25.

张光学，梁金强，陆敬安，等.2014. 南海东北部陆坡天然气水合物藏特征 [J]. 天然气工业，34（11）：1-9.

张景茹.2014. 珠江口盆地珠二、珠三拗陷含油气系统与成藏模式 [D]. 中国科学院广州地球化学研究所博士学位论文.

张启明，刘福宁，杨计海，等.1996. 莺歌海盆地超压体系与油气聚集 [J]. 中国海上油气，10（2）：65-75.

张为民，李继亮，钟嘉猷，等.2000. 气烟囱的形成机理及其与油气的关系探讨 [J]. 地质科学，35（4）：449-455.

张伟，何家雄，卢振权，等.2015. 琼东南盆地疑似泥底辟与天然气水合物成矿成藏关系初探 [J]. 天然气地球科学，26（11）：2185-2197.

张敏强，钟志洪，夏斌，等.2004. 莺歌海盆地泥-流体底辟构造成因机制与天然气运聚 [J]. 中国海上油气，28（2）：118-125.

赵汗青，吴时国，徐宁，等.2006. 东海与泥底辟构造有关的天然气水合物初探 [J]. 现代地质，20（1）：155-122.

中国科学院南海海洋研究所，福建海洋研究所.1989. 台湾海峡西部石油地质地球物理调查研究 [M]. 北京：海洋出版社.

钟志洪，王良书，夏斌，等.2004. 莺歌海盆地成因及其大地构造意义 [J]. 地质学报，78（3）：

302-309.

朱光辉, 陈刚, 刁应护. 2000. 琼东南盆地温压场特征及其与油气运聚的关系 [J]. 中国海上油气 (地质), 14 (1): 29 36.

朱建成, 吴红烛, 马剑, 等. 2015. 莺歌海盆地 D1-1 底辟区天然气成藏过程与分布差异 [J]. 现代地质, 29 (1): 54-62.

朱俊章, 施和生, 何敏, 等. 2008. 珠江口盆地白云凹陷深水区 LW3-1-1 井天然气地球化学特征及成因探讨 [J]. 天然气地球科学, 19 (2): 229-232.

朱俊章, 施和生, 庞雄, 等. 2010. 利用流体包裹体方法分析白云凹陷 LW3-1-1 井油气充注期次和时间 [J]. 中国石油勘探, 15 (1): 52-56, 1-2.

朱俊章, 施和生, 庞雄, 等. 2012. 白云深水区东部油气成因来源与成藏特征 [J]. 中国石油勘探, 17 (4): 20-28, 6.

朱婷婷, 陆现彩, 祝幼华, 等. 2009. 台湾西南部乌山顶泥火山的成因机制初探 [J]. 岩石矿物学杂志, 28 (5): 465-472.

朱伟林, 江文荣. 1998. 北部湾盆地涠西南凹陷断裂与油气藏 [J]. 石油学报, 19 (3): 6-10.

朱伟林, 张功成, 杨少坤, 等. 2007. 南海北部大陆边缘盆地天然气地质 [M]. 北京: 石油工业出版社.

朱伟林, 米立军, 高阳东, 等. 2009. 中国近海近几年油气勘探特点及今后勘探方向 [J]. 中国海上油气, 21 (01): 1-8.

Abikh G V. 1873. Geological Review of the Kerch Peninsula and Taman, Zap. Kavkaz. Otd. Russ [J]. Geogr Ova, part 8: 1-17.

Aliyev A A, Guliyev I S, Belov I S. 2002. Catalogue of recorded eruptions of mud volcanoes of Azerbaijan [M]. Baku: Nafta-Press.

Arntsen B, Wensaas L, Løseth H, et al. 2007. Seismic modeling of gas chimneys [J]. Geop hysics, 72 (5): SM251-SM259.

Barnes P M, Lamarche G, Bialas J, et al. 2010. Tectonic and geological framework for gas hydrates and cold seeps on the Hikurangi subduction margin, New Zealand [J]. Marine Geology, 272 (1): 26-48.

Ben-Avraham Z, Smith G, Reshef M, et al. 2002. Gas hydrate and mud volcanoes on the southwest African continental margin off South Africa [J]. Geology, 30 (10): 927-930.

Bernard B, Brooks J M, Sackett W M. 1977. A geochemical model for characterization of hydrocarbon gas source in marine sediments [A]. Proceding 9th Annual off Shore Technology Conference [C]. Houston: Offshore Technology Conference, 435-438.

Bo Y Y, Lee G H, Horozal S, et al. 2011. Qualitative assessment of gas hydrate and gas concentrations from the AVO characteristics of the BSR in the Ulleung Basin, East Sea (Japan Sea) [J]. Marine and Petroleum Geology, 28 (10): 1953-1966.

Bouriak S, Vanneste M, Saoutkine A. 2000. Inferred gas hydrates and clay diapirs near the Storegga Slide on the southern edge of the Vøring Plateau, offshore Norway [J]. Marine Geology, 163: 125-148.

Braunstein J, O' Brien G D. 1965. Diapirism and Diapirs: A Symposium, Including Papers Presented at the 50th Annual Meeting of the Association in New Orleans, Louisiana, April 26-29, and Some Others [M]. American Association of Petroleum Geologists, 1968.

Brown K M. 1990. The nature and hydrogeologic significance of mud diapirs and diatremes for accretionary systems. 1 [J]. Geophys Res, 95: 8969-8982.

Chang C H. 1993. Mud diapirs in offshore Southwestern Taiwan [D]. Thesis, Institute of Oceanography,

National Taiwan University, Taiwan, 71.

Chang H C, Sung Q C, Chen L. 2010. Estimation of the methane flux from mud volcanoes along Chishan Fault, southwestern Taiwan [J]. Environmental Earth Sciences, 61 (5): 963-972.

Chen S C, Hsu S K, Tsai C H, et al. 2010. Gas seepage, pockmarks and mud volcanoes in the near shore of SW Taiwan [J]. Marine Geophysical Research, 31: 133-147.

Chen S C, Hsu S K, Wang Y S, et al. 2014. Distribution and characters of the mud diapirs and mud volcanoes off southwest Taiwan [J]. Journal of Asian Earth Sciences, 92: 201-214.

Chi W C, Reed D L, Liu C S, et al. 1998. Distribution of the bottom-simulating reflector in the offshore Taiwan collision zone [J]. Terr Atmos Ocean Sci, 9 (4): 779-794.

Chi W C, Reed D L, Tsai C. 2006. Gas hydrate stability zone in offshore southern Taiwan [J]. Terrestrial Atmospheric and Oceanic Sciences, 17 (4): 829.

Chiodini G, D'Alessandro W, Parello F. 1996. Geochemistry of gases and waters discharged by the mud volcanoes at Paterno, Mount Etna (Italy) [J]. Bull. Volcanol, 58: 51-58.

Chiu J K, Tseng W H, Liu C S. 2006. Distribution of gassy sediments and mud volcanoes offshore Southwestern Taiwan [J]. Terrestrial, Atmospheric and Oceanic Sciences, 17: 703-722.

Choffat P, Mac Pherson J. 1882. Note sur les vallées tiphoniques et les éruptions d'ophite et de teschénite en Portugal [M]. Lagny.

Chow J, Lee J S, Sun R, et al. 2000. Characteristics of the bottom simulating reflectors near mud diapirs: offshore southwestern Taiwan [J]. Geo-Marine Letters. 20: 3-9.

Collett T S, Lee M W, Agen W F, et al. 2011. Permafrost-associated natural gas hydrate occurrences on the Alaska North Slope [J]. Marine and Petroleum Geology, 28: 279-294.

Collett T S, Boswell R, Cochran J R, et al. 2014. Geologic implications of gas hydrates in the offshore of India: Results of the National Gas Hydrate Program Expedition 01 [J]. Marine and Petroleum Geology, 58: 3-28.

Crutchley G J, Pecher I A, Gorman A R, et al. 2010. Seismic imaging of gas conduits beneath seafloor seep sites in a shallow marine gas hydrate province, Hikurangi Margin, New Zealand [J]. Marine Geology, 272 (1): 114-126.

Dai J X, Wu X Q, Ni Y Y, et al. 2012. Geochemical characteristics of natural gas from mud volcanoes in the southern Junggar Basin [J]. Science China Earth Sciences, 55 (3): 355-367.

Davies R J, Stewart S A. 2005. Emplacement of giant mud volcanoes in the South Caspian Basin: 3D seismic reflection imaging of their root zones [J]. Journal of the Geological Society, 162: 1-4.

Dewangan P, Ramprasad T, Ramana M V, et al. 2010. Seabed morphology and gas venting features in the continental slope region of Krishna-Godavari basin, Bay of Bengal: Implications in gas-hydrate exploration [J]. Marine and Petroleum Geology, 27 (7): 1628-1641.

Dimitrov L I. 2002. Mud volcanoes-the most important pathway for degassing deeply buried sediments [J]. Earth Science Reviews, 59: 49-76.

Dzou L I, Hughes W B. 1993. Geochemistry of oils and condensates, K field, offshore Taiwan: a case study in migration fractionation [J]. Organic Geochemistry, 20: 437-446.

Ershov V V, Shakirov R B, Obzhirov A I. 2011. Isotopic-geochemical characteristics of free gases of the south sakhalin mud volcano and their relationship to regional seismicity [J]. Doklady Earth Sciences, 440 (1): 1334-1339.

Etiope G, Feyzullayev A, Baciu C L. 2009a. Terrestrial methane seeps and mud volcanoes: a global perspective of gas origin [J]. Marine and Petroleum Geology, 26, 333-344.

Etiope G, Feyzullayev A, Milkov A V, et al. 2009b. Evidence of subsurface anaerobic biodegradation of hydrocarbons and potential secondary methanogenesis in ter-restrial mud volcanoes [J]. Mar. Petr. Geol, 26 (9): 1692-1703.

Fowler S R, Mildenhall J, Zalova S, et al. 2000. Mud volcanoes and structural development on Shah Deniz [J]. Journal of Petroleum Science and Engineering, 28: 189-206.

Freire A F M, Matsumoto R, Santos L A. 2011. Structural-stratigraphic control on the Umitaka Spur gas hydrates of Joetsu Basin in the eastern margin of Japan Sea [J]. Marine and Petroleum Geology, 28 (10): 1967-1978.

Gay A, Lopez M, Cochonat P, et al. 2006. Isolated seafloor pockmarks linked to BSRs, fluid chimneys, polygonal faults and stacked Oligocene-Miocene turbiditic palaeochannels in the Lower Congo Basin [J]. Marine Geology, 226: 25-40.

Gay A, Lopez M, Berndt C, et al. 2007. Geological controls on focused fluid flow associated with seafloor seeps in the Lower Congo Basin [J]. Marine Geology, 244: 68-92.

Ginsburg G D, Ivanov V L, Soloviev V A. 1984. Natural gas hydrates of the World's Oceans. In: Oil and gas content of the World's Oceans [J]. PGO Sevmorgeologia, 141-158 (in Russian).

Golubyatnikov D V. 1923. Fossil Mud Volcano on the Il'ich Oil Field, Neftyan. Slantsev [J]. Khozyaistvo, 3: 7-8.

Graue K. 2000. Mud volcanoes in deepwater Nigeria [J]. Marine and Petroleum Geology, 17: 959-974.

Gubkin I M. 1913. Review of geological formations in the taman peninsula, Izv [J]. Geolkoma, 31, 8: 803-859.

Gubkin I M, Fedorov S F. 1937. Mud Volcanoes of the Soviet Union and Their Relation to Oil and Gas Potentials, Trudy Mezhdunarodnogo geologicheskogo kongressa (Proc. Int. Geol. Congr.), Moscow: ONTI NKTP SSSR, 4: 2-45.

Guliyev I S, Feizulayev A A, Huseynov D A. 2001. Isotope geochemistry of oils from fields and mud volcanoes in the South Caspian Basin, Azerbaijan [J]. Petroleum Geoscience, 7: 201-209.

Hansen J P V, Cartwright J A, Huuse M, et al. 2005. 3D seismic expression of fluid migration and mud remobilization on the Gjallar Ridge, offshore mid-Norway [J]. Basin Research, 17: 123-139.

Hardage A, Bob A, Harry H. 2006. Gas hydrate in the Gulf of Mexico: What and where is the seismic target [J]. The Leading Edge, 566-571.

Hedberg H D. 1980. Methane generation and petroleum migration. In: Roberts W H, Cordell R J (Eds), Problems of Petroleum Migration [J]. Am Assoc Pet Geol Bull, Stud Geol 10: 179-206.

Heggland R. 2004. Definition of Geohazards in exploration 3d seismic data using attributes and neural-network analysis [J]. AAPG Bulletin, 88 (6): 857-868.

Henry P, Pichon X L, Lallemants S, et al. 1996. Fluid flow in and around a mud volcano field seaward of the Barbados accretionary wedge: Results from Manon cruise [J]. Journal of Geophysical Research. 101 (B9): 20297-20323.

Higgins G E, Saunders J B. 1974. Mud volcanoes—Their nature and origin, Verh. Natur forsch [J]. Ges Basel, 84: 101-152.

Horozal S, Lee G H, Bo Y Y, et al. 2009. Seismic indicators of gas hydrate and associated gas in the Ulleung Basin, East Sea (Japan Sea) and implications of heat flows derived from depths of the bottom-simulating reflector [J]. Marine Geology, 258 (1): 126-138.

HovlandM, Hill A, Stokes D. 1997. The structure and geomorphology of the Dashgil mud volcano, Azerbaijan [J]. Geomorphology, 21: 1-15.

Huang B J, Xiao X M, Dong W L. 2002. Multiphase natural gas migration and accumulation and its relationship to diapir structures in the DF1-1 gas field, South China Sea [J]. Marine and Petroleum Geology, 19 (7): 861-872.

Huang B J, Xiao X, Li X, et al. 2009. Spatial distribution and geochemistry of the nearshore gas seepages and their implications to natural gas migration in the Yinggehai Basin, offshore South China Sea [J]. Marine and Petroleum Geology, 26 (6): 928-935.

Huang W L. 1995. Distribution and mud diapirs offshore southwestern Taiwan, their relations to the onland anticlinal structures and their effectson the deposition environment in southwestern Taiwan [D]. Thesis, Institute of Oceanography, National Taiwan University, Taiwan, 68.

Huguena C, Masclea J, Chaumillon E, et al. 2004. Structural setting and tectonic control of mud volcanoes from the Central Mediterranean Ridge (Eastern Mediterranean) [J]. Marine Geology, 209: 245-263.

Huguen C, Mascle J, Woodside J, et al. 2005. Mud volcanoes and mud domes of the Central Mediterranean Ridge: Near-bottom and in situ observations [J]. Deep Sea Res. Part I: Oceanographic Research Papers, 52 (10): 1911-1931.

Hulme S M, Wheat C G, Fryer P, Mottl M J. 2010. Pore water chemistry of the Mariana serpentinite mud volcanoes: A window to the seismogenic zone [J]. Geochem Geoph Geosyst, 11 (1): 1-29.

Hyndman R D, 1992. Davis E E. A mechanism for the formation of methane hydrate and seafloor bottom-simulating reflectors by vertical fluid expulsion [J]. Journal of Geophysical Research: Solid Earth, 97 (B5): 7025-7041.

Ivanchuk P P. 1970. Hydrovolcanism and formation of hydrocarbon pools [C] //Extended Abstract of DSc (Geol. -Miner.) Dissertation.

Ivanchuk P P. 1994. Gidrovulkanizm v osadochnom chekhle Zemnoi kory (Hydrovolcanism in Sedimentary Cover of the Earth's Crust), Moscow: Nedra.

Judd A G, Hovland M. 1992. The evidence of shallow gas in marine sediments [J]. Continental Shelf Research, 12 (10): 1081-1095.

Kalinko M K. 1964. Osnovnye zakonomernosti rapredelenija nefti i gaza v zemnoj kore [M]. Izd. "Nedra".

Kalitskii K P. 1914. Boya-Dag, Izv. SPb [J]. Geolkoma, 238.

Katzman R, Holbrook W S, Paull C K. 1994. A combined vertical incidence and wide angle seismic study of a gas hydrate zone, Blake Outer Ridge [J]. Journal of Geophysical Research, 99: 17975-17995.

Kevin Brown, G K Westbrook. 1988. Mud diapirism and subcretion in the barbados ridge accretionary complex: the role of fluids in accretionary processes [J]. Tectonics, 7 (3): 613-640.

Kholodov V N. 2002. Mud Volcanoes, Their Distribution Regularities and Genesis: Communication1. Mud Volcanic Provinces and Morphology of Mud Volcanoes [J]. Lithology and Mineral Resource, 37 (3): 197-209.

Kim J H, Park M H, Chun J H, et al. 2011. Molecular and isotopic signatures in sediments and gas hydrate of the central/southwestern Ulleung Basin: high alkalinity escape fuelled by biogenically sourced methane [J]. Geo-Marine Letters, 31 (1): 37-49.

Kopf A J. 2002. Significance of mud volcanism [J]. Review Geophysics, 40: 1-51.

Kvenvolden K A. 1993. A primer in gas hydrates, in D. G. Howell, ed. , The future of energy gases: U. S. [J].
    Geological Survey Professional Paper, 1570: 279-292.

Kvenvolden K A, Barnard L A. 1983. Gas hydrates of the blake outer ridge, site-533, deep-sea drilling project
    LEG-76 [J]. Initial Reports of the Deep Sea Drilling Project, 1983, 76 (NOV): 353-365.

Lei C, Ren J, Clift P D, et al. 2011. The structure and formation of diapirs in the YinggehaieSong Hong Basin,
    South China Sea [J]. Marine and Petroleum Geology, 28: 980-991.

Leymerie A F G A. 1881. Description géologique et paléontologique des Pyrénées de la Haute- Garonne:
    accompagné d'une carte topographique & géologique à l'échelle de 1/200000 et d'un atlas. [M]. É. Privat.

Ligtenberg H, Connolly D. 2003. Chimney detection and interpretation, revealing sealing quality of faults,
    geohazards, charge of and leakage from reservoirs [J]. Journal of Geochemical Exploration, 78: 385-387.

Limonov A F, Woodside J M, Cita M B, et al. 1996. The Mediterranean ridge and related mud diapirism: a
    background [J]. Marine Geology, 132: 7-19.

Lin A T, Yao B, Hsu S K, et al. 2009. Tectonic features of the incipient arc-continent collision zone of Taiwan:
    implications for seismicity [J]. Tectonophysics, 479: 28-42.

Lin H M, Shi H S. 2014. Hydrocarbon accumulation conditions and exploration direction of BaiyuneLiwan deep
    water areas in the Pearl River Mouth Basin [J]. Natural Gas Industry B, 1: 150-158.

Liu C S, Huang I L, Teng L S, et al. 1997. Structural features off southwestern Taiwan [J]. Marine Geology,
    137: 305-319.

Loncke L , Mascle J, Parties F S. 2004. Mud volcanoes, gas chimneys, pockmarks and mounds in the Nile deep-
    sea fan (Eastern Mediterranean): geophysical evidences [J]. Marine and Petroleum Geology, 21: 669-689.

Lüdmann T, Wong H K. 2003. Characteristics of gas hydrate occurrences associated with mud diapirism and gas
    escape structures in the northwestern Sea of Okhotsk [J]. Marine Geology, 201: 269-286.

Martinelli G, Panahi B. 2005. Mud Volcanoes, Geodynamics and Seismicity: Proceedings of the NATO Advanced
    Research Workshop on Mud Volcanism, Geodynamics and Seismicity, Baku, Azerbaijan, from 20 to 22 May
    2003 [M]. Springer Science & Business Media.

Martinez R J, Mills H J, Story S, et al. 2006. Prokaryotic diversity and metabolically active microbial populations
    in sediments from an active mud volcano in the Gulf of Mexico [J]. Environmental Microbiology, 8 (10):
    1783-1796.

Mazzini A, Nermoen A, Krotkiewski M, et al. 2009. Strike-slip faulting as a trigger mechanism for overpressure
    release through piercement structures. Implications for the Lusi mud volcano, Indonesia [J]. Mar Petro Geol,
    26 (9): 1751-1765.

Meldahl P, Heggland R, Bril B, et al. 2001. Identifying faults and gas chimneys using multiattributes and neural
    networks [J]. The Leading Edge, 20 (5): 474-482.

Milkov A V. 2000. Worldwide distribution of submarine mud volcanoes and associated gas hydrates [J]. Marine
    Geology, 167: 29-42.

Milkov A V. 2005. Global distribution of mud volcanoes and theirsignificance in petroleum exploration as a source of
    methane in the atmosphere and hydrosphere and as a geohazard [C]. Mud Volcanoes, Geodynamics and
    Seismicity, 51: 29-34.

Milkov A V, Sassen R. 2002. Economic geology of offshore gas hydrate accumulations and provinces [J]. Marine
    and Petroleum Geology, 19 (1): 1-11.

Mrazec L. 1916. Les plis diapirs et le diapirisme en général, C R Inst Geol Roum, 6: 226-270.

Orange D L, Greene H G, Reed D, et al. 1999. Widespread fluid expulsion on a translational continental margin: mud volcanoes, fault zones, headless canyons, and organic-rich substrate in Monterey Bay, California [J]. Geol. Soc. Am. Bull, 111: 992-1009.

Pérez-Belzuz F, Alonso B, Ercilla G. 1997. History of mud diapirism and trigger mechanisms in the Western Alboran Sea [J]. Tectonophysics, 282: 399-422.

Perissoratis C, Ioakim C, Alexandri S, et al. 2011. ThessalonikiMud Volcano, the Shallowest Gas Hydrate-Bearin Mud Volcano in the Anaximander Mountains, Eastern Mediterranean [J]. Journal of Geological Research, 1-12.

Planke S, Svensen H, Hovland M, et al. 2003. Mud and fluid migration in active mud volcanoes in Azerbaijan [J]. Geo-Marine Letters, 23: 258-268.

Reed L, Silver E A Tagudin J E, et al. 1990. Relations between mud volcanoes, thrust deformation, slope sedimentation, and gas hydrate, offshore north Panama [J]. Mar. Pet. Geol, 7: 44-54.

Rensbergen P V, 2003. Morley C K. Re- evaluation of mobile shale occurrences on seismic sections of the Champion and Baram deltas, offshore Brunei [J]. Geological Society, London, Special Publications, 216: 395-409.

Rhakmanov R R. 1987. Mud volcanoes and their importance in forecasting of subsurface petroleum potential [J]. Nedra, Moscow.

Riedel M, Collett T S, Kumar P, et al. 2010. Seismic imaging of a fractured gas hydrate system in the Krishna-Godavari Basin offshore India [J]. Marine and Petroleum Geology, 27 (7): 1476-1493.

Schroot B M, Klaver G T, Schüttenhelm R T E. 2005. Surface and subsurface expressions of gas seepage to the seabed examples from the Southern North Sea [J]. Marine and Petroleum Geology, 22 (4): 499-515.

Sumner R H, Westbrook G K. 2001. Mud diapirism in front of the Barbados accretionary wedge: the influence of fracture zones and North America-South America plate motions [J]. Marine and Petroleum Geology, 18 (5): 591-613.

Sun C H, Chang S C, Kuo C L, et al. 2010. Origins of Taiwan's mud volcanoes: Evidence from geochemistry [J] J. Asian Earth Sci. , 37 (2): 105-116.

Sun Q L, Wu S G, Cartwright J, et al. 2012. Shallow gas and focused fluid flow systems in the Pearl River Mouth Basin, northern South China Sea [J]. Marine Geology, 315-318: 1-14.

Sun S C, Liu C S. 1993. Mud diapir and submarine channel deposits in offshore Kaosiung-Hengchun, southwest Taiwan [J]. Petroleum Geology of Taiwan, 28: 1-14.

Tingdahl K M, Bril A H, Groot P. 2001. Improving seismic chimney detection using directional attributes [J]. Journal of Petroleum Science and Engineering, 29 (3): 205-211.

Tinivella U, Accaino F, Della Vedova B. 2008. Gas hydrates and active mud volcanism on the South Shetland continental margin, Antarctic Peninsula [J]. Geo-Marine Letters, 28 (2): 97-106.

Ujiie Y. 2000. Mud diapirs observed in two piston cores from the landward slope of the northern Ryukyu Trench, northwestern Pacific Ocean [J]. MarineGeology, 163: 149-167.

Vanneste M, Batist M D, Golmshtok A, et al. 2001. Multi- frequency seismic study of gas hydrate bearing sediments in Lake Baikal, Siberia [J]. Marine Geology, 172: 1-21.

Veber V N, Kalitskii K P. 1911. The Cheleken Region, Tr. Geolkoma, Nov [J]. Ser, 63.

Wan Z F, Shi Q H, Guo F, et al. 2013. Gases in Southern Junggar Basin mud volcanoes: Chemical composition, stable carbon isotopes, and gas origin [J]. Journal of Natural Gas Science and Engineering, 14: 108-115.

Wiedicke M, Neben S, Spiess V. 2001. Mud volcanoes at the front of the Makran accretionary complex, Pakistan [J]. Marine Geology, 172: 57-73.

Xu N, Wu S G, Shi B Q, et al. 2009. Gas hydrate associated with mud diapirs in southern Okinawa Trough [J]. Marine and Petroleum Geology, 26, 1413-1418.

Yang T F, Yeh G H, Fu C C, et al. 2004. Composition and exhalation flux of gases from mud volcanoes in Taiwan [J]. Environmental Geology, 46: 1003-1011.

Yu H S, Lu J C. 1995. Development of the shale diapir-controlled Fangliao Canyon on the continental slope off southwestern Taiwan [J]. Journal of Southeast Asian Earth Sciences, 11 (4): 265-276.